尹百慧 / 编著

# 3ds Max+VRay

# 三维制作 | 从入门到精通

中国铁道出版社有限公司

CHINA RAILWAY PUBLISHING HOUSE CO., LTD.

U0261160

# 内 容 简 介

　　本书以"学中练，练中学"的写作形式，通过大量的实例，深入浅出地介绍了3ds Max软件的使用方法、操作技巧及行业具体应用。书中首先介绍了3ds Max的基础知识和基本操作，然后介绍了常用的几种建模方法及编辑修改器的使用，接下来介绍了VRay渲染器的相关知识、环境与效果及粒子动画与视频后期处理的内容，最后通过精心安排的多个实例讲解3ds Max的各种行业应用。

　　配套资源中提供了书中实例的场景文件和素材文件，以及演示实例制作过程的语音视频教学文件。同时，还赠送了模型制作和角色动画设计的语音视频教学，帮助读者全面、快速掌握3ds Max的核心技术。

　　本书适合3ds Max的初、中级读者阅读学习，也可作为大中专院校及各类培训班相关专业的教材。

## 图书在版编目（CIP）数据

3ds Max+VRay三维制作从入门到精通/尹百慧编著.—北京：
中国铁道出版社有限公司，2019.8
ISBN 978-7-113-25714-9

Ⅰ.①3… Ⅱ.①尹… Ⅲ.①室内装饰设计-计算机辅助设计-
三维动画软件 Ⅳ.①TU238-39

中国版本图书馆CIP数据核字（2019）第071861号

书　　名：3ds Max+VRay三维制作从入门到精通
作　　者：尹百慧

责任编辑：于先军　　　　　　　　　读者热线电话：010-63560056
责任印制：赵星辰　　　　　　　　　封面设计：MXK DESIGN STUDIO

出版发行：中国铁道出版社有限公司（100054，北京市西城区右安门西街8号）
印　　刷：中国铁道出版社印刷厂
版　　次：2019年8月第1版　　2019年8月第1次印刷
开　　本：787 mm×1 092 mm　1/16　印张：20.25　字数：531千
书　　号：ISBN 978-7-113-25714-9
定　　价：99.00元

# 前 言

3ds Max 2018是Autodesk公司开发的基于PC系统的三维动画渲染和制作软件，广泛应用于工业设计、广告、影视、游戏、建筑设计等领域。从用于自动生成群组的具有创新意义的新填充功能集到显著增强的粒子流工具集，再到现在支持 Microsoft DirectX 11明暗器且性能得到了提升的视口，3ds Max 2018 融合了当今现代化工作流程所需的概念和技术，由此可见，3ds Max 2018 提供了可以帮助艺术家拓展其创新能力的新工作方式。

## ■ 本书内容

书中将知识点和核心技术融入到实战中，通过大量的实例详细讲解了3ds Max的基础知识和基本操作、创建基本三维对象、创建样条型对象、复合三维对象、编辑修改器、VRay材质与贴图、VRay灯光和摄影机、VRay渲染、环境与效果、粒子及视频后期处理等内容；最后通过介绍广告标版动画的制作与表现、VRay室内效果图设计等案例的制作方法，以巩固提高读者的应用能力。

## ■ 本书特点

本书以"学中练，练中学"的写作形式，遵循够用、实用的原则，通过大量的实例来讲解3ds Max的核心技术和具体行业应用。

● 讲解细致、易学易懂：书中对每个重要工具或命令都给出详细功能讲解，并通过一步一图的操作讲解其使用方法。同时，在图中还添加标注，方便读者学习。

● 重点突出、学习高效：书中将有限的篇幅放在核心技术的讲解上，只介绍3ds Max的常用命令和工具功能及其使用方法与操作技巧。让读者在有限的时间内学习软件核心的技术。

● 实例丰富、注重实战：书中对每个知识点和核心技术都给出了案例来讲解其具体应用，让读者在实战中掌握软件的操作方法和具体行业应用。

## ■ 配套资源

配套资源中提供了书中实例的工程文件、所用到的素材文件，以及讲解实例制作过程的语音视频教学文件。同时，为了帮助读者快速提高3ds Max的使用水平，还赠送了讲解建模和角色动画实例的视频教学。

## ■ 本书约定

为便于阅读理解，本书在写作时遵从如下约定：

● 本书中出现的中文菜单和命令用【 】括起来，以示区分。此外，为了使语句更简洁易懂，本书中所有的菜单和命令之间以竖线"|"分隔。例如，单击【编辑】菜单，再选择【移动】命令，就用【编辑】|【移动】来表示。

● 用加号"+"连接的两个或三个键表示组合键，在操作时表示同时按下这两个或三个键。例如，Ctrl+V是指在按下Ctrl键的同时，按下V字母键；Ctrl+Alt+F10是指在按下Ctrl和Alt键的同时，按下功能键F10。

在没有特殊说明时，单击是指单击鼠标左键，双击是指双击鼠标左键，右击是指单击鼠标右键。

## ■ 读者对象

本书适用于3ds Max的新手进行入门学习，也可作为大中专院校及各类培训班相关专业的教材。

本书主要由山东女子学院的尹百慧老师编写。在编写过程中得到了家人和朋友的大力支持和帮助，在这里我想对他们表示衷心的感谢和敬意。

由于本书编写时间仓促，作者水平有限，书中疏漏之处在所难免，欢迎广大读者和有关专家批评指正。

作　者
2019年7月

配套资源下载地址：
http://www.m.crphdm.com/2019/0708/14105.shtml

配套资源下载地址：
http://www.m.crphdm.com/2019/0708/14105.shtml

**目 录**

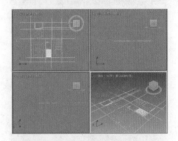

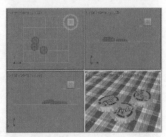

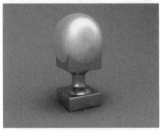

# 第 3 章 创建基本三维对象

# 第 4 章 创建样条型对象

## 第 5 章　复合三维对象

## 第 6 章　编辑修改器

## 第 7 章　VRay 材质与贴图

# 第 8 章　VRay 灯光和摄影机

# 第 9 章　VRay 渲染

# 第 10 章　环境与效果

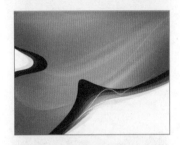

# 第 11 章　粒子动画与视频后期处理

# 第 12 章　广告标版动画的制作与表现

# 第 13 章　VRay 室内效果图设计与制作

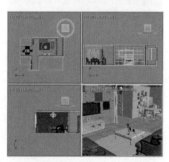

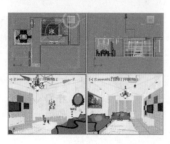

# 第 1 章

# 认识 3ds Max 2018

**本章导读：**

- 3ds Max 的应用领域
- 3ds Max 2018 的安装与启动
- 3ds Max 的基本操作

3ds Max 2018 虽然拥有强大的功能，但它的操作界面也很复杂。本章将主要围绕 3ds Max 2018 的应用领域、软件的安装和 3ds Max 基本操作及文件的管理进行介绍，使读者首先对 3ds Max 2018 的用途、界面有所了解。

## 1.1　3ds Max 的应用领域

3ds Max 2018 具有强大的功能，其主要功能和应用领域有如下几方面。

### 1. 建筑领域

3D 技术在我国的建筑领域得到了广泛的应用。早期的建筑动画由于 3D 技术上的限制和创意制作上的单一，制作出的建筑动画只是简单的摄影及运动动画。随着现在 3D 技术的提升与创作手法的多元化，建筑动画从脚本创作到精良的模型制作、后期的电影剪辑手法以及原创音乐音效、情感式的表现方法，使得建筑动画制作综合水准越来越高，制作费用也比以前低了不少。

### 2. 规划领域

规划领域的规划效果图及动画制作，包括道路、桥梁、隧道、立交桥。

### 3. 三维动画制作

三维动画可以用于广告和电影电视剧的特效制作 ( 如爆炸、烟雾、下雨、光效等 )、特技 ( 撞车、变形、虚幻场景或角色等 )、广告产品展示、片头飞字等等。

### 4. 园林景观领域

园林景观 3D 动画是将园林规划建设方案，用 3D 动画表现的一种方案演示方式。其效果真实、立体、生动，是传统效果图所无法比拟的。园林景观动画将传统的规划方案，从纸上或沙盘上演变到了电脑中，真实还原了一个虚拟的园林景观。

### 5．产品演示

产品动画涉及：工业产品动画，如汽车动画、飞机动画、轮船动画、火车动画、舰艇动画、飞船动画；电子产品动画，如手机动画、医疗器械动画、监测仪器仪表动画、治安防盗设备动画；机械产品动画，如机械零部件动画、油田开采设备动画、钻井设备动画、发动机动画；产品生产过程动画，如产品生产流程、生产工艺等三维动画制作。

### 6．模拟动画

通过动画模拟各种过程，如制作生产过程、交通安全演示动画（模拟交通事故过程）、煤矿生产安全演示动画（模拟煤矿事故过程）等演示动画的制作。

### 7．片头动画

片头动画创意制作，包括宣传片片头动画、游戏片头动画、电视片头动画、电影片头动画、节目片头动画、产品演示片头动画、广告片头动画等。

### 8．广告动画

广告动画中有一些画面是纯 3D 的，还有一些画面是实拍和 3D 动画结合的。在表现一些实拍无法完成的画面效果时，就要用到动画来完成或将两者结合。如广告用的一些动态特效就是采用 3D 动画完成的，现在很多广告，从制作的角度看，几乎都或多或少地用到了动画。

### 9．影视动画

影视三维动画涉及影视特效创意、前期拍摄、影视 3D 动画、特效后期合成、影视剧特效动画等。制作影视特效动画的计算机设备硬件均为 3D 数字工作站。影视三维动画从简单的影视特效到复杂的影视三维场景都能表现得淋漓尽致。

### 10．角色动画

角色动画制作涉及：3D 游戏角色动画、电影角色动画、广告角色动画、人物动画等。

### 11．虚拟现实

虚拟现实的最大特点是用户可以与虚拟环境进行人机交互，将被动式观看变成更逼真的体验互动。360 度实景、虚拟漫游技术已在网上看房、房产建筑动画片、虚拟楼盘电子楼书、虚拟现实演播室、虚拟现实舞台等诸多项目中采用。

### 12．医疗卫生

三维动画可以形象地演示人体内部组织的细微结构和变化，给学术交流和教学演示带来了极大的便利。可以将细微的手术放大到屏幕上，进行观察学习，对医疗事业具有重大的现实意义。

### 13．军事科技及教育

三维技术最早应用于飞行员的飞行模拟训练，除了可以模拟现实中飞行员要遇到的恶劣环境，同时也可以模拟战斗机飞行员在空战中的格斗及投弹等训练。

现在三维技术的应用范围更为广泛，不仅可以使飞行学习更加安全，同时在军事上，三维动画还用于导弹的弹道的动态研究，爆炸后的爆炸强度以及碎片轨迹研究等。此外，在军事上还可以通过三维动画技术来模拟战场，进行军事部署和演习，用于航空航天以及导弹变轨等技术上。

14. 生物化学工程

生物化学领域较早就引入了三维技术，用于研究生物分子之间的结构组成。复杂的分子结构无法靠想象来研究，但三维模型可以给出精确的分子构成，相互组合方式可以利用计算机进行计算，简化了大量的研究工作。遗传工程利用三维技术对 DNA 分子进行结构重组，产生新的化合物，给研究工作带来了极大的帮助。

## 1.2 软件的安装与启动

在学习 3ds Max 2018 之前，首先要了解软件的安装、启动与退出，这样才能更好地学习 3ds Max 2018。本节将介绍 3ds Max 2018 的安装、启动与退出。

### 1.2.1 3ds Max 2018 的安装

3ds Max 2018 的安装方法非常简单，其具体操作步骤如下。

**步骤 01** 运行 3ds Max 2018 的安装程序，执行【setup.exe】，进入 3ds Max 2018 的初始化界面，如图 1-1 所示。

**步骤 02** 在弹出的安装界面中单击【安装】按钮，如图 1-2 所示。

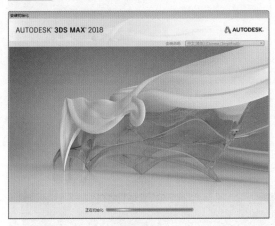

图 1-1

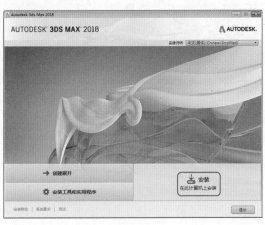

图 1-2

**步骤 03** 在弹出的如图 1-3 所示的对话框中勾选【我接受】单选按钮，然后单击【下一步】按钮。

**步骤 04** 在弹出的对话框中设置产品的安装路径，单击【安装】按钮，如图 1-4 所示。弹出如图 1-5 所示的安装进度对话框。

**步骤 05** 安装完毕之后，单击【立即启动】按钮或者关闭该对话框即可，如图 1-6 所示。

图 1-3

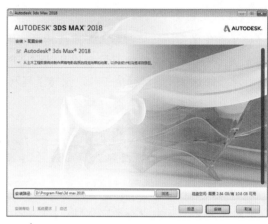

图 1-4

图 1-5

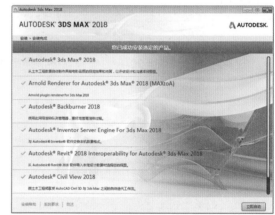

图 1-6

## 1.2.2 VRay 高级渲染器的安装

**步骤 01** 首先双击运行 V-Ray 插件的应用程序，打开如图 1-7 所示的安装界面单击【I Agree】按钮，如图 1-7 所示。

**步骤 02** 在弹出的对话框中单击【Customize】按钮，如图 1-8 所示。

**步骤 03** 在弹出的对话框中单击【Install Now】按钮，如图 1-9 所示。即可弹出安装进度界面，如图 1-10 所示，等待进度条完成即可。

**步骤 04** 安装进度完成后在弹出的对话框中单击【Finish】按钮即可，如图 1-11 所示。

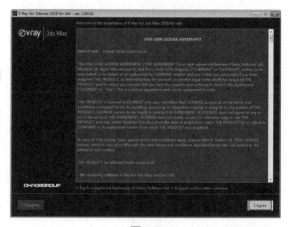

图 1-7

图 1-8

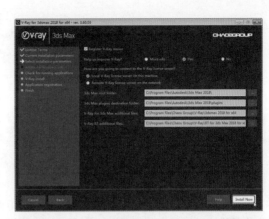

图 1-9

图 1-10

图 1-11

## 1.2.3 3ds Max 2018 的启动

安装完软件后，首先要学习如何启动该软件，其具体操作步骤如下。

**步骤 01** 单击【开始】按钮，在弹出的菜单中选择【所有程序】|【Autodesk】|【Autodesk 3ds Max 2018】|【3ds Max 2018-Simplified Chinese】选项，如图 1-12 所示。

**步骤 02** 执行该命令后，即可启动 3ds Max 2018，打开后的 3ds Max 2018 操作界面如图 1-13 所示。

图 1-12

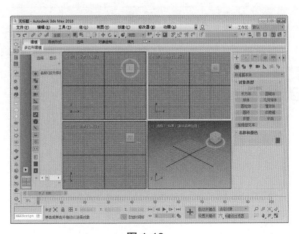

图 1-13

## 提示

在我们所使用的计算机的桌面上会有一个  图标，该图标是在安装 3ds Max 2018 时，系统自动在桌面上创建的一个快捷运行方式。

### 1.2.4　3ds Max 2018 的退出

若要退出该软件，可执行以下操作。

**步骤 01** 当结束对 3ds Max 2018 的使用或操作完毕后，需要关闭该软件，只需单击界面右上方的【关闭】按钮 ❌ ，即可将 3ds Max 2018 软件关闭，如图 1-14 所示。

**步骤 02** 或者是选择【文件】|【退出】命令，同样也可以关闭 3ds Max 2018 软件，如图 1-15 所示。

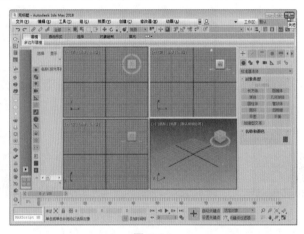

图 1-14

图 1-15

## 1.3　3ds Max 的基本操作及文件的管理

本节将讲解如何打开 max 场景文件、新建 max 场景文件、保存 max 场景文件、另存为 max 场景文件、合并 max 场景文件的基本操作。

### 1.3.1　打开 max 场景文件

下面将学习如何在 3ds Max 中打开文件，其具体操作步骤如下。

**步骤 01** 在菜单栏中选择【文件】|【打开】命令，如图 1-16 所示。

**步骤 02** 执行该操作后，即可打开【打开文件】对话框，在该对话框中选择配套资源中的 CDROM\Scenes\Cha01\ 电脑显示屏 .max 素材文件，单击【打开】按钮，如图 1-17 所示。即可打开选中的素材文件，效果如图 1-18 所示。

图 1-16

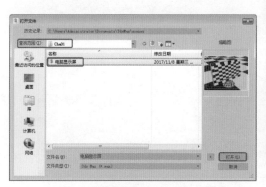

图 1-17

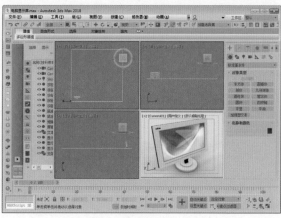

图 1-18

在 3ds Max 中，按 Ctrl+O 组合键可快速打开【打开文件】对话框。

## 1.3.2　新建 max 场景文件

在启动 3ds Max 2018 应用程序时，都会新建一个 max 文件，但是，我们在进行三维制作时，总会要创建一个新的 max 文件，下面来介绍一下怎样在 3ds Max 2018 中通过命令新建文件。

**步骤 01** 在菜单栏中选择【文件】命令，在弹出的下拉菜单中选择【新建】|【新建全部】选项，如图 1-19 所示。

**步骤 02** 执行该操作后，即可新建一个空白文件，如果需要新建的文件修改后未保存，新建时，系统会弹出如图 1-20 所示的提示对话框。

图 1-19

图 1-20

除了可以通过上述方法新建文件外，还可以按 Ctrl+N 组合键创建新文档。

## 1.3.3　保存 max 场景文件

在 3ds Max 2018 中，用户可以通过以下方法来保存 max 场景文件。

**步骤 01** 在菜单栏中选择【文件】命令，在弹出的下拉列表中选择【保存】选项，如图 1-21 所示。

**步骤 02** 在弹出的对话框中输入新的文件名称，如图 1-22 所示。单击【保存】按钮，即可保存 max 场景文件。

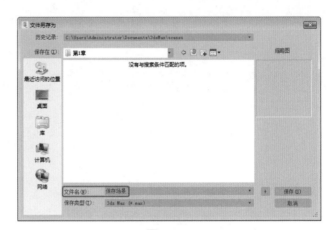

图 1-21                                           图 1-22

**提示**

除了可以通过上述方法新建文件外，还可以按 Ctrl+S 组合键，即可弹出【文件另存为】对话框。

## 1.3.4 另存为 max 场景文件

在 3ds Max 中，如果不想破坏当前场景，可以将该场景另存，其具体操作步骤如下。

步骤 01 继续上面的操作，然后再选择【文件】命令，在弹出的下拉菜单中选择【另存为】|【另存为】选项，如图 1-23 所示。

步骤 02 执行该操作后，即可打开【文件另存为】对话框，在该对话框中设置文件的保存路径、文件名和保存类型，设置完成后单击【保存】按钮即可，如图 1-24 所示。

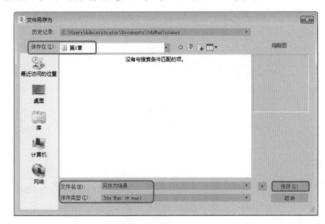

图 1-23                                           图 1-24

### 【实例】合并茶几到地面

在 3ds Max 中，用户可以根据需要将两个不同的场景合并为一个，其具体操作步骤如下。

步骤 01 选择【文件】命令，在弹出的下拉菜单中选择【打开】选项，打开配套资源中的 CDROM\Scenes\Cha01\ 地面 .max 素材文件，如图 1-25 所示。

步骤 02 选择【文件】命令，在弹出的下拉菜单中选择【导入】|【合并】命令，如图 1-26 所示。

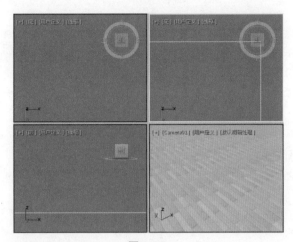
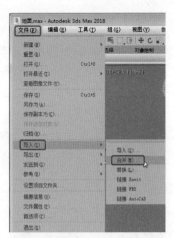

图 1-25　　　　　　　　　　　　　图 1-26

**步骤 03** 执行该命令后，即可打开的【合并文件】对话框，在该对话框中选择配套资源中的 CDROM\Scenes\Cha01\ 茶几 .max 素材文件，如图 1-27 所示，单击【打开】按钮。

**步骤 04** 执行该操作后，即可打开【合并】对话框，在该对话框中选择要合并的对象，单击【确定】按钮，如图 1-28 所示。即可将选中的对象合并到【地面 .max】场景文件中，效果如图 1-29 所示。

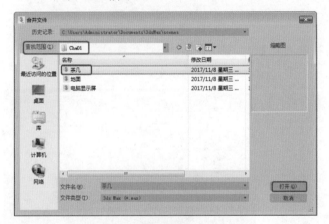

图 1-27　　　　　　　　　　　　　图 1-28

**步骤 05** 激活摄影机视图，按 F9 键进行渲染，渲染后的效果如图 1-30 所示。

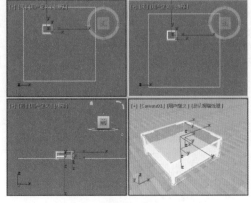

图 1-29　　　　　　　　　　　　　图 1-30

## 【实例】导入 CAD 图纸

在 3ds Max 中，用户可以根据需要将一些非 max 类型的文件链接到场景中，下面将介绍如何将 AutoCAD 文件链接到场景中，其具体操作步骤如下。

**步骤 01** 选择【文件】命令，在弹出的下拉菜单中选择【导入】|【链接 AutoCAD】选项，如图 1-31 所示。

**步骤 02** 执行该命令后，即可弹出【打开】对话框，在该对话框中选择配套资源中的 CDROM\ Scenes\Cha01\CAD 图纸 .dwg 素材文件，如图 1-32 所示，单击【打开】按钮。

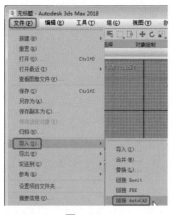

图 1-31

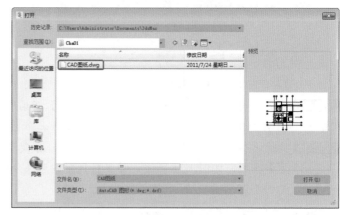

图 1-32

**步骤 03** 再在弹出的【管理链接】对话框中单击【附加该文件】按钮，如图 1-33 所示。

**步骤 04** 单击该按钮后，将该对话框关闭，即可将文件链接到场景中，如图 1-34 所示。

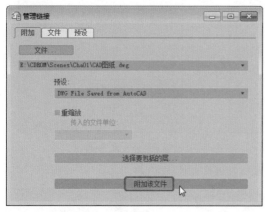

图 1-33

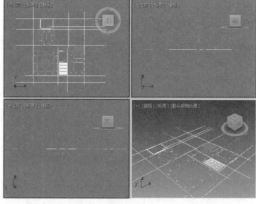

图 1-34

# 第2章

# 3ds Max 2018 基本操作

本章导读：

● 查看和导航
● 选择对象
● 捕捉对象
● 缩放对象

本章主要介绍有关 3ds Max 2018 工作环境中各个区域以及部分常用工具的使用方法，其中包括物体的选择、位移、旋转、缩放、对齐、阵列、克隆、镜像对象等内容。

## 2.1 查看和导航

本节将讲解如何查看视图，其中通过实例讲解了如何显示视图、缩放视图、平移视图、旋转视图等一系列的操作。

### 2.1.1 视图显示

下面将介绍如何以隐藏线方式显示视图，其具体操作步骤如下。

**步骤 01** 打开配套资源中的 CDROM\Scenes\Cha02\ 视图显示 .max 素材文件，在摄影机视图中，单击【用户定义】右侧的选项，在弹出的快捷菜单中选择【隐藏线】命令，如图 2-1 所示。

**步骤 02** 执行该操作后，即可将该视图以隐藏线方式显示，如图 2-2 所示。

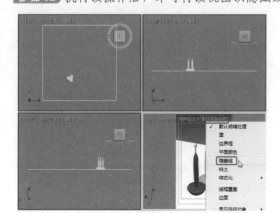

图 2-1

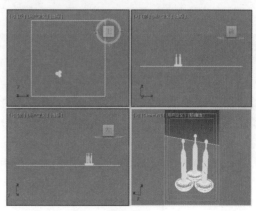

图 2-2

## 2.1.2 缩放视图

下面将介绍如何缩放视图，其具体操作步骤如下。

**步骤 01** 在菜单栏中选择【文件】命令，在弹出的下拉菜单中选择【打开】命令，如图 2-3 所示。

**步骤 02** 打开配套资源中的 CDROM\Scenes\Cha02\ 缩放视图 .max 素材文件，如图 2-4 所示。

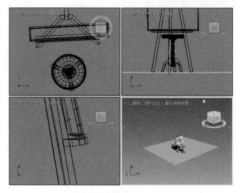

图 2-3　　　　　　　　　　　　　　　图 2-4

**步骤 03** 单击界面右下角的【缩放】按钮，按住鼠标在透视图中进行缩放，效果如图 2-5 所示。

**步骤 04** 调整完成后，按 F9 键对【透视】视图进行渲染，渲染后的效果如图 2-6 所示。

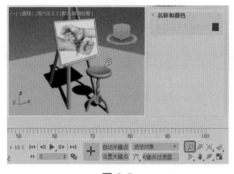

图 2-5　　　　　　　　　　　　　　　图 2-6

**提示**

单击【缩放】按钮后，即可在任意视图中单击鼠标并上下移动可拉近或推远视景。

## 2.1.3 平移视图

下面将介绍如何在 3ds Max 中平移视图，其具体操作步骤如下。

**步骤 01** 继续上面的操作，单击界面右下角的【平移视图】按钮，如图 2-7 所示。

**步骤 02** 单击该按钮后，按住鼠标对要平移的视图进行拖动，即可平移该视图，如图 2-8 所示。

**提示**

除了上述方法可以平移视图外，用户还可以按住鼠标中键对视图进行移动。

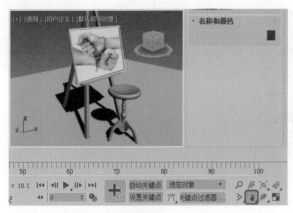

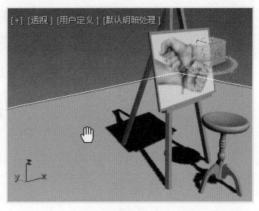

图 2-7　　　　　　　　　　　　　　　　图 2-8

## 【实例】最大化视图

在 3ds Max 中制作场景时，视图中的对象难免会有显示不全的情况，用户可以将该视图切换至最大，切换最大化视图的具体操作步骤如下。

**步骤 01** 继续上面的操作，单击界面右下角的【最大化视口切换】按钮 ，如图 2-9 所示。

**步骤 02** 执行该操作后，即可将该视图最大化显示，如图 2-10 所示。

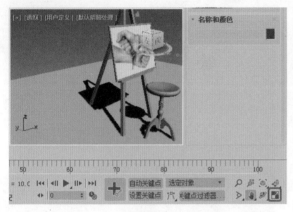

图 2-9　　　　　　　　　　　　　　　　图 2-10

## 提示

如果需要将当前激活的视图切换为最大化视图，可按 Alt+W 组合键将其切换至最大化。

## 2.1.4　旋转视图

在 3ds Max 中，为了使用户更好地进行操作，用户可以对视图进行旋转。旋转视图的具体操作步骤如下。

**步骤 01** 继续上面的操作，单击界面右下角的【环绕子对象】按钮 ，如图 2-11 所示。

**步骤 02** 单击该按钮后，在【透视】视图中按住鼠标进行旋转，旋转后的效果如图 2-12 所示。

**步骤 03** 按 F9 键对【透视】视图进行渲染，渲染后的效果如图 2-13 所示。

图 2-11             图 2-12             图 2-13

## 2.1.5 查看栅格

【栅格】主要用于控制住栅格和辅助栅格物体，栅格是基于世界坐标系的栅格物体，由程序自动产生。本节将介绍如何显示主栅格并设置栅格间距。

下面将介绍如何显示主栅格，其具体操作步骤如下。

**步骤 01** 打开配套资源中的 CDROM\Scenes\Cha02\ 查看栅格 .max 素材文件，激活【左】视图，在菜单栏中选择【工具】|【栅格和捕捉】|【显示主栅格】命令，如图 2-14 所示。

**步骤 02** 选择完成后，即可显示主栅格，显示后的效果如图 2-15 所示。

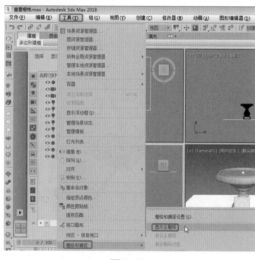
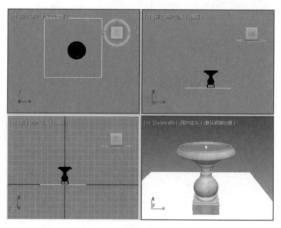

图 2-14                        图 2-15

## 提示

显示主栅格后，再次执行该命令，即可隐藏主栅格，或按 G 键也可以显示或隐藏主栅格。

### 【实例】设置栅格间距

在 3ds Max 中，用户可以在【栅格和捕捉设置】对话框设置栅格的间距，其具体操作步骤如下。

**步骤 01** 继续上一实例的操作，在菜单栏中选择【工具】|【栅格和捕捉】|【栅格和捕捉设置】命令，如图 2-16 所示。

步骤 02 在弹出的对话框中选择【主栅格】选项卡，将【栅格间距】设置为 150，按 Enter 键确认，如图 2-17 所示，设置完成后，将该对话框关闭，即可更改栅格间距。

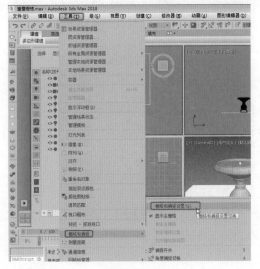

图 2-16

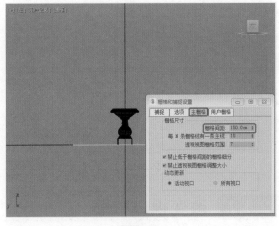

图 2-17

## 2.1.6 配置视口

下面将介绍如何使用视口配置对话框更改视口布局，其具体操作步骤如下。

步骤 01 打开配套资源中的 CDROM\Scenes\Cha02\ 配置视口 .max 素材文件，如图 2-18 所示。

步骤 02 在菜单栏中选择【视图】|【视口配置】命令，如图 2-19 所示。

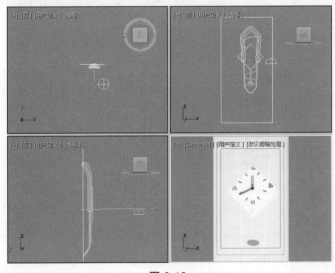

图 2-18

图 2-19

步骤 03 执行该操作后，即可打开【视口配置】对话框，在该对话框中选择【布局】选项卡，在该对话框中选择如图 2-20 所示的视口布局。

步骤 04 选择完成后，单击【确定】按钮，即可更改视口布局，如图 2-21 所示。

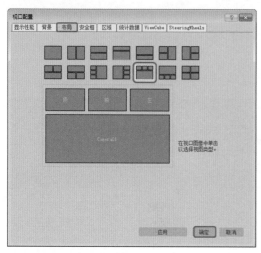

图 2-20                                    图 2-21

## 2.1.7 改变视口布局

在 3ds Max 中，用户可以根据需要手动更改视口的大小，其具体操作步骤如下。

步骤 01 打开配套资源中的 CDROM\Scenes\Cha02\ 配置视口 .max 素材文件，如图 2-22 所示。

步骤 02 将鼠标放置在要更改大小的视口边缘，当光标变为双向控制柄时，按住鼠标对其进行拖动，在合适的位置上释放鼠标，即可更改视口的大小，调整后的效果如图 2-23 所示。

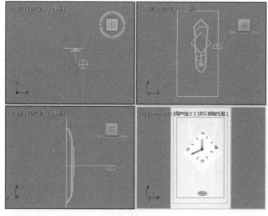 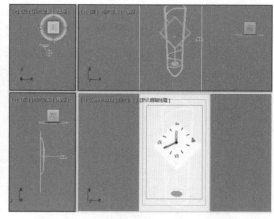

图 2-22                                    图 2-23

## 2.1.8 显示安全框

显示安全框可以将图像限定在安全框的【活动】区域中，这样在渲染过程中使用安全框可以确保渲染输出的尺寸匹配背景图像尺寸，这样可以避免扭曲，显示安全框的具体操作步骤如下。

步骤 01 打开配套资源中的 CDROM\Scenes\Cha02\ 瓶盖 .max 素材文件，如图 2-24 所示。

步骤 02 激活【Camera001】视图，在菜单栏中选择【视图】|【视口配置】命令，如图 2-25 所示。

# 提示

除了上述方法可以显示安全框外，用户还可以通过按 Shift+F 组合键显示安全框。

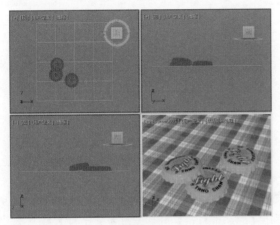

图 2-24

图 2-25

**步骤 03** 在弹出的对话框中选择【安全框】选项卡，勾选【应用】选项组中的【在活动视图中显示安全框】复选框，如图 2-26 所示。

**步骤 04** 设置完成后，单击【确定】按钮，即可显示安全框，如图 2-27 所示。

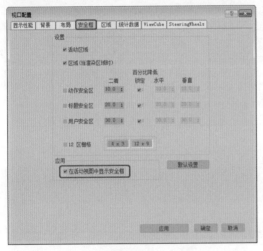

图 2-26

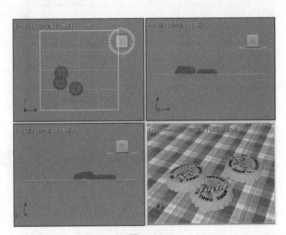

图 2-27

## 【实例】用户界面方案的设置器

3ds Max 2018 提供了三种界面方案，用户可以根据自己的喜好进行选择。

**步骤 01** 启动 3ds Max 2018，在菜单栏中单击 » 按钮，在弹出的快捷菜单中选择【自定义】|【加载自定义用户界面方案】命令，如图 2-28 所示。

**步骤 02** 此时，可打开【加载自定义用户界面方案】对话框，在该对话框中选择所需的用户界面方案即可，如图 2-29 所示。

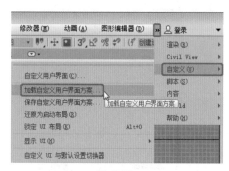

图 2-28

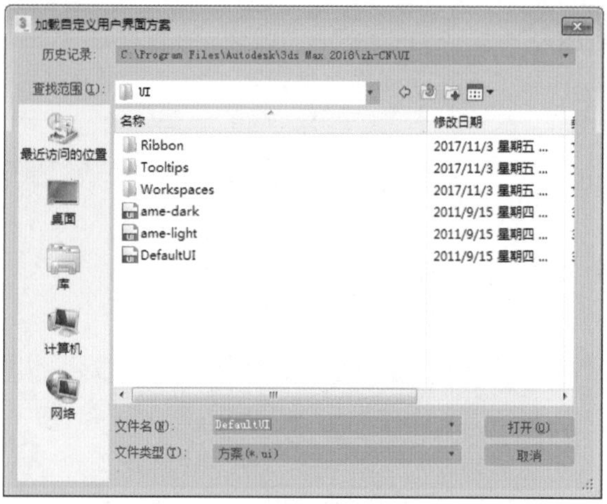

图 2-29

**步骤 03** 【DefaultUI.ui】用户界面方案为系统默认的用户界面，如图 2-30 所示。用户可以根据喜好更改其他的用户界面方案，其中【ame-light.ui】用户界面方案如图 2-31 所示。

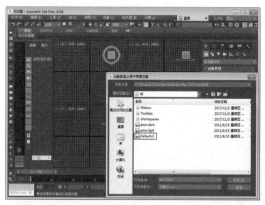

图 2-30

图 2-31

# 2.2 选择

在 3ds Max 中，在对场景中的对象执行某个操作之前，首先需要将其选中，因此，选择对象操作是建模和设置动画过程的基础。

## 2.2.1 基本选择对象

选择对象的方法有许多种，下面将讲解如何使用【矩形选择区域】选择对象，使用【矩形选择区域】的具体操作步骤如下。

**步骤 01** 打开配套资源中的 CDROM\Scenes\Cha02\ 树 .max 素材文件，在工具栏中选择【矩形选择区域】按钮，移动光标至【顶】视图中，按住鼠标并拖动，此时会出现一个虚线框，如图 2-32 所示。

**步骤 02** 拖动至合适的位置后释放鼠标，所框选的对象即可处于被选中的状态，如图 2-33 所示。

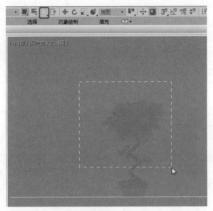

图 2-32

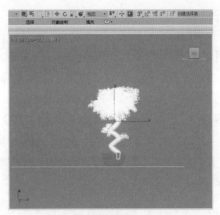

图 2-33

## 【实例】反选对象

【反选】命令是将没有被选中的对象选择，使用【反选】命令选择对象的具体操作步骤如下。

**步骤 01** 打开配套资源中的 CDROM\Scenes\Cha02\ 床 .max 素材文件，如图 2-34 所示。

**步骤 02** 在工具栏中单击【按名称选择】按钮 ，即可弹出【从场景中选择】对话框，按住 Shift 键的同时单击需要排除的对象的名称，如图 2-35 所示。

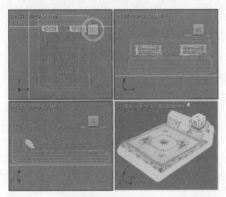

图 2-34

图 2-35

**步骤 03** 单击【选择】按钮，在弹出的快捷菜单中选择【反选】命令，即可将未被排除的对象 的名称选中，其选中的部分以蓝色的形式显示，如图 2-36 所示。

**步骤 04** 单击【确定】按钮，反选后的对象四周将会出现白色线框，如图 2-37 所示。

图 2-36

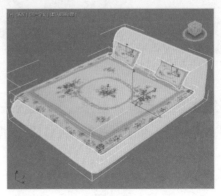

图 2-37

## 2.2.2 区域选择

【绘制选择区域】工具是以圆的形式选择对象的。使用【绘制选择区域】工具选择对象，可以一次选择多个操作对象，使用【绘制选择区域】工具的具体操作步骤如下。

**步骤 01** 打开配套资源中的 CDROM\Scenes\Cha02\ 茶具 .max 素材文件，如图 2-38 所示。

**步骤 02** 在菜单栏中选择【矩形选择区域】按钮，并向下拖动鼠标，在下拉列表中选择【绘制选择区域】按钮，如图 2-39 所示。

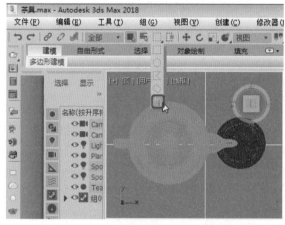

图 2-38                                    图 2-39

**步骤 03** 将鼠标移动至【前】视图，在空白处单击并按住鼠标拖动，此时鼠标周围会出现，按住鼠标左键选中要选择的对象，如图 2-40 所示。

**步骤 04** 释放鼠标后，被选取的对象将被选中，如图 2-41 所示。

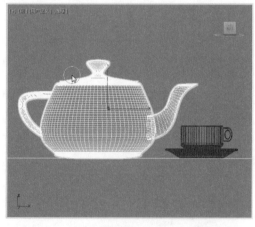

图 2-40                                    图 2-41

### 【实例】按名称选择对象

【按名选择对象】命令可以很好地帮助用户选择对象，即精确又快捷，其具体的操作步骤如下。

**步骤 01** 打开配套资源中的 CDROM\Scenes\Cha02\ 茶具 .max 素材文件。在工具栏中单击【按名称选择】按钮，即可弹出【从场景中选择】对话框，如图 2-42 所示。

**步骤 02** 按住 Ctrl 键的同时在【从场景中选择】对话框中单击需要选择的操作对象，单击【确定】
按钮即可一次选取多个对象，如图 2-43 所示。

**步骤 03** 单击【确定】按钮，可观看选择对象后的效果。

图 2-42

图 2-43

## 2.2.3 过滤选择集

在场景中选择【选择过滤器】按钮下的命令，可准确地选择场景中的某个对象，其具体的
操作步骤如下。

**步骤 01** 打开配套资源中的 CDROM\Scenes\Cha02\ 过滤选择集 .max 素材文件，在工具栏中单
击【选择过滤器】按钮 全部 ，在下拉列表中选择【L- 灯光】命令，如图 2-44 所示。

**步骤 02** 此时，将光标移动至【前】视图中，框选所有的操作对象，即可选择灯光对象，如图
2-45 所示。

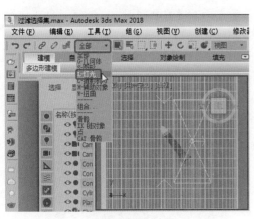

图 2-44

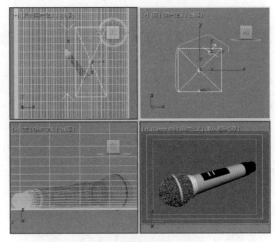

图 2-45

# 2.3 使用捕捉

　　3ds Max 为我们提供了更加精确地创建和放置对象的工具——捕捉工具。那么什么是捕捉呢？捕捉就是根据栅格和物体的特点放置光标的一种工具，使用捕捉可以精确地将光标放置到你想要的地方。

　　下面我们以一个例子来讲解捕捉的使用，捕捉完成后的效果如图 2-46 所示。具体的操作步骤如下。

图 2-46　捕捉后的效果

**步骤 01** 打开配套资源中的 CDROM\Scenes\Cha02\ 捕捉对象 .max 素材文件，如图 2-47 所示。

**步骤 02** 在工具栏中单击【捕捉开关】按钮 ²，并向下拖动鼠标，选择【2.5 维捕捉】选项，然后在【2.5 维捕捉】按钮 ² 上右击，在弹出的【栅格和捕捉设置】对话框中勾选【轴心】选项，取消其他勾选，如图 2-48 所示，设置完成后将其关闭。

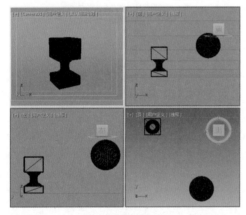

图 2-47

图 2-48

**步骤 03** 在菜单栏中单击【选择并移动】按钮 ✥，移动光标至【前】视图中，选择对象并捕捉其顶点位置，并将其拖动至【底部】对象上，如图 2-49 所示。

**步骤 04** 激活【Camera001】视图，按 F9 键进行渲染，渲染完成后的效果图如图 2-50 所示。

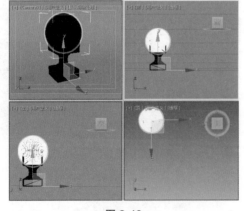

图 2-49

图 2-50

# 2.4　移动

选择对象并进行移动操作，在移动选择的对象时可以沿坐标轴进行移动，也可以启用【移动变换输入】对话框进行更为准确的移动。

如果需要在场景中移动某个操作对象时，可以直接手动移动此对象，手动移动对象的具体操作步骤如下。

**步骤 01**　打开配套资源中的 CDROM\Scenes\Cha02\ 咖啡 .max 素材文件，如图 2-51 所示。

**步骤 02**　在工具栏中单击【选择并移动】工具 ✛，在【前】视图中单击需要移动的对象，按住鼠标左键移动即可沿 Y 轴或者 X 轴移动对象，如图 2-52 所示。

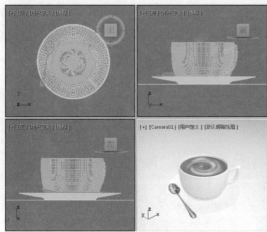

图 2-51

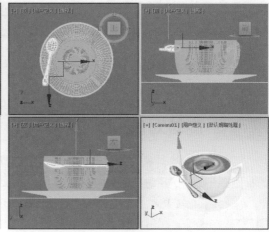

图 2-52

## 【实例】精确移动

手动移动工具可使用在一些精度要求不高的模型中，但工作中经常遇到要求精确移动模型位置，其具体操作步骤如下。

**步骤 01**　打开配套资源中的 CDROM\Scenes\Cha02\ 咖啡 .max 素材文件，在视图中选择需要移动的对象，选择工具栏中的【选择并移动】按钮 ✛ 并右击，弹出【移动变换输入】对话框，如图 2-53 所示。

**步骤 02**　分别在【绝对：世界】选项组下的 X、Y、Z 文本框中输入需要移动的数值，即可在视图中精确移动对象，如图 2-54 所示。

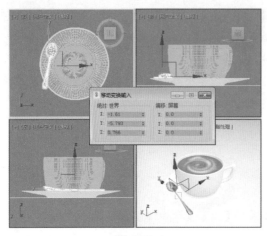 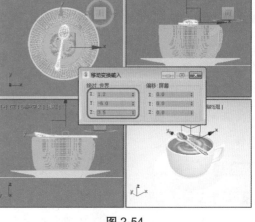

图 2-53　　　　　　　　　　　　　图 2-54

# 2.5　旋转

在场景中往往会需要对一些物体通过旋转和缩放来调整其角度和大小，其旋转时可根据选定的坐标轴方向来进行。

## 2.5.1　旋转对象

旋转场景中的对象时，可首先在场景中选择需要旋转的对象，再单击工具栏中的【选择并旋转】按钮 ，然后进行手动旋转。其具体的操作步骤如下。

**步骤 01** 打开配套资源中的 CDROM\Scenes\Cha02\ 椅子 .max 素材文件，如图 2-55 所示。

**步骤 02** 在【前】视图中单击需要旋转的对象，在菜单栏中单击【选择并旋转】按钮 ，当光标处于 状态时，按住鼠标左键沿 X 方向轴移动即可旋转对象，如图 2-56 所示。

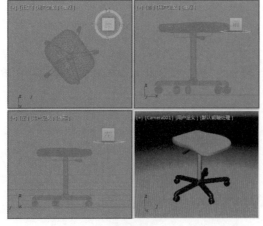 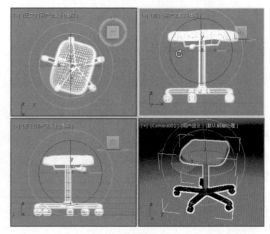

图 2-55　　　　　　　　　　　　　图 2-56

## 【实例】精确旋转

在旋转对象时，可在工具栏中将【旋转变化输入】对话框调出，在其对话框中设置旋转的度数，可以准确地旋转物体，其具体的操作步骤如下。

步骤 01　打开配套资源中的 CDROM\Scenes\Cha02\ 椅子 .max 素材文件，在【顶】视图中选择
需要旋转的对象，选择工具栏中的【选择并旋转】按钮 并右击，弹出【旋转变换输
入】对话框，如图 2-57 所示。

步骤 02　在【绝对：世界】选项组下的 X、Y、Z 文本框中输入需要旋转的数值，即可精确旋转
对象，如图 2-58 所示。

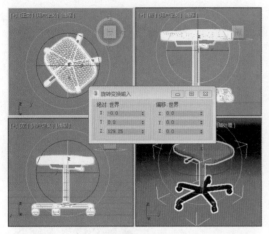
图 2-57

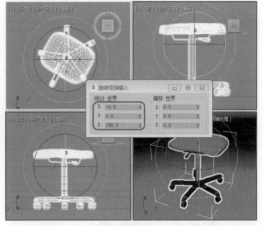
图 2-58

## 2.5.2　精确缩放

通过在【缩放变换输入】对话框中输入变化值来缩放对象，可以更为准确地缩放对象，其
具体的操作步骤如下。

步骤 01　打开配套资源中的 CDROM\Scenes\Cha02\ 沙发 .max 素材文件，在【顶】视图中选择
需要缩放的对象，选择工具栏中的【选择并均匀缩放】按钮 并右击，弹出【缩放变
换输入】对话框，如图 2-59 所示。

步骤 02　在【绝对：局部】选项组下的 X、Y、Z 文本框中输入需要缩放的数值，按 Enter 键即
可精确缩放，如图 2-60 所示。

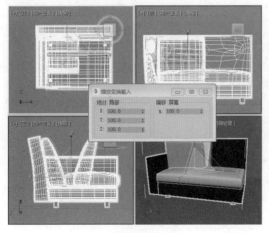
图 2-59

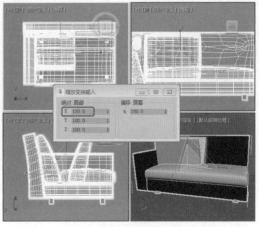
图 2-60

### 2.5.3　手动缩放

在 3ds Max 场景中缩放对象，可在工具栏中选择【选择并均匀缩放】或者其他缩放工具对其进行缩放，使用【选择并均匀缩放】工具的具体操作步骤如下。

步骤 01　打开配套资源中的 CDROM\Scenes\Cha02\ 沙发 .max 素材文件，如图 2-61 所示。

步骤 02　在【透视】视图中框选需要缩放的对象，选择工具栏中的【选择并均匀缩放】按钮，当光标处于 ⚠ 状态时，按住鼠标左键移动即可缩放对象，如图 2-62 所示。

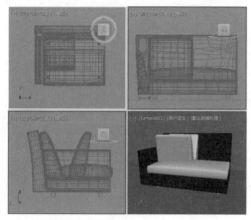

图 2-61

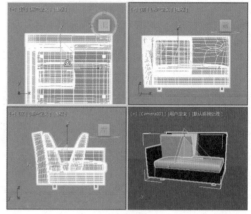

图 2-62

# 2.6　对齐

将选择的对象与目标对齐，其中包括位置的对齐和方向的对齐，根据各自的轴心点三角轴完成。常用于排列对齐大量的对象，或将对象置于复杂的表面。

### 2.6.1　对齐对象

下面将讲解如何对齐对象，效果如图 2-63 所示。其具体的操作步骤如下。

步骤 01　打开配套资源中的 CDROM\Scenes\Cha02\ 对齐对象 .max 素材文件，如图 2-64 所示。

图 2-63

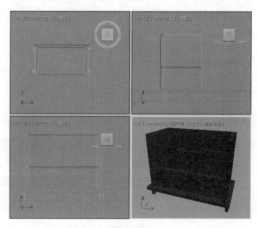

图 2-64

**步骤 02** 在工具栏中选择【按名称选择】按钮 ■，在弹出的【从场景中选择】对话框中选择【柜顶】名称，如图 2-65 所示。

**步骤 03** 单击【确定】按钮即可在场景中选中对象，如图 2-66 所示。

图 2-65

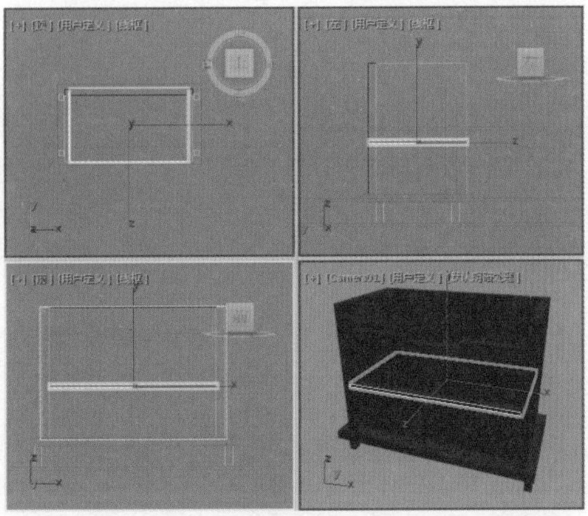

图 2-66

**步骤 04** 当对象处于选中的状态时，在工具栏中单击【对齐】按钮 ■，当光标处于 ■ 状态时，在【前】视图中单击【门 01】对象，如图 2-67 所示。

**步骤 05** 执行以上操作后，会弹出一个【对齐当前选择门 01】对话框，取消勾选【X 位置】、【Z 位置】，分别在【当前对象】选项卡和【目标对象】选项卡中点选【轴点】、【最大】选项，如图 2-68 所示。

**步骤 06** 单击【确定】按钮即可将选中的对象进行对齐，渲染效果如图 2-69 所示。

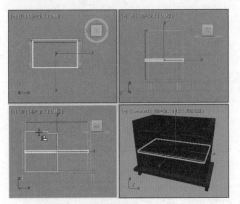

图 2-67

图 2-68

图 2-69

## 2.6.2 快速对齐

【快速对齐】命令与【精确对齐】命令相似，即手动将需要对齐的对象与对齐目标快速对齐，效果如图 2-70 所示。其具体的操作步骤如下。

图 2-70 快速对齐

**步骤 01** 打开配套资源中的 CDROM\Scenes\Cha02\ 快速对齐 .max 素材文件，在工具栏中单击【按名称选择】按钮 🖱，如图 2-71 所示。

**步骤 02** 在弹出的【从场景中选择】对话框中单击【蜡烛 04】，如图 2-72 所示。

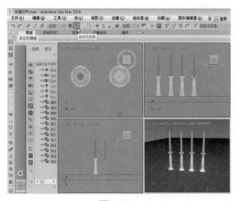

图 2-71　　　　　　　　　　　　　　　　图 2-72

**步骤 03** 单击【确定】按钮，被选中的对象即可在场景中显示出来，如图 2-73 所示。

**步骤 04** 确定对象处于被选中的状态下，在工具栏中单击【对齐】按钮 🖱 并向下拖动，在下拉列表中选择【快速对齐】按钮 🖱，如图 2-74 所示。

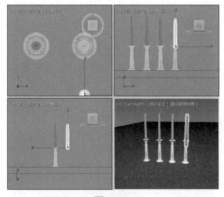

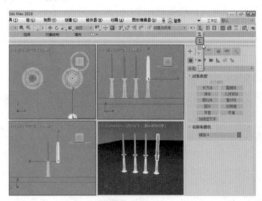

图 2-73　　　　　　　　　　　　　　　　图 2-74

**步骤 05** 将光标移至【顶】视图中，当鼠标处于 🖱 状态时，单击视图中的【烛坐 04】对象，如图 2-75 所示。【快速对齐】后的效果如图 2-76 所示。

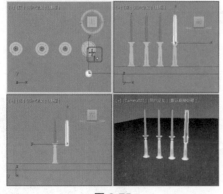

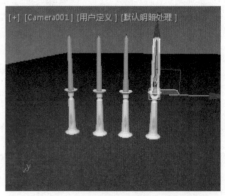

图 2-75　　　　　　　　　　　　　　　　图 2-76

### 2.6.3 法线对齐

　　法线对齐就是将两个对象的法线对齐，从而使物体发生变化，对于次物体或放样物体，也可以为其指定的面进行法线对齐，在次物体处于激活的状态下，只有选择的次物体可以法线对齐，效果如图 2-77 所示。具体的操作步骤如下。

图 2-77

**步骤 01** 打开配套资源中的 CDROM\Scenes\Cha02\ 法线对齐 .max 素材文件，如图 2-78 所示。

**步骤 02** 在视图中选择【门 002】对象，在工具栏中单击【对齐】按钮 ![] 并向下拖动鼠标，在下拉列表中选择【法线对齐】按钮 ![]，如图 2-79 所示。

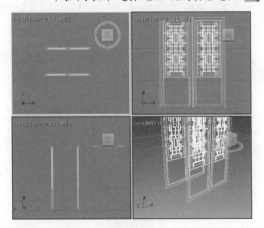
图 2-78

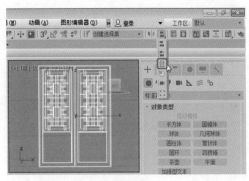
图 2-79

**步骤 03** 当光标处于 ![] 状态时，在【透视】视图中单击选择的对象并向下拖动鼠标，直到在对象的下方出现蓝色法线，如图 2-80 所示。

**步骤 04** 再次单击门目标并拖动鼠标，直到目标对象下方出现绿色法线，释放鼠标，即可弹出【法线对齐】对话框，可根据需求在对话框中设置其数值，如图 2-81 所示。

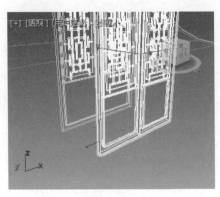
图 2-80

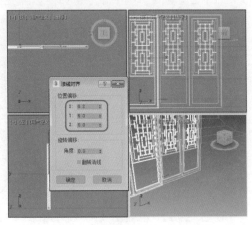
图 2-81

步骤 05 单击【确定】按钮，所选对象将按法线将目标对象对齐，如图 2-82 所示。

步骤 06 根据需要对图形进行微调，选择【透视】视图，按 C 键转换为【摄影机】视图，按 F9
键对场景进行渲染，渲染效果如图 2-83 所示。

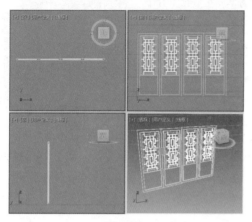

图 2-82

图 2-83

# 2.7　阵列

创建当前选择物体的阵列，它可以控制产生一维、二维、三维的阵
列复制，常用于大量有序的复制物体。在阵列中分别设置三个轴向的偏
移量即可进行移动阵列，效果如图 2-84 所示。具体的操作步骤如下。

图 2-84

步骤 01 打开配套资源中的 CDROM\Scenes\Cha02\ 阵列 .max 素材文件，如图 2-85 所示。

步骤 02 在【顶】视图中选择顶部和底部的椅子对象，作为移动阵列的对象，在菜单栏中选择
【工具】|【阵列】命令，如图 2-86 所示。

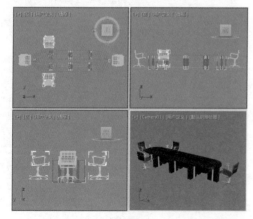

图 2-85

图 2-86

**步骤 03** 弹出【阵列】对话框,在【阵列变换:屏幕坐标(使用轴点中心)】选项组中激活【移动】坐标文本框,将【总计】下的 X 轴设置为 750 度,在【阵列维度】选项组中设置 1D 的数量为 4,单击【确定】按钮,如图 2-87 所示,即可在场景中阵列对象。

**步骤 04** 激活【摄影机】视图,按 F9 键进行快速渲染,渲染完成后的效果如图 2-88 所示。

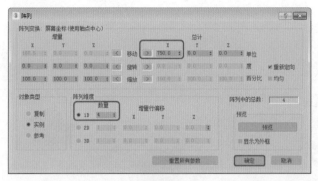

图 2-87

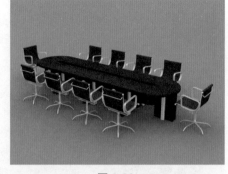

图 2-88

# 2.8 克隆

对当前选择的对象进行原地复制,所复制的对象将会与原物体重合,其复制的对象所占的空间位置与原物体相同,可根据场景的需求再对其位置进行调整。

## 2.8.1 克隆对象

将当前选择的物体进行原地复制,复制的对象与原对象相同,即为克隆对象,效果如图 2-89 所示。具体的操作步骤如下。

**步骤 01** 打开配套资源中的 CDROM\Scenes\Cha02\ 克隆对象 .max 素材文件,如图 2-90 所示。

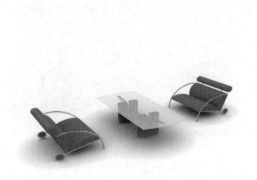

图 2-89

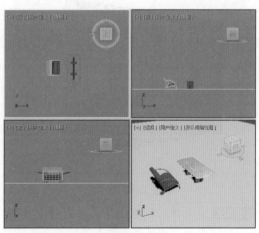

图 2-90

**步骤 02** 在视图中选择需要克隆的对象沙发,在菜单栏中选择【编辑】|【克隆】命令,如图 2-91 所示。

步骤 03　弹出【克隆选项】对话框，在【对象】选项栏中选择【实例】，在【控制器】选项栏中
选择【复制】，单击【确定】按钮即可，如图 2-92 所示。即可在场景中克隆出沙发对象。

步骤 04　使用【选择并移动】工具 ✛ 和【选择并旋转】工具 C 在视图中调整克隆对象的位置和
角度，激活【透视】视图，按 F9 键进行快速渲染，渲染完成后最终效果如图 2-93 所示。

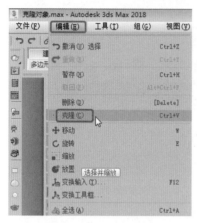

图 2-91　　　　　　　　　　图 2-92　　　　　　　　　　图 2-93

## 2.8.2　实例克隆

　　【实例克隆】是克隆的一种，克隆包括实例克隆、参考克隆、复制克隆，下面我们介绍实例
克隆的具体使用方法。本例效果如图 2-94 所示。具体的操作步骤如下。

步骤 01　打开配套资源中的 CDROM\Scenes\Cha02\ 实例克隆 .max 素材文件，并在场景中选择
需要克隆的对象，如图 2-95 所示。

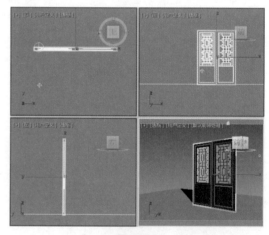

图 2-94　　　　　　　　　　　　　　　　　图 2-95

步骤 02　在菜单栏中选择【编辑】|【克隆】命令，弹出【克隆选项】对话框。在【克隆选项】
对话框中的【对象】选项组中选择【实例】选项，在【控制器】选项组中选择【复制】
选项，如图 2-96 所示。

步骤 03　单击【确定】按钮，即可在场景中克隆对象，然后在视图中调整克隆对象的位置和角
度，完成效果如图 2-97 所示。

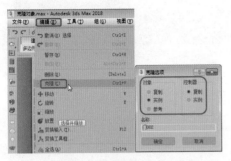

图 2-96 图 2-97

### 2.8.3 参考克隆

下面将讲解如何参考克隆，效果如图 2-98 所示。使用【参考克隆】的具体操作步骤如下。

**步骤 01** 打开配套资源中的 CDROM\Scenes\Cha02\ 参考克隆 .max 素材文件，并在场景中选择
需要克隆的对象，如图 2-99 所示。

**步骤 02** 在菜单栏中选择【编辑】|【克隆】命令，如图 2-100 所示。

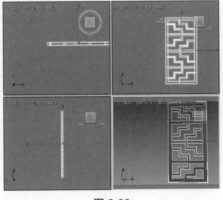

图 2-98 图 2-99 图 2-100

**步骤 03** 在【克隆选项】对话框中的【对象】选项组中选择【实例】选项，在【控制器】选项
组中选择【复制】选项，如图 2-101 所示。

**步骤 04** 单击【确定】按钮，即可在视图中克隆对象，在视图中调整克隆对象的位置、角度和
大小，激活【透视】视图，按 F9 键进行快速渲染，渲染完成后的效果如图 2-102 所示。

图 2-101

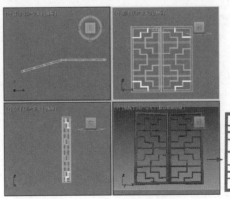

图 2-102

## 2.9 镜像

产生一个或多个物体的镜像。镜像物体可以选择不同的克隆方式，同时可以沿着指定的坐标轴进行偏移。使用镜像复制可以方便地制作出物体的反射效果，镜像工具可以镜像阵列，添加动画。

### 【实例】完善陈列品的摆放

镜像物体一般通过选择不同的镜像方式来进行镜像，以水平方式进行镜像即为水平镜像，效果如图 2-103 所示。其具体的操作步骤如下。

图 2-103

> **步骤 01** 打开配套资源中的 CDROM\Scenes\Cha02\ 完善陈列品的摆放 .max 素材文件，如图 2-104 所示。

> **步骤 02** 在场景中选择需要镜像的对象，在工具栏中选择【镜像】按钮 ，如图 2-105 所示。

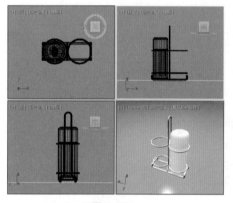

图 2-104

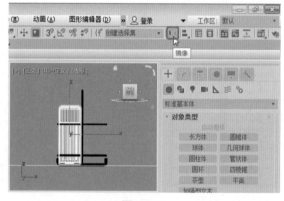

图 2-105

> **步骤 03** 弹出【镜像：屏幕 坐标】对话框，在【镜像轴】选项组中选择 X 选项，将【偏移】值设置为 2.78，在【克隆当前选择】选项组中选择【复制】选项，单击【确定】按钮，如图 2-106 所示。

> **步骤 04** 激活【摄影机】视图，进行渲染，效果图如图 2-107 所示。

图 2-106

图 2-107

## 【实例】镜像及陈列木桌

将物体以垂直方向进行镜像即为垂直镜像，效果如图 2-108 所示。其具体的操作步骤如下。

**步骤 01** 打开配套资源中的 CDROM\Scenes\Cha02\ 镜像及陈列木桌 .max 素材文件，如图 2-109 所示。

**步骤 02** 在【顶】视图中选择【椅子】对象，在工具栏中选择【镜像】按钮 ，如图 2-110 所示。

图 2-108

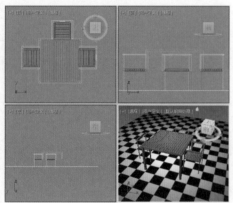

图 2-109

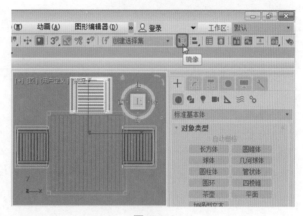

图 2-110

**步骤 03** 弹出【镜像: 屏幕 坐标】对话框，在【镜像轴】选项组中选择 Y 选项，将【偏移】值设置为 -94，在【克隆当前选择】选项组中选择【复制】选项，单击【确定】按钮，如图 2-111 所示。

**步骤 04** 激活【透视】视图，进行渲染，效果如图 2-112 所示。

图 2-111

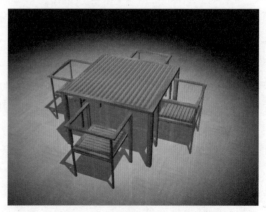

图 2-112

# 第3章

# 创建基本三维对象

本章导读：

● 创建长方体
● 创建圆锥体
● 创建圆柱体
● 创建茶壶

在三维动画的制作中，三维建模是最重要的一个环节。在 3ds Max 中提供了两种基础的三维建模方式，其中【标准基本体】包括长方体、球体和圆环等对象，本章将介绍如何在 3ds Max 2018 中利用【几何体】面板中的工具进行基础建模。

## 3.1 创建标准基本体

3ds Max 2018 中提供了非常容易使用的基本几何体建模工具，只需拖动鼠标，即可创建一个几何体，这就是标准基本体。标准基本体是 3ds Max 中最简单的一种三维物体，用它可以创建长方体、球体、圆柱体、圆环、茶壶等。本章就来介绍一下标准基本体的创建以及参数设置。

### 3.1.1 创建长方体

使用【长方体】工具可以创建立方体和长方体对象，通过设置长度、宽度、高度的参数可以控制对象的形状，如果只设置其中的两个参数，则可以产生矩形平面。本例效果如图 3-1 所示。

步骤 01 按 Ctrl+O 组合键，在弹出的对话框中打开配套资源中的 CDROM\Scenes\ Cha03\3-1.max 素材文件，如图 3-2 所示。

步骤 02 激活【前】视图，选择【创建】╋|【几何体】●|【标准基本体】|【长方体】工具，在【前】视图中按住鼠标左键并拖动鼠标，拉出矩形底面，释放鼠标，并向上移动鼠标，确定长方体的高度，单击鼠标完成长方体的创建，如图 3-3 所示。

步骤 03 切换到【修改】命令面板 ，在【参数】卷展栏中将【长度】和【宽度】分别设置为 345.1、344.1，将【高度】设置为 1，并在视图中调整长方体的位置，如图 3-4 所示。

图 3-1

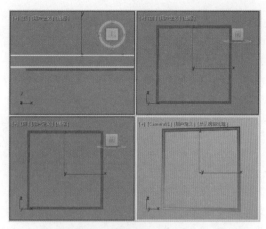

图 3-2

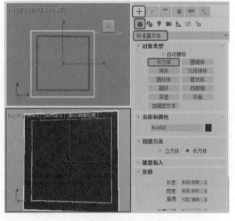

图 3-3

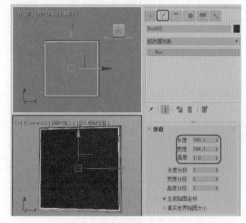

图 3-4

**步骤 04** 按 M 键打开【材质编辑器】对话框，在该对话框中选择【装饰画】材质，并单击【将材质指定给选定对象】按钮，将材质指定给新创建的长方体，如图 3-5 所示。

**步骤 05** 在工具栏中单击【渲染产品】按钮即可进行渲染，然后对其进行保存即可。效果如图3-6 所示。

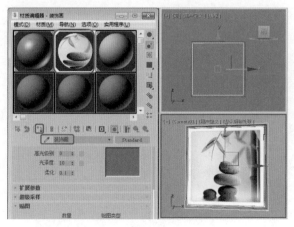

图 3-5

图 3-6

## 【实例】创建梳妆镜

　　本例将介绍如何使用标准基本体制作梳妆镜，该案例主要利用长方
体及图形等工具制作出梳妆镜的模型，然后再为制作出的模型添加修改
器及材质，从而完成梳妆镜的制作。效果如图3-7所示。

图 3-7

**步骤 01** 选择【创建】|【几何体】|【标准基本体】|【长方体】工具，在【顶】视图中创建长方体，并命名为【木板01】，在【参数】卷展栏中将【长度】设置为8,【宽度】设置为50,【高度】设置为1，勾选【真实世界贴图大小】复选框，如图3-8所示。

**步骤 02** 切换至【修改】命令面板，在修改器列表中选择【UVW贴图】修改器，在【参数】卷展栏中选择【长方体】单选按钮，在【对齐】选项组下单击【适配】按钮，如图3-9所示。

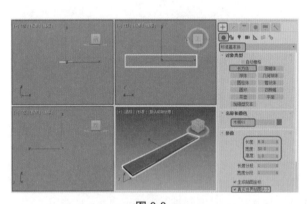

图 3-8

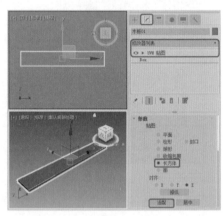

图 3-9

**步骤 03** 继续选中该对象，在【顶】视图中按住 Shift 键沿 Y 轴向上移动，在弹出的对话框中单击【复制】单选按钮，将【副本数】设置为2，如图3-10所示。

**步骤 04** 选择【创建】|【图形】|【样条线】|【矩形】工具，在【左】视图中创建矩形，并将其命名为【木板04】，在【参数】卷展栏中将【长度】设置为8,【宽度】设置为4，如图3-11所示。

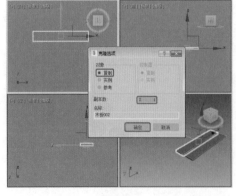

图 3-10

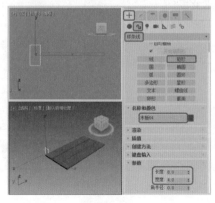

图 3-11

步骤 05 切换至【修改】命令面板中，在修改器列表中选择【编辑样条线】修改器，将当前
选择集定义为【顶点】，添加顶点并调整顶点的位置，调整完成后的效果，如图3-12
所示。

步骤 06 关闭当集选择集，再次在修改器列表中选择【挤出】修改器，在【参数】卷展栏中将【数
量】设置为50，勾选【生成贴图坐标】和【真实世界贴图大小】复选框，如图3-13
所示。

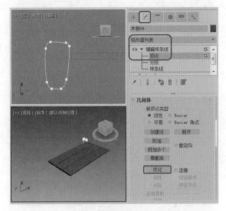
图 3-12

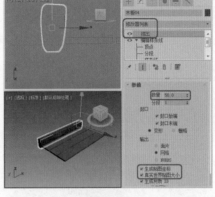
图 3-13

步骤 07 选择【创建】|【图形】|【样条线】|【矩形】工具，在【左】视图中创建矩形，并命名为【木
板05】，在【参数】卷展栏中将【长度】设置为4，【宽度】设置为29，如图3-14
所示。

步骤 08 切换到【修改】命令面板，在修改器列表中选择【编辑样条线】修改器，将选择集定
义为【顶点】，然后调整顶点的位置，调整完成后的效果如图3-15所示。

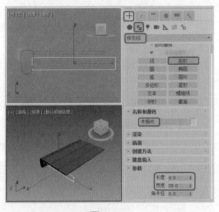
图 3-14

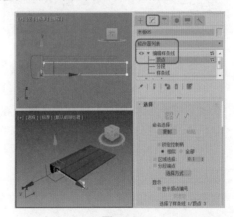
图 3-15

步骤 09 关闭当前选择集，在视图中调整该对象的位置，在修改器列表中选择【挤出】修改器，
在【参数】卷展栏中将【数量】设置为2，勾选【真实世界贴图大小】复选框，如图
3-16所示。

步骤 10 在修改器列表中选择【UVW贴图】修改器，在【参数】卷展栏中单击【长方体】单选
按钮，单击【适配】单选按钮，如图3-17所示。

步骤 11 在【顶】视图中继续选中该对象，按住Shift键沿X轴向右进行拖动，在弹出的对话框
中单击【复制】单选按钮，单击【确定】按钮即可，如图3-18所示。

**步骤 12** 选择【创建】|【图形】|【样条线】|【矩形】工具，在【左】视图中创建矩形，并命名为【木条 01】，在【参数】卷展栏中将【长度】设置为 50,【宽度】设置为 4,【角半径】设置为 1.5，如图 3-19 所示。

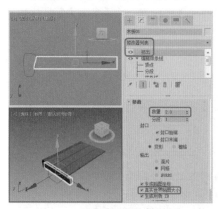

图 3-16

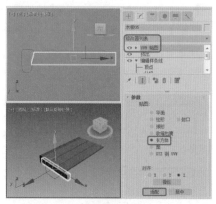

图 3-17

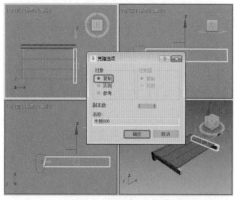

图 3-18

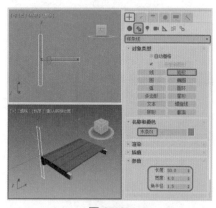

图 3-19

**步骤 13** 在工具栏中右击【角度捕捉切换】按钮，在弹出的对话框中将【角度】设置为 15 度，如图 3-20 所示。设置完成后，关闭该对话框。

**步骤 14** 然后调整【木条 01】对象的位置，在工具栏中单击【角度捕捉切换】按钮，在工具栏中单击【选择并旋转】按钮，选择【木条 01】对象，在【左】视图中沿 Z 轴旋转 -15°，如图 3-21 所示。

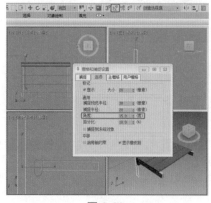

图 3-20

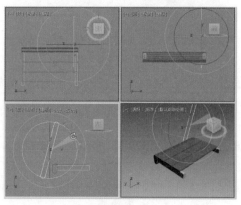

图 3-21

**步骤15** 旋转完成后，关闭【角度捕捉切换】按钮，然后切换至【修改】命令面板，在修改器列表中选择【挤出】修改器，在【参数】卷展栏中将【数量】设置为2，如图3-22所示。

**步骤16** 再次为其添加【UVW贴图】修改器，在【顶】视图中继续选中该对象，按住Shift键沿X轴向左拖动，在弹出的对话框中选择【复制】单选按钮，单击【确定】按钮，如图3-23所示。

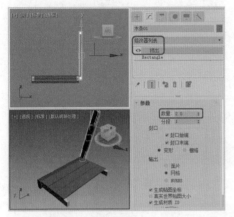

图 3-22

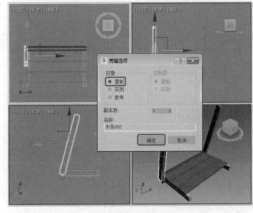

图 3-23

**步骤17** 选择【创建】|【图形】|【样条线】|【矩形】工具，在【前】视图中创建矩形，将其命名为【玻璃】，在【参数】卷展栏中将【长度】设置为50，【宽度】设置为52，如图3-24所示。

**步骤18** 切换至【修改】命令面板，在修改器列表中选择【编辑样条线】修改器，将当前选择集定义为【顶点】，添加顶点并调整顶点的位置，如图3-25所示。

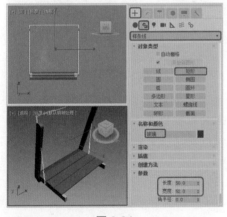

图 3-24

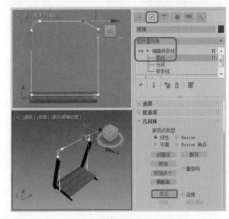

图 3-25

**步骤19** 关闭当前选择集，在修改器列表中选择【挤出】修改器，在【参数】卷展栏中将【数量】设置为0.2，如图3-26所示。

**步骤20** 单击打开【角度捕捉切换】按钮，在工具栏中单击【选择并旋转】按钮，在【左】视图中沿Z轴旋转-15°，如图3-27所示。

**步骤21** 在视图中调整该对象的位置，并为其添加【UVW贴图】修改器，选择【创建】|【几何体】|【标准基本体】|【球体】工具，在【左】视图中创建球体，将该模型命名为【螺钉】，将【半径】设置为1.2，【半球】设置为0.5，如图3-28所示。

步骤 22　在视图中调整其位置，并为其添加球形 UVW 贴图，激活【前】视图并选中该对象，在工具栏中单击【镜像】按钮，在弹出的对话框中将【偏移】设置为 54，单击【复制】单选按钮，设置完成后，单击【确定】按钮，如图 3-29 所示。

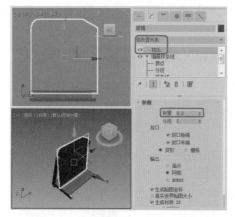

图 3-26

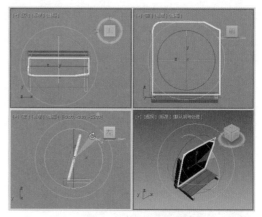

图 3-27

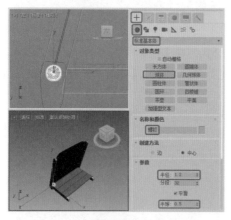

图 3-28

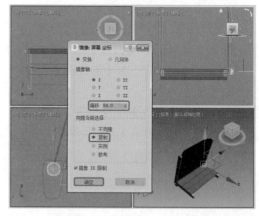

图 3-29

步骤 23　在视图中选中【玻璃】对象，按 M 键，在弹出的对话框中选择一个空的材质样本球。将其命名为【玻璃】，在【Blinn 基本参数】卷展栏中将【环境光】的 RGB 值设置为 215、236、255，将【自发光】设置为 61，将【不透明度】设置为 40，将【高光级别】和【光泽度】分别设置为 128、47，设置完成后，单击将【材质指定给选定对象】按钮和【在视口中显示标准贴图】按钮，如图 3-30 所示。

步骤 24　在视图中选中两个【螺钉】对象，按 M 键打开【材质编辑器】对话框，在该对话框中选择一个空的材质样本球，将其命名为【螺钉】。在【明暗器基本参数】卷展栏中将明暗器类型设置为【(M) 金属】，将【高光级别】和【光泽度】分别设置为 61、80。打开【贴图】卷展栏，单击【反射】右侧的子材质按钮，在弹出的对话框中双击【位图】选项，在弹出的对话框中选择配套资源中的 CDROM\Map\BxgScenes1.jpg 贴图文件，单击【打开】按钮，在【坐标】卷展栏中将【贴图】设置为【收缩包裹环境】。设置完成后，将材质指定给选定对象，如图 3-31 所示。

步骤 25　再在视图中选中除指定材质外的其他对象，在材质编辑器对话框中选择一个材质样本球，将其命名为【木纹】，在【Blinn 基本参数】卷展栏中将【自发光】设置为 50，在【贴图】卷展栏中单击【漫反射颜色】右侧的子材质按钮，在弹出的对话框中双击【位图】选项，在弹出的对话框中选择配套资源中的 CDROM\Map\009.jpg 贴图文件，单击【打开】按钮，如图 3-32 所示。

**步骤 26** 将材质指定给选定对象，关闭对话框，选择【创建】|【几何体】|【标准基本体】|【平面】工具，在【顶】视图中创建平面，切换到【修改】命令面板，在【参数】卷展栏中，将【长度】和【宽度】分别设置为 3658、4478，将【长度分段】、【宽度分段】都设置为 1，在视图中调整其位置，如图 3-33 所示。

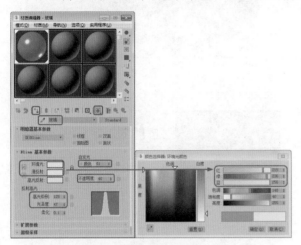

图 3-30

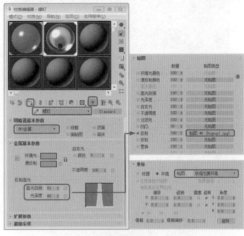

图 3-31

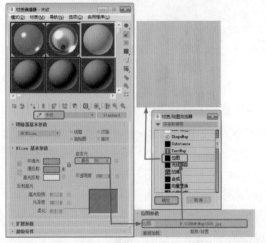

图 3-32

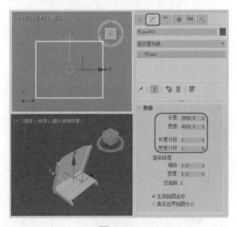

图 3-33

**步骤 27** 在修改器列表中选择【壳】修改器，使用其默认参数即可，如图 3-34 所示。

**步骤 28** 继续选中该对象，右击，在弹出的快捷菜单中选择【对象属性】命令，如图 3-35 所示。

**步骤 29** 执行该操作后，将会打开【对象属性】对话框，在弹出的对话框中勾选【透明】复选框，单击【确定】按钮，如图 3-36 所示。

**步骤 30** 继续选中该对象，按 M 键打开【材质编辑器】对话框，在该对话框中选择一个空的材质样本球，将其命名为【地面】，单击【Standard】按钮，在弹出的对话框中选择【无光/投影】选项，单击【确定】按钮，如图 3-37 所示。

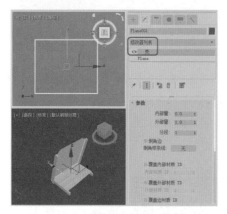

图 3-34

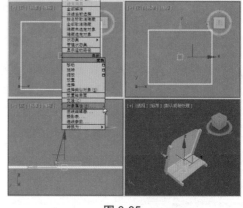

图 3-35

图 3-36

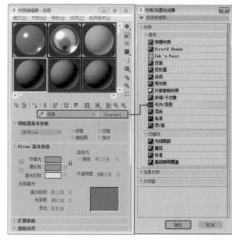

图 3-37

**步骤 31** 将该材质指定给选定对象即可。按 8 键弹出【环境和效果】对话框，在【公用参数】卷展栏中单击【无】按钮，在弹出的【材质/贴图浏览器】对话框中双击【位图】贴图，再在弹出的对话框中打开配套资源中的 CDROM\Map\ 茶几 .JPG 贴图文件，如图 3-38 所示。

**步骤 32** 然后在【环境和效果】对话框中将环境贴图拖动至新的材质样本球上，在弹出的【实例（副本）贴图】对话框中选择【实例】单选按钮，并单击【确定】按钮，如图 3-39 所示。

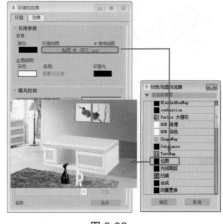

图 3-38

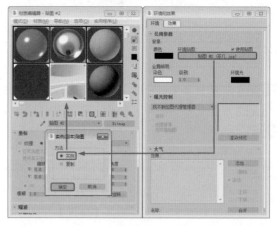

图 3-39

**步骤 33** 然后在【坐标】卷展栏中，将贴图设置为【屏幕】，激活【透视】视图，按 Alt+B 组合键，在弹出的对话框中选择【使用环境背景】单选按钮，设置完成后，单击【确定】按钮，如图 3-40 所示。

**步骤 34** 选择【创建】➕|【摄影机】📷|【目标】工具，在视图中创建摄影机，激活【透视】视图，按 C 键将其转换为摄影机视图，在其他视图中调整摄影机位置，效果如图 3-41 所示。

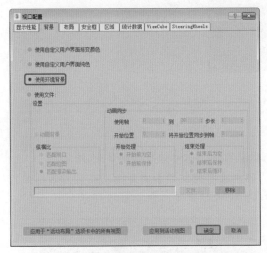

图 3-40

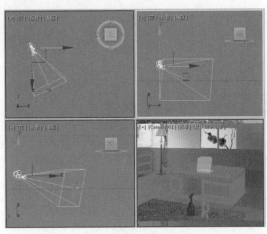

图 3-41

**步骤 35** 选择【创建】➕|【灯光】💡|【标准】|【泛光】工具，在【顶】视图中创建泛光灯，并在其他视图中调整灯光的位置，切换至【修改】命令面板，在【强度/颜色/衰减】卷展栏中将【倍增】设置为 0.35，如图 3-42 所示。

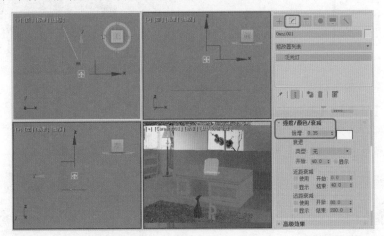

图 3-42

**步骤 36** 选择【创建】➕|【灯光】💡|【标准】|【天光】工具，在【顶】视图中创建天光，然后在各个视图中调整位置。切换到【修改】命令面板，在【天光参数】卷展栏中勾选【投射阴影】复选框，如图 3-43 所示。至此，梳妆镜就制作完成了，对完成后的场景进行渲染保存即可。

图 3-43

## 3.1.2 创建圆锥体

使用【圆锥体】工具可以创建直立或倒立的圆形圆锥体。本例效果如图 3-44 所示。

**步骤 01** 在菜单栏中选择【文件】|【打开】命令，弹出【打开文件】对话框，在该对话框中打开配套资源中的 CDROM\Scenes\ Cha03\3-2.max 素材文件，如图 3-45 所示。

图 3-44

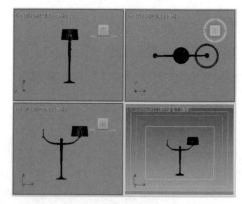

图 3-45

**步骤 02** 选择【创建】|【几何体】|【标准基本体】|【圆锥体】工具，在【顶】视图中单击并拖动鼠标，创建圆锥体的一级半径，如图 3-46 所示。

**步骤 03** 然后释放鼠标，并向上移动鼠标，创建圆锥体的高度，如图 3-47 所示。

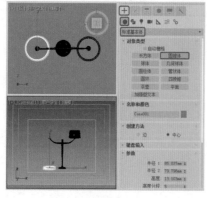

图 3-46

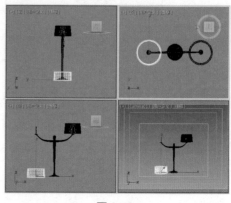

图 3-47

**步骤 04** 单击，然后向下移动鼠标，创建圆锥体的二级半径，再次单击鼠标，完成圆锥体的创建，如图 3-48 所示。

**步骤 05** 创建完成后，切换到【修改】命令面板，在【参数】卷展栏中将【半径 1】设置为 87，将【半径 2】设置为 76、将【高度】设置为 100，并在视图中调整圆锥体的位置，如图 3-49 所示。

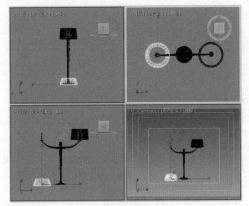

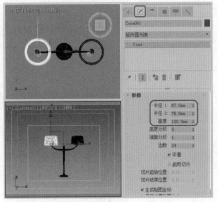

图 3-48                                                      图 3-49

**步骤 06** 按 M 键打开【材质编辑器】对话框，在该对话框中选择【木头】材质，并单击【将材质指定给选定对象】按钮，将材质指定给新创建的圆锥体，如图 3-50 所示。

**步骤 07** 关闭对话框，确定创建的【Cone001】处于选择状态，右击，在弹出的快捷菜单中选择【转换为】|【转换为可编辑多边形】，切换到【修改】面板，将选择集定义为【多边形】，再选择如图 3-51 所示的边，按 Delete 键将其删除。

**步骤 08** 切换到【摄影机】视图中进行渲染，然后对其进行保存即可。效果如图 3-52 所示。

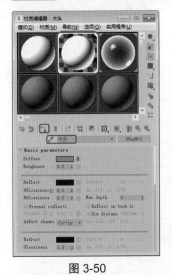

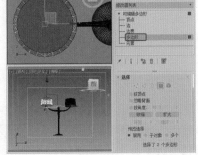

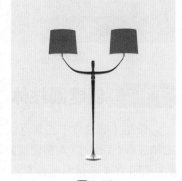

图 3-50                                      图 3-51                                      图 3-52

## 3.1.3  创建球体

使用【球体】工具可以创建完整的球体、半球体或球体的其他部分。本例效果如图 3-53 所示。

**步骤 01** 在菜单栏中选择【文件】|【打开】命令，弹出【打开文件】对话框，在该对话框中打开配套资源中的 CDROM\Scenes\ Cha03\3-3.max 素材文件，如图 3-54 所示。

**步骤 02** 选择【创建】|【几何体】|【标准基本体】|【球体】工具,在【前】视图中单击并拖动鼠标,创建球体,如图 3-55 所示。

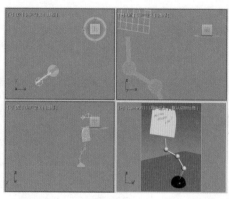

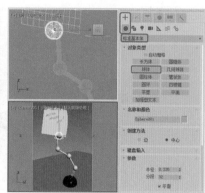

图 3-53          图 3-54          图 3-55

**步骤 03** 切换到【修改】命令面板,在【参数】卷展栏中将【半径】参数设为 0.3,并在视图中调整球体的位置,如图 3-56 所示。

**步骤 04** 按 M 键打开【材质编辑器】对话框,在该对话框中选择【不锈钢】材质并单击【将材质指定给选定对象】按钮,将材质指定给新创建的球体,如图 3-57 所示。

**步骤 05** 关闭对话框,激活【摄影机】视图,按 F9 键进行渲染,渲染完成后的效果如图 3-58 所示。

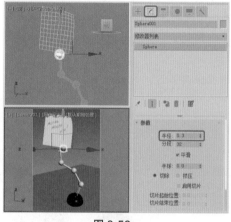

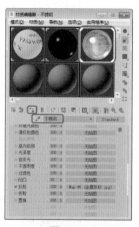

图 3-56          图 3-57          图 3-58

## 3.1.4 创建圆柱体

使用【圆柱体】工具可以创建圆柱体,还可以围绕其主轴进行【切片】。本例创建的圆柱体效果如图 3-59 所示。

**步骤 01** 在菜单栏中选择【文件】|【打开】命令,弹出【打开文件】对话框,在该对话框中选择配套资源中的 CDROM\Scenes\ Cha03\3-4.max 素材文件,如图 3-60 所示。

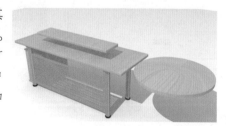

图 3-59

**步骤 02** 选择【创建】|【几何体】|【标准基本体】|【圆柱体】工具,在【顶】视图中按住鼠标左键并拖动鼠标,创建圆柱体,如图 3-61 所示。

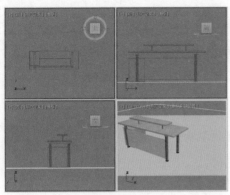

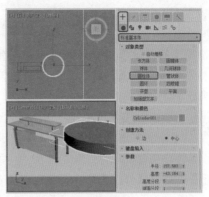

图 3-60 图 3-61

**步骤 03** 切换到【修改】命令面板，在【参数】卷展栏中将【半径】设置为100，将【高度】设置为8，将【高度分段】设置为5，【端面分段】设置为1，将【边数】设为70，并在视图中调整圆柱体的位置，如图 3-62 所示。

**步骤 04** 再次在【修改】命令面板中为其添加一个【UVW 贴图】修改器，选中【柱形】单选按钮，在【对齐】选项中选择【Z】单选按钮，然后单击【适配】按钮，如图 3-63 所示。

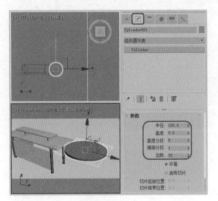
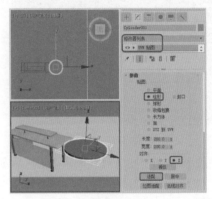

图 3-62 图 3-63

**步骤 05** 按 M 键打开【材质编辑器】对话框，在该对话框中选择【木】材质，并单击【将材质指定给选定对象】按钮，将材质指定给新创建的圆柱体，如图 3-64 所示。

**步骤 06** 激活【摄影机】视图，按 F9 键对其进行渲染，效果如图 3-65 所示。

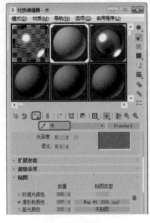
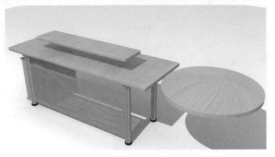

图 3-64 图 3-65

## 3.1.5 创建管状体

　　使用【管状体】工具可以创建圆形和棱柱管道。管状体类似于中空的圆柱体。本例创建的管状体效果如图 3-66 所示。

> **步骤 01** 继续上一实例的操作，选择【创建】|【几何体】|【标准基本体】|【管状体】工具，在【顶】视图中创建管状体，如图 3-67 所示。

> **步骤 02** 切换到【修改】命令面板，在【参数】卷展栏中

图 3-66

将【半径 1】设为 1，将【半径 2】设为 7，将【高度】设为 140，并在视图中调整其位置，如图 3-68 所示。

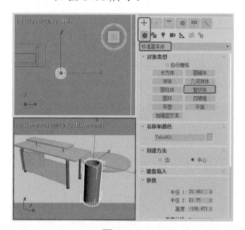

图 3-67

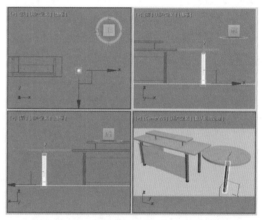

图 3-68

> **步骤 03** 按 M 键打开【材质编辑器】选择【金属 0】材质，单击【将材质指定给选定对象】按钮，将材质指定给新创建的管状体，如图 3-69 所示。

> **步骤 04** 关闭对话框，激活【顶】视图，按 Shift 键沿 Y 轴向上拖动在弹出的对话框中选择【复制】单选按钮，然后单击【确定】按钮，如图 3-70 所示。

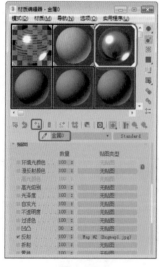

图 3-69

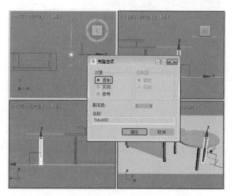

图 3-70

**步骤 05** 继续选中复制出的管状体对其进行调整位置，效果如图 3-71 所示。

**步骤 06** 激活【摄影机】视图，按 F9 键对其进行渲染，效果如图 3-72 所示。

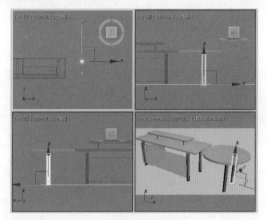

图 3-71

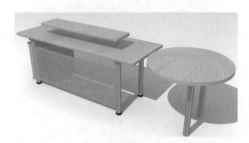

图 3-72

## 3.1.6 创建圆环

使用【圆环】工具可以创建立体的圆环圈。本例创建的圆环效果图 3-73 所示。

**步骤 01** 继续上一节的操作，选择【创建】|【几何体】|
【标准基本体】|【圆环】工具，在【顶】视图中
创建圆环，如图 3-74 所示。

**步骤 02** 切换到【修改】命令面板，在【参数】卷展栏中
将【半径 1】设置为 4.03，将【半径 2】设置为
5.772，并在视图中调整圆环的位置，如图 3-75 所示。

图 3-73

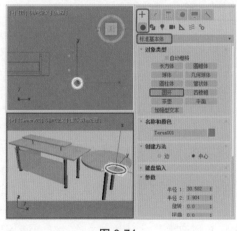

图 3-74

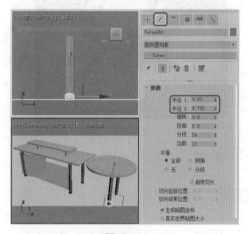

图 3-75

**步骤 03** 按 M 键打开【材质编辑器】对话框，在该对话框中选择【黑色塑料】材质单击【将材质指定给选定对象】按钮，将材质指定给新创建的圆环，如图 3-76 所示。

**步骤 04** 然后复制一个创建的圆环并调整圆环的位置，进行渲染，效果如图 3-77 所示。

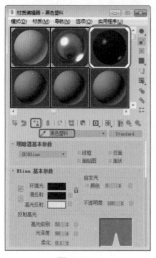

图 3-76

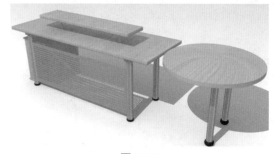

图 3-77

## 3.1.7 创建茶壶

使用【茶壶】工具不仅可以创建整个茶壶，还可以创建茶壶的一部分。本例创建的茶壶效果如图 3-78 所示。

**步骤 01** 在菜单栏中选择【文件】|【打开】按钮，弹出【打开文件】对话框，在该对话框中打开配套资源中的 CDROM\Scenes\ Cha03\3-5.max 素材文件，如图 3-79 所示。

图 3-78

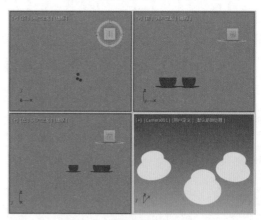

图 3-79

**步骤 02** 选择【创建】|【几何体】|【标准基本体】|【茶壶】工具，在【顶】视图中单击并拖动鼠标，创建茶壶，如图 3-80 所示。

**步骤 03** 切换到【修改】命令面板，在【参数】卷展栏中将【半径】设置为 260，将【分段】设置为 40，如图 3-81 所示。

**步骤 04** 在工具栏中单击【选择并旋转】按钮，在【顶】视图中沿 Z 轴旋转茶壶并使用【选择并移动】工具在视图中调整茶壶的位置，效果如图 3-82 所示。

**步骤 05** 按 M 键打开【材质编辑器】对话框，在该对话框中选择【白色瓷器】材质并单击【将材质指定给选定对象】按钮，将材质指定给新创建的茶壶，如图 3-83 所示。

**步骤 06** 关闭对话框，激活【摄影机】视图，对其进行渲染，查看效果，如图 3-84 所示。

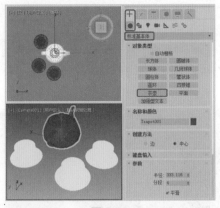

图 3-80

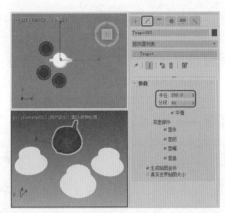

图 3-81

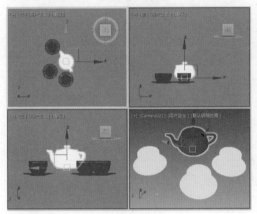

图 3-82

图 3-83

图 3-84

## 3.1.8 创建平面

使用【平面】工具可以创建平面，【平面】对象是特殊类型的平面多边形网格，可在渲染时无限放大。本例创建的平面如图 3-85 所示。

**步骤 01** 继续上一实例的操作，选择【创建】|【几何体】|【标准基本体】|【平面】工具，在【顶】视图中单击鼠标并拖动，创建一个平面，如图 3-86 所示。

图 3-85

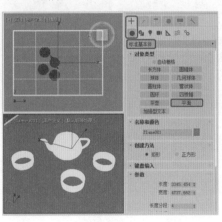

图 3-86

**步骤 02** 切换到【修改】命令面板，在【参数】卷展栏中将【长度】设置为 4 000，将【宽度】设置为 4 000，在视图中调整平面的位置，如图 3-87 所示。

**步骤 03** 按 M 键打开【材质编辑器】对话框，在该对话框中选择【02 – Default】材质并单击【将材质指定给选定对象】按钮和【视口中显示明暗处理材质】按钮，将材质指定给新创建的平面，如图 3-88 所示。

**步骤 04** 关闭对话框，激活【摄影机】视图，按 F9 键进行渲染，渲染完成后的效果如图 3-89 所示。

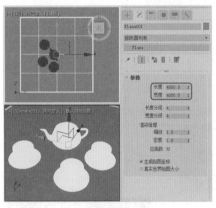

图 3-87　　　　　　　　　　图 3-88　　　　　　　　　　图 3-89

## 【实例】创建转椅模型

使用【几何球体】工具可以创建以三角面拼成的球体或半球体。本例创建的几何球体效果如图 3-90 所示。

**步骤 01** 在菜单栏中选择【文件】|【打开】命令，弹出【打开文件】对话框，在该对话框中打开配套资源中的 CDROM\Scenes\ Cha03\3-6.max 素材文件，如图 3-91 所示。

**步骤 02** 选择【创建】|【几何体】|【标准基本体】|【几何球体】工具，在【左】视图中单击并拖动鼠标，创建几何球体，如图 3-92 所示。

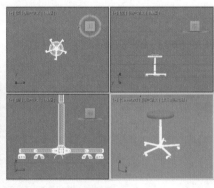
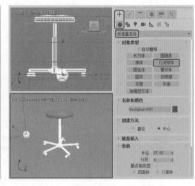

图 3-90　　　　　　　　　　图 3-91　　　　　　　　　　图 3-92

**步骤 03** 切换到【修改】命令面板，在【参数】卷展栏中将【半径】参数设为 18，并在视图中调整几何球体的位置，如图 3-93 所示。

**步骤 04** 按 M 键打开【材质编辑器】对话框，在该对话框中选择【金属】材质并单击【将材质指定给选定对象】按钮，将材质指定给新创建的几何球体，如图 3-94 所示。

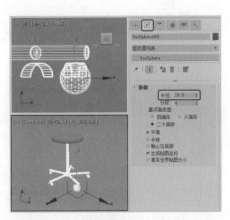

图 3-93

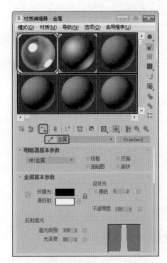

图 3-94

**步骤 05** 然后复制多个创建的几何球体，并调整几何球体的位置，效果如图 3-95 所示。

**步骤 06** 激活【摄影机】视图，按 F9 键进行渲染，渲染完成后的效果如图 3-96 所示。

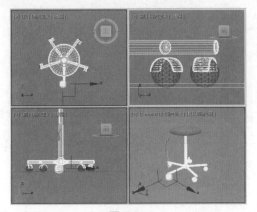

图 3-95

图 3-96

## 3.1.9 创建四棱锥

使用【四棱锥】工具可以创建拥有方形或矩形底部和三角形侧面的四棱锥基本体。本例创建的四棱锥如图 3-97 所示。

**步骤 01** 在菜单栏中选择【文件】|【打开】命令，弹出【打开文件】对话框，在该对话框中打开配套资源中的 CDROM\Scenes\ Cha03\3-7.max 素材文件，如图 3-98 所示。

**步骤 02** 选择【创建】|【几何体】|【标准基本体】|【四棱锥】工具，在【顶】视图中按住鼠标左键并拖动，创建出四棱锥的底部，如图 3-99 所示。

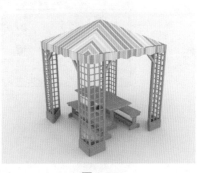

图 3-97

**步骤 03** 释放并向上移动鼠标，确定四棱锥的高度，单击，完成四棱锥的创建，如图 3-100 所示。

**步骤 04** 切换到【修改】命令面板，在【参数】卷展栏中将【宽度】设置为 119，将【深度】设置为 116，将【高度】设置为 29，并在视图中调整四棱锥的位置，如图 3-101 所示。

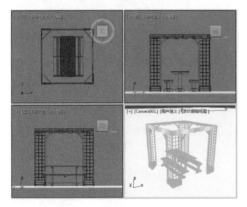

图 3-98

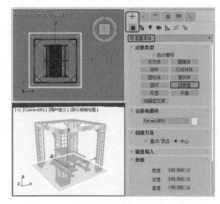

图 3-99

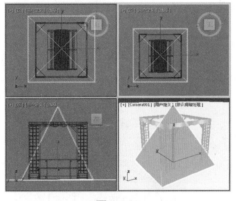

图 3-100

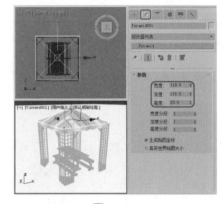

图 3-101

**步骤 05** 按 M 键打开【材质编辑器】对话框，在该对话框中选择【02–Default】材质，并单击【将材质指定给选定对象】按钮，将材质指定给新创建的四棱锥，如图 3-102 所示。

**步骤 06** 关闭对话框，激活【摄影机】视图，按 F9 键进行渲染，渲染完成后的效果如图 3-103 所示。

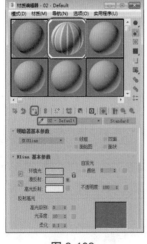

图 3-102

图 3-103

## 3.2 创建围棋棋子

本案例将讲解如何制作围棋棋子。首先绘制球体，通过对其参数设置及缩放，制作出棋子形状，并对其添加材质，完成后的效果如图 3-104 所示。具体操作方法如下。

**步骤 01** 启动软件后，打开配套资源中的 CDROM\Scenes\Cha03\ 围棋 .max，如图 3-105 所示。

**步骤 02** 选择【创建】|【几何体】|【标准基本体】|【球体】工具，在【顶】视图中创建一个【半径】为 13，【半球】为 0.345 的半球，并将其重新命名为【围棋白】，如图 3-106 所示。

图 3-104

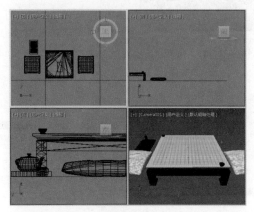

图 3-105

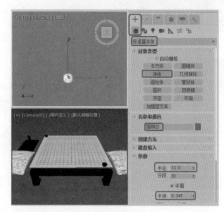

图 3-106

**步骤 03** 在【左】视图中选中创建的【围棋白】对象，在工具栏中右击【选择并非均匀缩放】按钮 ，在弹出的【缩放变换输入】对话框中【偏移：屏幕】区域下将 Y 轴参数设置为 30，然后调整一下该对象的位置，如图 3-107 所示。

**步骤 04** 使用【选择并移动】工具，选择创建好的棋子，按着 Shift 键进行移动，在弹出的对话框中选择【复制】单选按钮，将【副本数】设为 1，并将其【名称】设为【围棋黑】，单击【确定】按钮，然后调整位置，如图 3-108 所示。

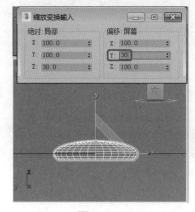

图 3-107

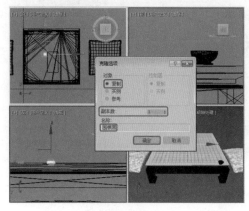

图 3-108

**步骤 05** 按 M 键弹出【材质编辑器】选择一个新的样本球，并将其命名为【白棋】，将【明暗器的类型】设为【(B) Blinn】，在【Blinn 基本参数】卷展栏中，将【环境光】和【漫反射】的 RGB 值设为 255、255、255，在【反射高光】组中，将【高光级别】和【光泽度】分别设为 88、26，并将创建好的材质指定给【围棋白】对象，如图 3-109 所示。

**步骤 06** 再次在【材质编辑器】对话框中选择一个新的样本球，并将其命名为【黑棋】，将【明暗器的类型】设为【(B) Blinn】，在【Blinn 基本参数】卷展栏中，将【环境光】和【漫反射】的 RGB 值设为 0、0、0，在【反射高光】组中，将【高光级别】和【光泽度】分别设为 88、26，并将创建好的材质指定给【围棋黑】对象，如图 3-110 所示。

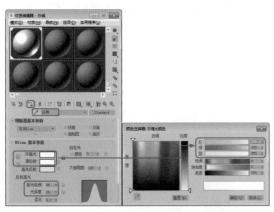

图 3-109

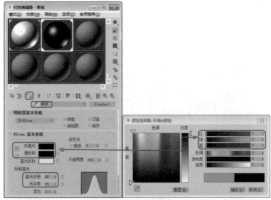

图 3-110

**步骤 07** 分别选择【围棋黑】和【围棋白】对象，进行多次复制，并在【顶】视图中调整位置，如图 3-111 所示。

**步骤 08** 激活【摄影机】视图，按 F9 键打开【渲染帧窗口】对其进行渲染查看效果，如图 3-112 所示。

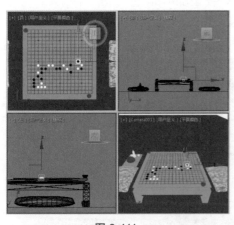

图 3-111

图 3-112

**步骤 09** 单击【保存图像】按钮，在弹出的【保存图像】对话框中，选择保存位置并设置【文件名】和【保存类型】，如将保存类型选择为 TIF，然后单击【保存】按钮，如图

3-113 所示。在弹出的对话框中，保持默认选项，然后单击【确定】按钮。这样即可将
效果图像进行保存。

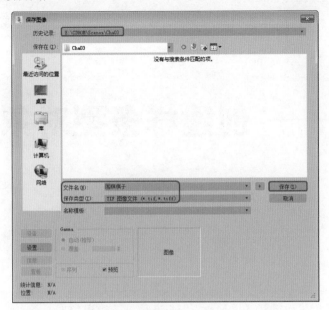

图 3-113

# 第 4 章

## 创建样条型对象

本章导读：

- 创建样条线
- 创建扩展样条线

在现实生活中，通常我们所看到复杂而又真实的三维模型，是通过 2D 样条线加工而成的。在本章我们将介绍如何在 3ds Max 2018 中使用二维图形面板中的工具进行基础建模，使读者对基础建模有所了解，并掌握基础建模的方法，为深入学习 3ds Max 2018 做更好的铺垫。

## 4.1 创建样条线

本节主要讲解如何创建样条线，其中包括线、圆、弧、多边形、文本、截面、矩形、椭圆、圆环、星形、螺旋线。

### 4.1.1 创建线

使用【线】工具可以绘制任意形状的封闭或开放型曲线（包括直线），如图 4-1 所示。

**步骤 01** 启动软件后，选择【创建】|【图形】|【样条线】|【线】工具，在视图中单击确定线条的第一个节点。

**步骤 02** 移动鼠标指针到达想要结束线段的位置单击创建一个节点，再右击结束直线段的创建。

在命令面板中，【线】工具拥有自己的参数设置，如图 4-2 所示。这些参数需要在创建线条之前设置，【线】工具的【创建方法】卷展栏中各项功能说明如下。

图 4-1

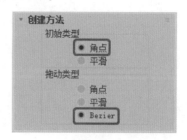

图 4-2

- 【初始类型】：包括【角点】和【平滑】两种，可以绘制出直线和曲线。
- 【拖动类型】：单击并拖动鼠标指针时创建的曲线类型，包括【角点】、【平滑】和【Bezier（贝塞尔曲线）】3 种，贝赛尔曲线是非常优秀的曲度调节方式，通过两个手控柄来调节曲线的弯曲。

## 【实例】创建餐具

本例将介绍餐具的制作，该实例主要通过【线】工具绘制盘子的轮廓图形，并为其添加【车削】修改器，制作出盘子效果，然后使用【长方体】工具和【线】工具制作支架，完成后的效果如图 4-3 所示。

图 4-3

**步骤 01** 选择【创建】|【图形】|【线】工具，在【左】视图中绘制样条线，切换到【修改】命令面板，在【插值】卷展栏中将【步数】设置为 20，将当前选择集定义为【顶点】，在场景中调整盘子截面的形状，并将其命名为【盘子 001】，如图 4-4 所示。

**步骤 02** 在修改器列表中选择【车削】修改器，在【参数】卷展栏中勾选【焊接内核】复选框，将【分段】设置为 50，在【方向】选项组中单击 Y 按钮，在【对齐】选项组中单击【最小】按钮，如图 4-5 所示。

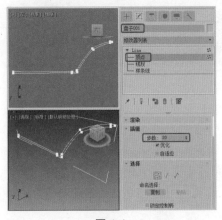

图 4-4

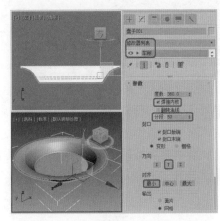

图 4-5

**步骤 03** 选择【创建】|【几何体】|【长方体】工具，在【顶】视图中创建长方体，将其命名为【支架 001】，切换到【修改】命令面板，在【参数】卷展栏中将【长度】设置为 600，将【宽度】设置为 30，将【高度】设置为 15，如图 4-6 所示。

**步骤 04** 在【顶】视图中按住 Shift 键沿 X 轴移动复制模型，在弹出的对话框中勾选【实例】单选按钮，单击【确定】按钮，如图 4-7 所示。

**步骤 05** 选择【创建】|【图形】|【线】工具，在【顶】视图中绘制样条线，将其命名为【支架 003】，切换到【修改】命令面板，在【渲染】卷展栏中勾选【在渲染中启用】和【在视口中启用】复选框，设置【厚度】为 5，如图 4-8 所示。

**步骤 06** 在【顶】视图中按住 Shift 键沿 Y 轴移动复制【支架 003】对象，在弹出的对话框中勾选【复制】单选按钮，将【副本数】设置为 10，单击【确定】按钮，如图 4-9 所示。

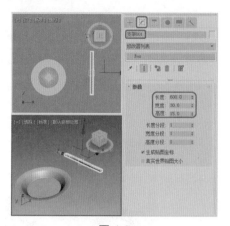

图 4-6

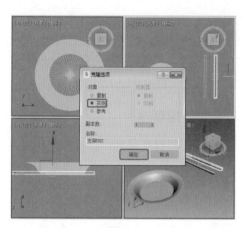

图 4-7

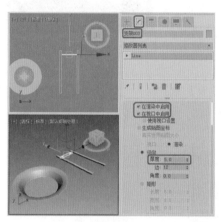

图 4-8

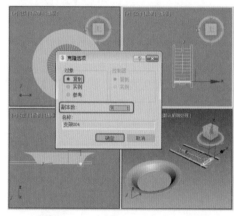

图 4-9

**步骤 07** 选择【创建】|【图形】|【线】工具，在【前】视图中绘制样条线，将其命名为【竖支架 001】，切换到【修改】命令面板，在【渲染】卷展栏中勾选【在渲染中启用】和【在视口中启用】复选框，设置【厚度】为 5，如图 4-10 所示。

**步骤 08** 在【顶】视图中按住 Shift 键沿 Y 轴移动复制【竖支架 001】对象，在弹出的对话框中选择【复制】单选按钮，将【副本数】设置为 10，单击【确定】按钮，如图 4-11 所示。

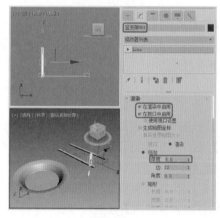

图 4-10

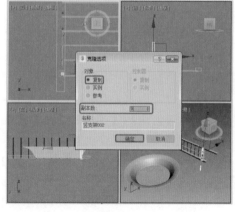

图 4-11

**步骤 09** 在场景中选择所有的竖支架对象，然后在【顶】视图中按住 Shift 键沿 X 轴移动复制模型，在弹出的对话框中选择【复制】单选按钮，单击【确定】按钮，如图 4-12 所示。

**步骤 10** 选择所有的支架对象，在菜单栏中选择【组】|【组】命令，在弹出的对话框中设置【组名】为【支架】，单击【确定】按钮，如图 4-13 所示。

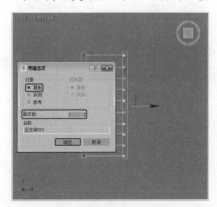

图 4-12

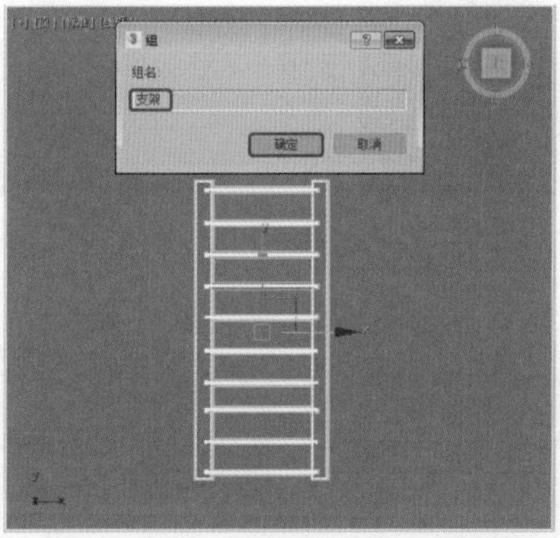

图 4-13

**步骤 11** 选择盘子对象，使用【选择并移动】工具和【选择并旋转】工具在视图中调整盘子，效果如图 4-14 所示。

**步骤 12** 在【左】视图中按住 Shift 键沿 X 轴移动复制盘子模型，在弹出的对话框中选择【实例】单选按钮，设置【副本数】为 4，单击【确定】按钮，并在视图中调整盘子的位置，效果如图 4-15 所示。

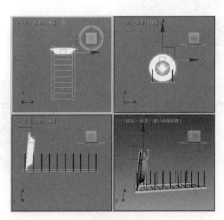

图 4-14

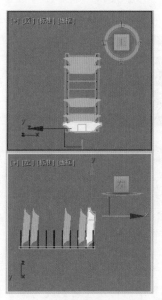

图 4-15

**步骤 13** 在场景中选择【盘子 001】和【盘子 004】对象，按 M 键打开【材质编辑器】对话框，选择一个新的材质样本球，将其命名为【橙色瓷器】，在【Blinn 基本参数】卷展栏中，将【环境光】和【漫反射】的 RGB 值分别设置为 255、102、0，将【自发光】设置为 40，在【反射高光】选项组中，将【高光级别】和【光泽度】分别设置为 48 和 51，如图 4-16 所示。

**步骤14** 打开【贴图】卷展栏，将【反射】后的【数量】设置为8，并单击【无贴图】按钮，在弹出的【材质/贴图浏览器】对话框中选择【光线跟踪】贴图，单击【确定】按钮，如图4-17所示。

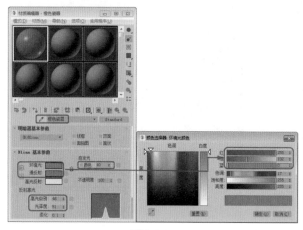

图 4-16

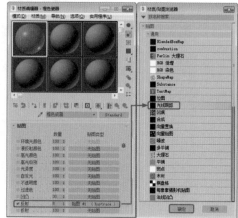

图 4-17

**步骤15** 然后在【光线跟踪器参数】卷展栏中，单击【背景】选项组中的【无】贴图按钮，在弹出的【材质/贴图浏览器】对话框中选择【位图】贴图，单击【确定】按钮，如图4-18所示。

**步骤16** 在弹出的对话框中选择配套资源中的 CDROM\Map\ 室内环境 .jpg 素材文件，单击【打开】按钮，然后在【位图参数】卷展栏中，勾选【裁剪/放置】选项组中的【应用】复选框，并将 W 和 H 分别设置为 0.461 和 0.547，如图4-19所示。

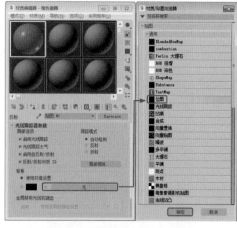

图 4-18

图 4-19

**步骤17** 单击两次【转到父对象】按钮，然后单击【将材质指定给选定对象】按钮，效果如图4-20所示。

**步骤18** 使用同样的方法，为其他盘子设置材质，设置材质后的效果如图4-21所示。

**步骤19** 在场景中选择【支架】对象，在【材质编辑器】对话框中选择一个新的材质样本球，将其命名为【支架材质】，在【Blinn基本参数】卷展栏中将【自发光】设置为20，在【反射高光】选项组中，将【高光级别】和【光泽度】分别设置为42和62，如图4-22所示。

**步骤 20** 打开【贴图】卷展栏，单击【漫反射颜色】右侧的【无贴图】按钮，在弹出的【材质 /
贴图浏览器】对话框中双击【位图】贴图，再在弹出的对话框中选择配套资源中的
CDROM\Map\009.jpg 素材文件，然后单击【打开】按钮，在【坐标】卷展栏中，勾选
【使用真实世界比例】复选框，将【大小】下的【宽度】和【高度】都设置为 48，如图
4-23 所示。

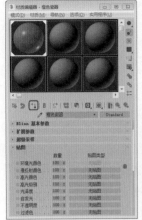

图 4-20

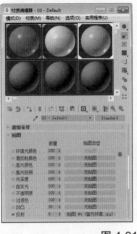

图 4-21

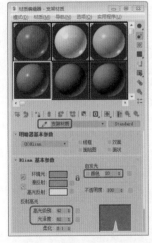

图 4-22

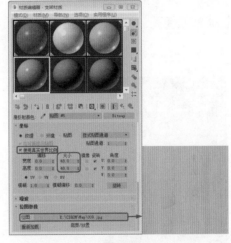

图 4-23

**步骤 21** 单击【转到父对象】按钮，在【贴图】卷展栏中，将【反射】后的【数量】设置为 5，
并单击【无贴图】按钮，在弹出的【材质 / 贴图浏览器】对话框中双击【光线跟踪】贴图，
然后在【光线跟踪器参数】卷展栏中，单击【背景】选项组中的【无贴图】按钮，在
弹出的【材质 / 贴图浏览器】对话框中选择【位图】贴图，单击【确定】按钮，如图
4-24 所示。

**步骤 22** 在弹出的对话框中选择配套资源中的 CDROM\Map\ 室内环境 .jpg 素材文件，然后在
【位图参数】卷展栏中，勾选【裁剪 / 放置】选项组中的【应用】复选框，并将 W 和 H
分别设置为 0.461 和 0.547，然后单击两次【转到父对象】按钮，并单击【将材质指定
给选定对象】按钮和【视口中显示明暗材质】按钮，将材质指定给【支架】对象，效
果如图 4-25 所示。

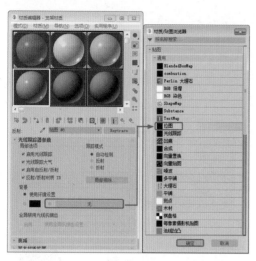

图 4-24

图 4-25

步骤 23　选择【创建】|【几何体】|【标准基本体】|【平面】工具，在【顶】视图中创建平面，切换到【修改】命令面板，在【参数】卷展栏中，将【长度】和【宽度】都设置为 1 090，如图 4-26 所示。

步骤 24　右击创建的平面对象，在弹出的快捷菜单中选择【对象属性】命令，弹出【对象属性】对话框，在【显示属性】选项组中勾选【透明】复选框，单击【确定】按钮，效果如图 4-27 所示。

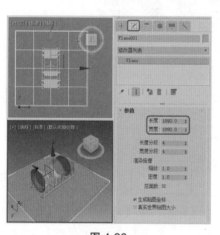

图 4-26

图 4-27

步骤 25　确定创建的平面对象处于选中状态，按 M 键打开【材质编辑器】对话框，激活一个新的材质样本球，并单击【Standard】按钮，在弹出的【材质 / 贴图浏览器】对话框中双击【无光 / 投影】材质，然后打开【无光 / 投影基本参数】卷展栏，在【阴影】选项组中，将【颜色】的 RGB 值设置为 176、176、176，如图 4-28 所示。单击【将材质指定给选定对象】按钮，将材质指定给平面对象。

步骤 26　按 8 键弹出【环境和效果】对话框，在【公用参数】卷展栏中单击【无】按钮，在弹出的【材质 / 贴图浏览器】对话框中双击【位图】贴图，再在弹出的对话框中选择配套资源中的 CDROM\Map\ 厨房一角 .JPG 素材文件，如图 4-29 所示。

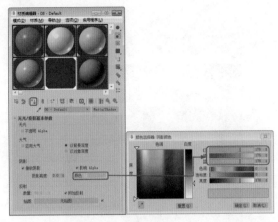

图 4-28

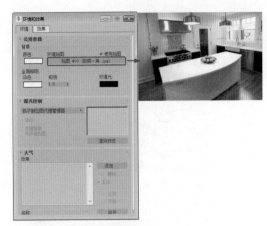

图 4-29

**步骤 27** 然后在【环境和效果】对话框中，将环境贴图按钮拖动到新的材质样本球上，在弹出的【实例（副本）贴图】对话框中勾选【实例】单选按钮，并单击【确定】按钮，如图 4-30 所示。

**步骤 28** 然后在【坐标】卷展栏中，将贴图设置为【屏幕】，如图 4-31 所示。

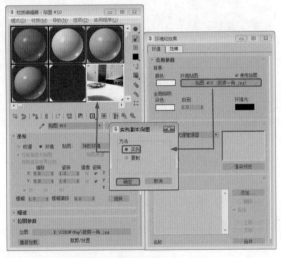

图 4-30

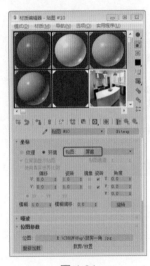

图 4-31

**步骤 29** 激活【透视】视图，在菜单栏中选择【视图】|【视口背景】|【环境背景】命令，如图 4-32 所示。即可在【透视】视图中显示环境背景，如图 4-33 所示。

**步骤 30** 选择【创建】|【摄影机】|【目标】工具，在视图中创建摄影机，激活【透视】视图，按 C 键将其转换为摄影机视图。切换到【修改】命令面板，在【参数】卷展栏中，将【镜头】设置为 29，并在其他视图中调整摄影机位置，效果如图 4-34 所示。

**步骤 31** 选择【创建】|【灯光】|【标准】|【泛光】工具，在【顶】视图中创建泛光灯，并在其他视图中调整灯光的位置，切换至【修改】命令面板，在【常规】参数卷展栏中，勾选【阴影】选项组中的【启用】复选框，将阴影模式定义为【光线跟踪阴影】，在【强度 / 颜色 / 衰减】卷展栏中将【倍增】设置为 0.35，如图 4-35 所示。

图 4-32

图 4-33

图 4-34

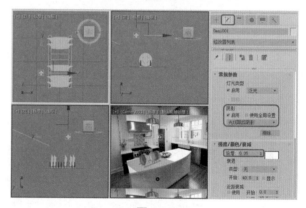

图 4-35

**步骤 32** 选择【创建】|【灯光】|【标准】|【天光】工具，在【顶】视图中创建天光，效果如图 4-36 所示。

**步骤 33** 在工具栏中单击【渲染设置】按钮 ，弹出【渲染设置】对话框，选择【高级照明】选项卡，在【选择高级照明】卷展栏中选择【光跟踪器】，如图 4-37 所示。

图 4-36

图 4-37

步骤 34　选择【公用】选项卡，在【公用参数】卷展栏中可以设置文件的输出大小和输出位置等，如图 4-38 所示。

步骤 35　设置完成后，单击【渲染】按钮，即可渲染场景，渲染后的效果如图 4-39 所示。

图 4-38

图 4-39

## 4.1.2　创建圆

使用【圆】工具可以创建圆形，如图 4-40 所示。

选择【创建】|【图形】|【样条线】|【圆】工具，然后在场景中按住鼠标左键并拖动来创建圆形。在【参数】卷展栏中只有一个半径参数可以设置，如图 4-41 所示。

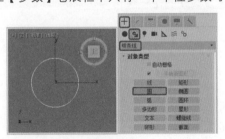

图 4-40

图 4-41

## 4.1.3　创建弧

使用【弧】工具可以制作圆弧曲线或扇形，如图 4-42 所示。

步骤 01　选择【创建】|【图形】|【样条线】|【弧】选项，在视图中按住鼠标左键并拖动来绘制一条直线，至合适的位置后释放鼠标左键。

步骤 02　移动鼠标并在合适位置单击确定圆弧的半径。

完成对象的创建之后，可以在命令面板中对其参数进行修改，如图 4-43 所示。

【弧】工具的【创建方法】、【参数】卷展栏中各项功能说明如下。

（1）【创建方法】卷展栏

● 【端点 - 端点 - 中央】：这种创建方式是先引出一条直线，以直线的两端点作为弧的两端点，然后移动鼠标，确定弧长。

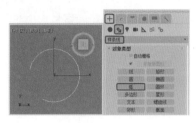

图 4-42                              图 4-43

● 【中间 - 端点 - 端点】：这种创建方式是先引出一条直线，作为圆弧的半径，然后移动鼠标，确定弧长，这种建立方式对扇形的建立非常方便。

（2）【参数】卷展栏

● 【半径】：设置圆弧的半径大小。

● 【从】/【到】：设置弧起点和终点的角度。

● 【饼形切片】：选中该复选框，将建立封闭的扇形。

● 【反转】：将弧线方向反转。

## 4.1.4 创建多边形

使用【多边形】工具可以创建任意边数的正多边形，可以产生圆角多边形，如图 4-44 所示。

选择【创建】|【图形】|【样条线】|【多边形】工具，然后在视图中按住鼠标左键并拖动创建多边形。在【参数】卷展栏中可以对多边形的半径、边数等参数进行设置，其【参数】卷展栏如图 4-45 所示，该卷展栏中各项功能如下。

● 【半径】：设置多边形的半径大小。

● 【内接】/【外接】：确定以外切圆半径还是内切圆半径作为多边形的半径。

● 【边数】：设置多边形的边数。

● 【角半径】：设置圆角的半径大小，可创建带圆角的多边形。

● 【圆形】：设置多边形为圆形。

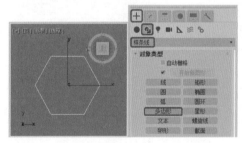

图 4-44                              图 4-45

## 4.1.5 创建文本

使用【文本】工具可以直接产生文字图形，在中文 Windows 平台下可以直接产生各种字体的中文字形，字形的内容、大小、间距都可以调整，而且用户在完成动画制作后，仍可以修改文字的内容。

选择【创建】|【图形】|【样条线】|【文本】工具，在【参数】卷展栏中的文本框中输入需要的文本，在视图中单击鼠标左键即可创建文本图形，如图 4-46 所示。在【参数】卷展栏中

可以对文本的字体、字号、间距以及文本的内容进行修改，【文本】工具的【参数】卷展栏如图 4-47 所示，该卷展栏中各项功能如下。

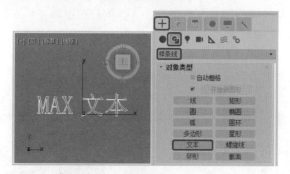

图 4-46

图 4-47

- ●【大小】：设置文字的大小尺寸。
- ●【字间距】：设置文字之间的间隔距离。
- ●【行间距】：设置文字行与行之间的距离。
- ●【文本】：用来输入文本文字。

【更新】：设置修改参数后，视图是否立刻进行更新显示。遇到大量文字处理时，为了加快显示速度，可以选中【手动更新】复选框，自行指示更新视图。

## 【实例】创建倒角文字

本例介绍倒角文字的制作，首先使用文字工具设置参数绘制文字，再使用【倒角】修改器为文字增加【高度】【轮廓】，使文字出现立体效果，再为文字添加背景，并使用【摄影机】渲染效果，完成后的效果如图 4-48 所示。

图 4-48　创建倒角文字后的效果

步骤 01　选择【创建】|【图形】|【文本】工具按钮，在【参数】卷展栏中单击【字体】右侧的下三角按钮，在弹出的菜单中选择黑体，将【大小】设置为 100，在【文本】文本框中输入【天天关注】，将在【前】视图中单击鼠标左键即可创建文字，如图 2-49 所示。

步骤 02　进入【修改】命令面板，在修改器下拉列表中选择【倒角】修改器，在【倒角值】卷展栏中将【起始轮廓】设置为 1，将【级别 1】下的【高度】和【轮廓】的值都设置为 2，勾选【级别 2】复选框，并将【高度】的值设置为 15，勾选【级别 3】复选框，将【高度】和【轮廓】的值分别设置为 2、–2.8，按 Enter 键确认即可，如图 4-50 所示。

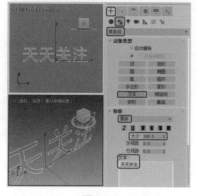

图 4-49

图 4-50

71

**步骤 03** 选择【创建】|【摄影机】|【目标】工具，在【顶】视图中创建一个摄影机对象，切换到【修改】命令面板，在【参数】卷展栏中将【镜头】的值设置为28mm，激活【透视】视图，然后按C键将当前激活的视图转为【摄影机】视图，并在其他视图中调整摄影机的位置，调整后的效果如图4-51所示。

**步骤 04** 按8键打开【环境和效果】对话框，在【公用参数】卷展栏中设置【颜色】值为255、255、255，如图4-52所示。设置完成后关闭即可，按F9键对【摄影机】视图进行渲染，然后将完成后的场景进行保存。

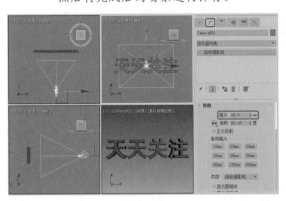

图 4-51

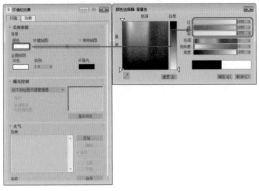

图 4-52

## 4.1.6 创建截面

使用【截面】工具可以通过截取三维造型的截面而获得二维图形，使用此工具建立一个平面，可以对其进行移动、旋转和缩放，当它穿过一个三维造型时，会显示出截获的截面，在命令面板中单击【创建图形】按钮，可以将这个截面制作成一个新的样条曲线。

下面来制作一个截面图形，操作步骤如下。

**步骤 01** 选择【创建】|【几何体】|【标准基本体】|【茶壶】工具，在【顶】视图中创建一个茶壶，大小可自行设置，如图4-53所示。

**步骤 02** 选择【创建】|【图形】|【样条线】|【截面】工具，在【前】视图中拖动鼠标，创建一个截面，如图4-54所示。

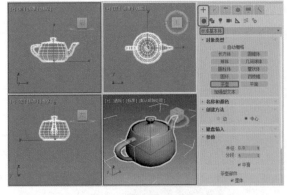

图 4-53

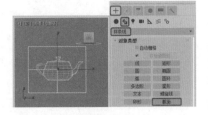

图 4-54

**步骤 03** 在【截面参数】卷展栏中单击【创建图形】按钮，在打开的【命名截面图形】对话框中将其命名为截面，单击【确定】按钮即可创建一个模型的截面，如图4-55所示。

**步骤 04** 使用【选择并移动】工具调整模型的位置，可以看到创建的截面图形，如图 4-56 所示。

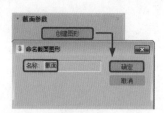

图 4-55

图 4-56

## 4.1.7 创建矩形

【矩形】工具是经常用到的一个工具，可以用来创建矩形，如图 4-57 所示。

创建矩形与创建多边形时的方法基本一样，都是通过拖动鼠标来创建。在【参数】卷展栏中包含 3 个常用参数，如图 4-58 所示。

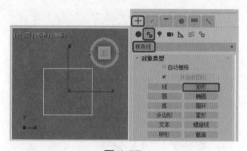

图 4-57

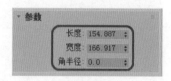

图 4-58

矩形工具的【参数】卷展栏中各项功能说明如下。

- 【长度】/【宽度】：设置矩形的长宽值。
- 【角半径】：设置矩形的四个角是直角还是有弧度的圆角。

### 【实例】创建茶几

本例将介绍如何使用矩形工具制作茶几，该案例主要通过创建矩形、添加【挤出】修改器等操作进行制作，完成后的效果如图 4-59 所示。

**步骤 01** 新建一个空白场景文件，在菜单栏中选择该按钮 ，在弹出的下拉菜单中选择【自定义】|【单位设置】命令，在弹出的【单位设置】对话框中单击选择【公制】单选按钮，然后单击右侧的下三角按钮，在弹出的下拉列表中选择【厘米】，单击【确定】按钮，如图 4-60 所示。

图 4-59

**步骤 02** 选择【创建】|【图形】|【矩形】工具，在【左】视图中绘制一个矩形，将其命名为【茶几框】，在【参数】卷展栏中将【长度】、【宽度】、【角半径】分别设置为 40、130、3，如图 4-61 所示。

**步骤 03** 选中该图形，切换至【修改】命令面板中，在修改器列表中选择【编辑样条线】修改器，将当前选择集定义为【样条线】，在视图中选中绘制的图形，在【几何体】卷展栏中将【轮廓】设置为 2.5，如图 4-62 所示。

**步骤 04** 添加完轮廓后，关闭当前选择集，在修改器列表中选择【挤出】修改器，在【参数】
卷展栏中将【数量】设置为 70，如图 4-63 所示。

图 4-60

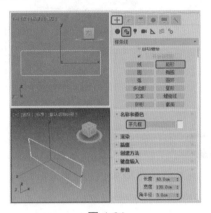

图 4-61

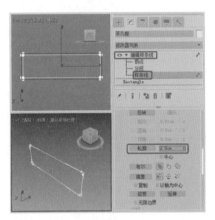

图 4-62

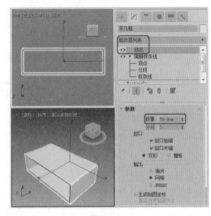

图 4-63

**步骤 05** 选择【创建】|【图形】|【矩形】工具，在【左】视图中绘制一个矩形，将其命名为【抽
屉 001】，在【参数】卷展栏中将【长度】、【宽度】、【角半径】分别设置为 14、61.5、
0.5，如图 4-64 所示。

**步骤 06** 切换至【修改】命令面板中，在修改器列表中选择【挤出】修改器，在【参数】卷展
栏中将【数量】设置为 34，并在视图中调整该对象的位置，效果如图 4-65 所示。

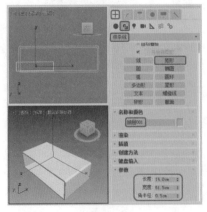

图 4-64

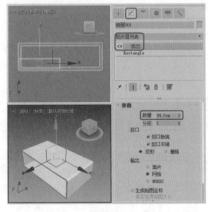

图 4-65

**步骤 07** 选择【创建】|【图形】|【矩形】工具，在【左】视图中绘制一个矩形，将其命名为【抽屉 - 挡板 001】，在【参数】卷展栏中将【长度】、【宽度】、【角半径】分别设置为 14、28、0.5，如图 4-66 所示。

**步骤 08** 切换至【修改】命令面板中，在修改器列表中选择【编辑样条线】修改器，将当前选择集定义为【顶点】，对圆角矩形右上角的顶点进行调整，效果如图 4-67 所示。

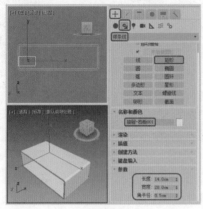
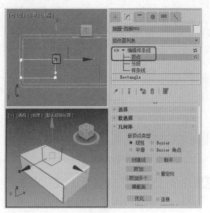

图 4-66                                    图 4-67

**步骤 09** 继续选中右上角的顶点，在【几何体】卷展栏中将【圆角】设置为 7，如图 4-68 所示。

**步骤 10** 设置完成后，关闭当前选择集，在修改器列表中选择【挤出】修改器，在【参数】卷展栏中将【数量】设置为 0.5，并在视图中调整该对象的位置，如图 4-69 所示。

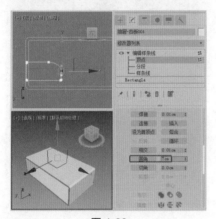
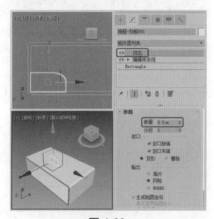

图 4-68                                    图 4-69

**步骤 11** 继续选中该对象并激活【左】视图，在工具栏中单击【镜像】按钮，在弹出的对话框中单击【实例】单选按钮，将【偏移】设置为 33.6，单击【确定】按钮，如图 4-70 所示。

**步骤 12** 在视图中选中抽屉和抽屉 - 挡板对象，在【左】视图中按住 Shift 键沿 X 轴向右进行拖动，在弹出的对话框中单击【实例】单选按钮，设置完成后，单击【确定】按钮，如图 4-71 所示。

**步骤 13** 再次选中所有的抽屉和抽屉挡板，激活【顶】视图，在工具栏中单击【镜像】按钮，在弹出的

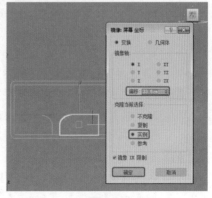

图 4-70

对话框中单击【实例】单选按钮，将【偏移】设置为 -57.5，单击【确定】按钮，如图 4-72 所示。

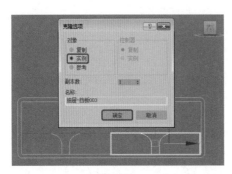

图 4-71

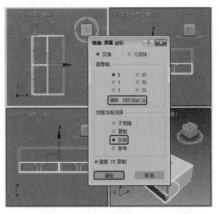

图 4-72

**步骤 14** 选择【创建】|【图形】|【矩形】工具，在【顶】视图中绘制一个矩形，将其命名为【茶几 - 横板】，在【参数】卷展栏中将【长度】、【宽度】、【角半径】分别设置为 125、70、1，如图 4-73 所示。

**步骤 15** 切换至【修改】命令面板中，在修改器列表中选择【挤出】修改器，在【参数】卷展栏中将【数量】设置为 1，并在视图中调整该对象的位置，效果如图 4-74 所示。

图 4-73

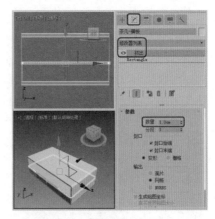

图 4-74

**步骤 16** 在视图中选中所有的抽屉挡板、茶几横板、茶几框对象，按 M 键，在弹出的对话框中选择一个材质样本球，将其命名为【白色】，在【明暗器基本参数】卷展栏中将明暗器类型设置为【(P) Phong】，在【Phong 基本参数】卷展栏中将【环境光】的 RGB 值设置为 251、248、234，将【自发光】设置为 60，将【反射高光】选项组中的【高光级别】、【光泽度】分别设置为 98、87，将设置完成后的材质指定给选定对象，如图 4-75 所示。

**步骤 17** 再在视图中选择所有的抽屉对象，在【材质编辑器】对话框中选择一个新的材质样本球，将其命名为【抽屉】，在【Blinn 基本参数】卷展栏中将【环境光】的 RGB 值设置为 187、76、115，设置完成后，将材质指定给选定对象，如图 4-76 所示。

**步骤 18** 然后选择【创建】|【几何体】|【圆柱体】工具，在【顶】视图中创建圆柱体，将其命名为【支架 001】，切换到【修改】命令面板，在【参数】卷展栏中设置【半径】为 1.65cm，【高度】为 6cm，【高度分段】为 2，并在视图中调整其位置，如图 4-77 所示。

**步骤 19** 在修改器下拉列表中选择【编辑多边形】修改器，将当前选择集定义为【顶点】，在【前】视图中选择如图 4-78 所示的顶点，并向下调整其位置。

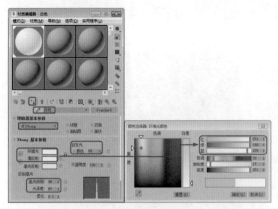

图 4-75

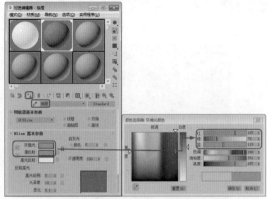

图 4-76

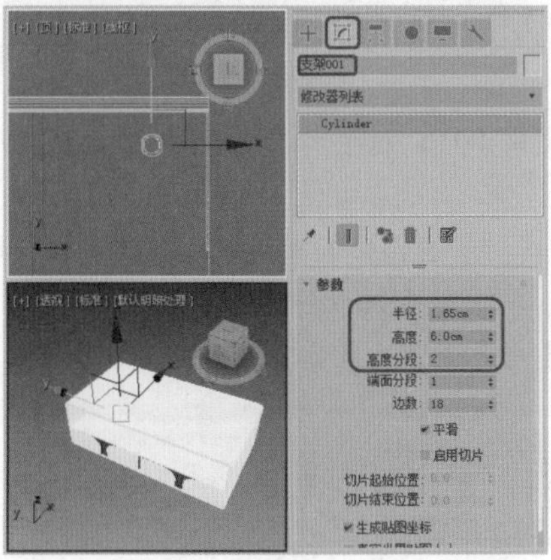

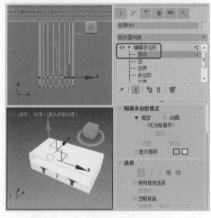

图 4-77

图 4-78

**步骤 20** 将当前选择集定义为【多边形】，在视图中选择如图 4-79 所示的多边形。

**步骤 21** 在【编辑多边形】卷展栏中单击【挤出】右侧的【设置】按钮▣，单击【挤出类型】选项组中的【本地法线】单选按钮，将【挤出高度】设置为 0.455cm，单击【确定】按钮，挤出后的效果如图 4-80 所示。

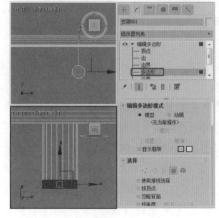

图 4-79

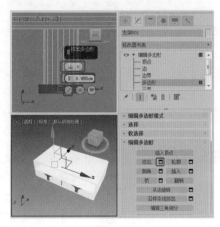

图 4-80

步骤 22　在视图中选中如图 4-81 所示的多边形，在【多边形：材质 ID】卷展栏中将【设置 ID】
设置为 1，如图 4-81 所示。

步骤 23　在菜单栏中选择【编辑】|【反选】命令，反选多边形，然后在【多边形：材质 ID】卷
展栏中，将【设置 ID】设置为 2，如图 4-82 所示。

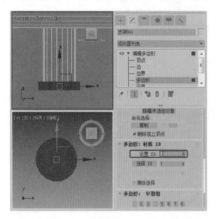 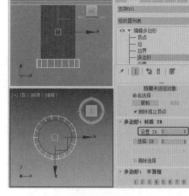

图 4-81　　　　　　　　　　　　　　　　　　　　图 4-82

步骤 24　关闭当前选择集，在视图移动复制 3 个【支架 001】对象，并调整支架的位置，如图
4-83 所示。

步骤 25　在场景中选择所有的支架对象，按 M 键打开【材质编辑器】对话框，在该对话框中选择
一个新的材质样本球，将其命名为【支架】，并单击【Standard】按钮，在弹出的【材质
/ 贴图浏览器】对话框中选择【多维 / 子对象】材质，单击【确定】按钮，如图 4-84 所示。

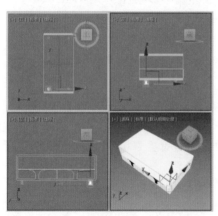 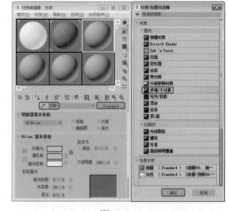

图 4-83　　　　　　　　　　　　　　　　　　　　图 4-84

步骤 26　在弹出的【替换材质】对话框中单击【将旧材质保存为子材质】单选按钮，单击【确定】
按钮，如图 4-85 所示。

步骤 27　在【多维 / 子对象基本参数】卷展栏中单击【设置数量】按钮，在弹出的对话框中将【材
质数量】设置 2，单击【确定】按钮，如图 4-86 所示。

步骤 28　在【多维 / 子对象基本参数】卷展栏中单击 ID1 右侧的子材质按钮，在【明暗器基本
参数】卷展栏中选择【金属】，取消【环境光】和【漫反射】的锁定，在【金属基本参
数】卷展栏中将【环境光】的 RGB 值设置为 0、0、0，将【漫反射】的 RGB 值设置
为 255、255、255，在【反射高光】选项组中将【高光级别】和【光泽度】分别设置
为 100、86，如图 4-87 所示。

**步骤 29** 在【贴图】卷展栏中，将【反射】后的【数量】设置为 70，并单击右侧的【无贴图】按钮，
在弹出的【材质 / 贴图浏览器】对话框中选择【位图】贴图，单击【确定】按钮，如
图 4-88 所示。

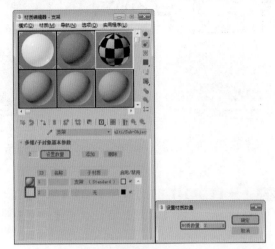

图 4-85                                         图 4-86

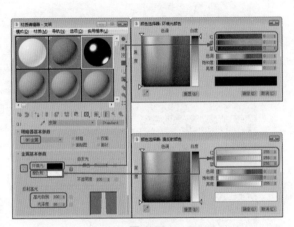

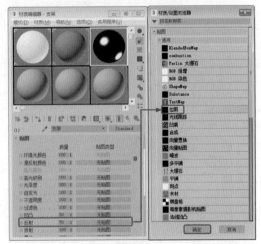

图 4-87                                         图 4-88

**步骤 30** 在弹出的对话框中打开配套资源中的 CDROM\Map\Metal01.tif 素材文件，在【坐标】
卷展栏中将【瓷砖】下的 U、V 分别设置为 0.4、0.1，将【模糊偏移】设置为 0.05，在
【输出】卷展栏中，将【输出量】设置为 1.15，如图 4-89 所示。

**步骤 31** 单击两次【转到父对象】按钮，在【多维 / 子对象基本参数】卷展栏中单击 ID2 右侧的
子材质按钮，在弹出的【材质 / 贴图浏览器】对话框中双击【标准】材质，然后在【Blinn
基本参数】卷展栏中将【环境光】和【漫反射】的 RGB 值设置为 20、20、20，在【反
射高光】选项组中，将【高光级别】和【光泽度】分别设置为 51、50，如图 4-90 所示。
然后单击【转到父对象】按钮和【将材质指定给选定对象】按钮，将材质指定给选定
对象。

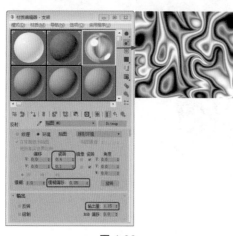
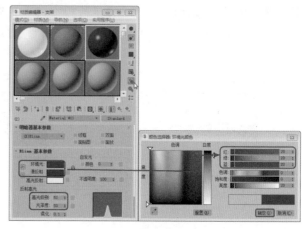

图 4-89                                    图 4-90

**步骤 32** 选择【创建】|【图形】|【样条线】|【矩形】工具，并将其命令为【桌面】，切换到【修改】命令面板，在【参数】面板中将【长度】设置为 130，【宽度】设置为 70，如图 4-91 所示。

**步骤 33** 在修改器列表中选择【挤出】修改器，在【参数】卷展栏中将【数量】设置为 0.5，在各视图中调整该对象的位置，如图 4-92 所示。

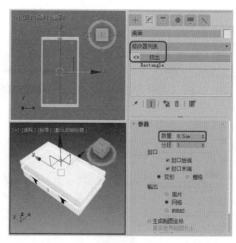

图 4-91                                    图 4-92

**步骤 34** 确定【桌面】对象处于选择状态，按 M 键打开【材质编辑器】对话框，在该对话框中选择一个新的材质样本球，在【Blinn 基本参数】卷展栏中将【环境光】的 RGB 值设置为 32、32、32，【自发光】设置为 68，将【反射高光】组中的【高光级别】、【光泽度】设置为 100、50，如图 4-93 所示。

**步骤 35** 在【贴图】卷展栏中将【反射】值设置为 15，单击【无贴图】按钮，在弹出的对话框中选择【平面镜】，单击【确定】按钮，然后单击【转到父对象】按钮，将材质指定给选定的对象，如图 4-94 所示。

**步骤 36** 选择【创建】|【几何体】|【标准基本体】|【平面】工具，在【顶】视图中创建一个平面，如图 4-95 所示。

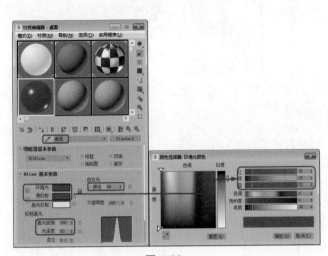

图 4-93

图 4-94

**步骤 37** 在该对象上右击，在弹出的快捷菜单中选择【对象属性】命令，弹出【对象属性】对话框，在该对话框中选择【透明】复选框，单击【确定】按钮，如图 4-96 所示。然后在视图中调整位置。

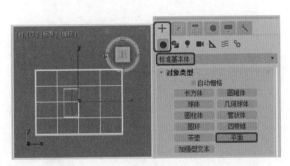

图 4-95

图 4-96

**步骤 38** 确定创建的平面对象处于选择状态，按 M 键打开【材质编辑器】对话框，在该对话框中选择一个新的材质样本球，单击【Standard】按钮，在弹出的对话框中选择【无光/投影】材质，单击【确定】按钮，然后单击【转到父对象】按钮，将材质指定给选定的对象，如图 4-97 所示。

**步骤 39** 再次按 8 键打开【环境和效果】对话框，单击【环境贴图】下的【无】按钮，在弹出的对话框中双击【位图】，再在弹出的对话框中选择配套资源中的 CDROM\Map\ 茶几背景 .jpg 素材文件，然后将该贴图拖动至一个新的材质样本球上，在弹出的对话框中选择【实例】单选按钮，单击【确定】按钮，如图 4-98 所示。

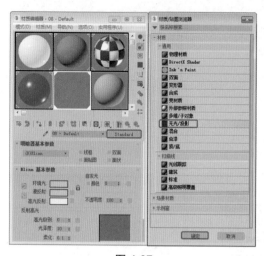

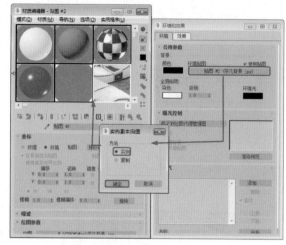

图 4-97                                                       图 4-98

**步骤 40** 然后在【材质编辑器】对话框中将【坐标】卷展栏中的【贴图】设置为【屏幕】，如图 4-99 所示。

**步骤 41** 选择【创建】|【标准】|【摄影机】|【目标】工具，在视图中创建一个摄影机，激活【透视】视图，按 C 键将其转换为摄影机，然后激活【摄影机】视图，在菜单栏中选择【视图】|【视口背景】|【环境背景】命令，在其他视图中调整摄影机的位置，如图 4-100 所示。

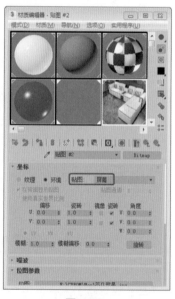

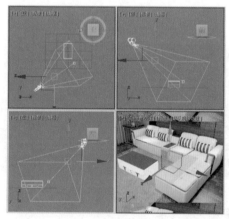

图 4-99                                                       图 4-100

**步骤 42** 选择【创建】|【灯光】|【标准】|【天光】工具，在【顶】视图中创建天光，切换到【修改】命令面板，在【天光参数】卷展栏中勾选【投射阴影】复选框，然后在视图中调整天光的位置，如图 4-101 所示。

**步骤 43** 激活【摄影机】视图，按 F9 键对其进行渲染，查看一下效果。然后对其进行保存即可。完成后的效果如图 4-102 所示。

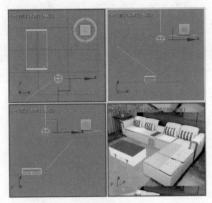

图 4-101

图 4-102

## 4.1.8　创建椭圆

　　使用【椭圆】工具可以绘制椭圆形，如图 4-103 所示。

　　同圆形的创建方法相同，只是椭圆形使用【长度】和【宽度】两个参数来控制椭圆形的大小形态，若将轮廓勾选并设置厚度值即可创建出圆环的椭圆，其【参数】卷展栏如图 4-104 所示。

图 4-103

图 4-104

## 4.1.9　创建圆环

　　使用【圆环】工具可以制作同心的圆环，如图 4-105 所示。

　　圆环的创建要比圆形麻烦一点，它相当于创建两个圆形，下面我们来创建一个圆环。

**步骤 01** 选择【创建】|【图形】|【样条线】|【圆环】工具，在视图中单击并拖动鼠标，拖动出一个圆形后放开鼠标。

**步骤 02** 再次移动鼠标，向内或向外再拖动出一个圆形，至合适位置处单击鼠标即可完成圆环的创建。

　　在【参数】卷展栏中，圆环有两个半径参数（半径 1、半径 2），分别用于控制两个圆形的半径，如图 4-106 所示。

图 4-105

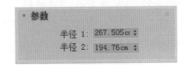

图 4-106

## 4.1.10 创建星形

使用【星形】工具可以建立多角星形，尖角可以钝化为圆角，制作齿轮图案；尖角的方向可以扭曲，产生倒刺状锯齿；参数的变换可以产生许多奇特的图案，因为可以对其进行渲染，所以图形即使交叉，也可以用作一些特殊的图案花纹，如图 4-107 所示。

创建星形的步骤如下。

**步骤 01** 选择【创建】|【图形】|【样条线】|【星形】工具，在视图中单击并拖动鼠标，拖动出一级半径。

**步骤 02** 松开鼠标左键后，再次拖到鼠标指针，拖曳出二级半径，单击完成星形的创建。

【参数】卷展栏如图 4-108 所示。

● 【半径 1】/【半径 2】：分别设置星形的内径和外径。

● 【点】：设置星形的尖角个数。

● 【扭曲】：设置尖角的扭曲度。

● 【圆角半径 1】/【圆角半径 2】：分别设置尖角的内外倒角圆半径。

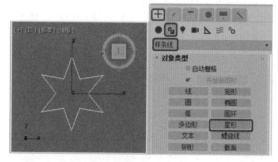

图 4-107

图 4-108

## 4.1.11 创建螺旋线

【螺旋线】工具用来制作平面或空间的螺旋线，常用于完成弹簧、线轴等造型，或用来制作运动路径，如图 4-109 所示。

螺旋线的创建方法如下。

**步骤 01** 选择【创建】|【图形】|【样条线】|【螺旋线】工具，在【顶】视图中单击并拖动鼠标，绘制一级半径。

**步骤 02** 松开鼠标左键后再次拖动鼠标，绘制螺旋线的高度。

**步骤 03** 单击，确定螺旋线的高度，然后再按住鼠标左键拖动鼠标指针，绘制二级半径后单击，完成螺旋线的创建。

在【参数】卷展栏中可以设置螺旋线的两个半径、圈数等参数，如图 4-110 所示。

● 【半径 1】/【半径 2】：设置螺旋线的内径和外径。

● 【高度】：设置螺旋线的高度，此值为 0 时，是一个平面螺旋线。

● 【圈数】：设置螺旋线旋转的圈数。

● 【偏移】：设置在螺旋高度上，螺旋圈数的偏向强度。

● 【顺时针】/【逆时针】：分别设置两种不同的旋转方向。

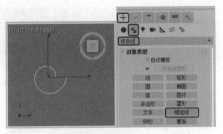

图 4-109

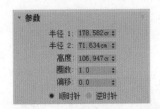

图 4-110

## 【实例】创建五角星

五角星在日常生活中随处可见,本例将制作如图 4-64 所示的五角星。首先利用【星形】命令绘制出星形形状,利用【挤出】和【编辑网格】修改器进行修改,完成后的效果如图 4-111 所示。

步骤 01 启动软件后,按 Ctrl+O 组合键,打开配套资源中的 CDROM \Scenes\Cha04\ 五角星 .max,执行【创建】|【图形】|【样条线】|【星形】命令,在【前】视图绘制形状,如图 4-112 所示。

步骤 02 选择上一步绘制的星形,打开【修改】命令面板,将【名称】设为【五角星】,将【颜色】设为红色,在【参数】选项栏中将【半径 1】设为 90,将【半径 2】设为 34,将【点】设为 5,如图 4-113 所示。

图 4-111

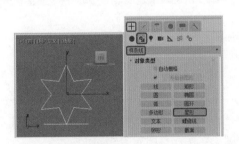

图 4-112

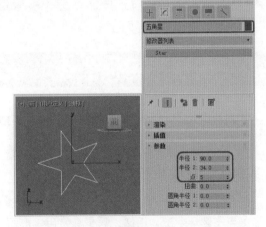

图 4-113

步骤 03 在修改器下拉列表中选择【挤出】修改器,将【参数】卷展栏中的【数量】设为 20,如图 4-114 所示。

步骤 04 选择【五角星】,使用【选择并旋转】工具,对【五角星】进行旋转,如图 4-115 所示。

步骤 05 在修改器下拉列表中选择【编辑网格】修改器,并定义当前选择集为【顶点】,在【顶】视图中框选如图 4-116 所示的顶点。

步骤 06 在工具栏中选择【选择并均匀缩放】工具 ,在【前】视图中对选择的顶点进行缩放,使其缩放到最小,即到不可以再缩放为止,如图 4-117 所示。

步骤 07 关闭当前选择集,使用【选择并移动】和【选择并旋转】工具对其进行适当移动和旋转,切换到【摄影机】视图,按 F9 键进行渲染,完成后的效果如图 4-118 所示。

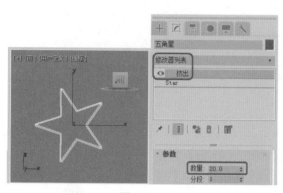

图 4-114

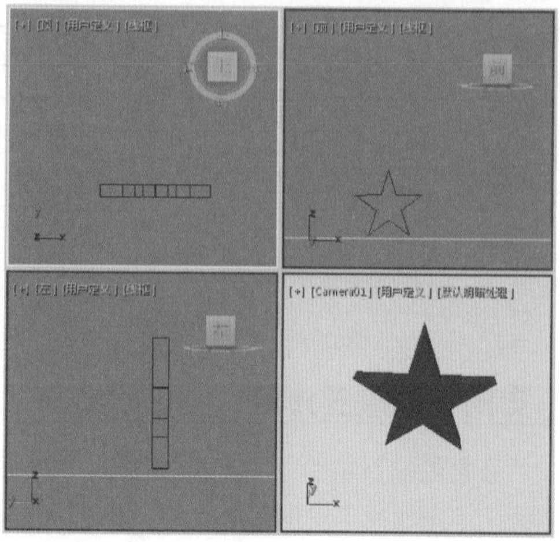

图 4-115

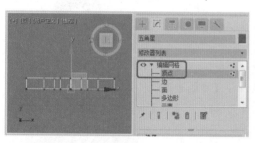

图 4-116

图 4-117

图 4-118

# 4.2 创建扩展样条线

扩展样条线是对原始样条线集的增强。包括墙矩形、通道、角度、T形、宽法兰，下面我们以实例的形式只讲解墙矩形样条线的使用。

### 【实例】创建墙矩形

使用【墙矩形】可以通过两个同心矩形创建封闭的形状。每个矩形都由四个顶点组成。【墙矩形】与【圆环】工具相似，只是其使用矩形而不是圆。本例效果图如图 4-119 所示。

步骤 01 按【Ctrl+O】组合键，打开配套资源中的 CDROM\ Scenes\4-1.max 素材文件，如图 4-120 所示。

步骤 02 选择【创建】|【图形】|【扩展样条线】|【墙矩形】工具，在【顶】视图中创建一个墙矩形，在【参数】卷展栏中将【长度】设置为 7 000，【宽度】设置为 8 000，【厚度】设置为 240，如图 4-121 所示。

图 4-119

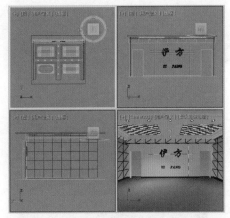

图 4-120

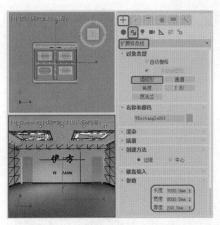

图 4-121

**步骤 03** 切换到【修改命令】面板，在修改器列表中选择【挤出】修改器，在【参数】卷展栏中将【数量】设置为 3 640，将对象移动到合适的位置，并在【材质编辑器】中指定【墙体】材质，如图 4-122 所示。

**步骤 04** 设置完成后，按 F9 进行渲染，效果如图 4-123 所示。

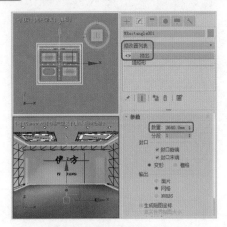

图 4-122

图 4-123

## 【实例】创建 T 形

　　使用【T 形样条线】可以绘制出【T】字形状的样条线。并可以指定该部分的垂直网和水平凸缘之间的内部角半径。本例效果如图 4-124 所示。

**步骤 01** 按住 Ctrl+O 组合键，打开配套资源中的 CDROM\Scenes\4-2.max 素材文件，如图 4-125 所示。

**步骤 02** 选择【创建】|【图形】|【扩展样条线】|【T 形】工具，在【顶】视图中创建 T 形，如图 4-126 所示。

图 4-124

**步骤 03** 在工具栏中右击【选择并旋转】工具，在弹出的对话框中将【绝对：世界】组中的【Y 轴】设置为 90，关闭对话框，将角度旋转到合适的角度，如图 4-127 所示。

步骤 04 切换到【修改命令】面板，在【参数】卷展栏中将【长度】设为 138,【宽度】设为 178,【厚度】设为 43，如图 4-128 所示。

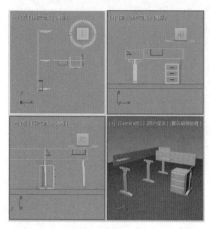

图 4-125

图 4-126

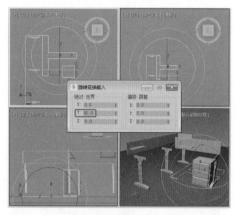

图 4-127

图 4-128

步骤 05 设置完成后，在修改器下拉列表中选择【挤出】修改器，在【参数】卷展栏中将【数量】设为 2，如图 4-129 所示。

步骤 06 在工具栏中选择【选择并移动】工具，将 T 形移动到合适的位置，并为其指定【01-Default】材质，然后按 F9 键对【摄影机】视图进行渲染，如图 4-130 所示。

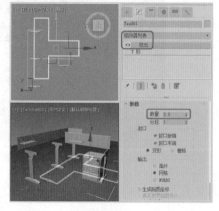

图 4-129

图 4-130

# 第 5 章

# 复合三维对象

**本章导读：**

- 复合对象类型
- 布尔复合对象
- 放样复合对象
- 散布复合对象
- 图形合并复合对象
- 连接复合对象
- 网格建模

3ds Max 2018 的基本内置模型是创建复合物体的基础，可以将多个内置模型组合在一起，从而产生出千变万化的模型，通过本章的学习，可以使用户对如何创建复合物体有个简单的了解。

## 5.1 复合对象类型

复合物体就是两个及以上的物体组合而成的一个新物体。复合物体的创建工具主要包括【变形】、【散布】、【一致】、【连接】、【水滴网格】、【布尔】、【图形合并】、【地形】、【放样】、【网格化】、【ProBoolean】、【ProCutter】工具。

选择【创建】|【几何体】|【复合对象】选项，在如图 5-1 所示的命令面板中，利用各个按钮创建复合物体，也可以在菜单栏中选择【创建】|【复合】命令，在其子菜单中选择相应的命令，如图 5-2 所示。在下面的小节中将对常用的复合对象类型以实例的形式进行详细介绍。

图 5-1

图 5-2

# 5.2 布尔复合对象

布尔复合对象通过对两个对象进行布尔操作将它们组合起来，通过布尔运算可以制作出复杂的复合物体。

## 5.2.1 并集运算

并集运算是指将两个对象进行合并，然后将相交的部分删除，下面将介绍如何应用并集运算，完成后的效果如图 5-3 所示。

图 5-3

**步骤 01** 启动软件后，按 Ctrl+O 组合键，打开配套资源中的 CDROM\Scenes\Cha05\ 并集运算 .max，如图 5-4 所示。

**步骤 02** 选择【创建】|【几何体】|【标准基本体】|【圆柱体】工具，在【顶】视图中创建一个【半径】、【高度】、【高度分段】、【端面分段】、【边数】分别为 150、3、5、13、36，将其命名为【铜钱】，如图 5-5 所示。

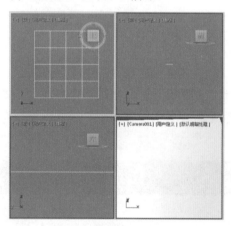

图 5-4

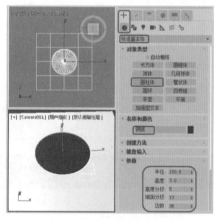

图 5-5

**步骤 03** 切换至【修改】命令面板，在修改器下拉列表中选择【编辑多边形】修改器，将当前选择集定义为【多边形】，在【顶】视图中选择如图 5-6 所示的多边形。

**步骤 04** 在【编辑多边形】卷展栏中单击【挤出】按钮，再单击其右侧的【设置】按钮■，在【高度】文本框中输入 3，单击【确定】按钮，如图 5-7 所示。

**步骤 05** 使用同样的方法对其底部的多边形进行挤出，然后将当前选择集定义为【顶点】，在【顶】视图中选择如图 5-8 所示顶点。

**步骤 06** 按 Delete 键删除所选择的顶点，关闭当前选择集，选择【创建】|【图形】|【样条线】|【矩形】工具，在【顶】视图中绘制一个【长度】、【宽度】、【角半径】分别为 52、52、7 的矩形，如图 5-9 所示。

**步骤 07** 再使用【矩形】工具，在【顶】视图中创建一个【长度】、【宽度】、【角半径】分别为 72、72、12 的矩形，如图 5-10 所示。

**步骤 08** 然后在视图中调整两个矩形的位置，切换至【修改】命令面板，在修改器下拉列表中选择【编辑样条线】修改器，在【几何体】卷展栏中单击【附加】按钮，在【顶】视图中选择另外一个矩形，如图 5-11 所示。

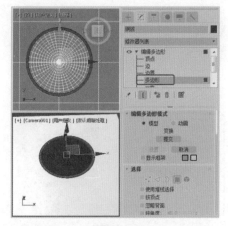

图 5-6

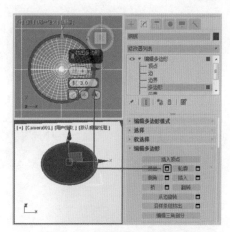

图 5-7

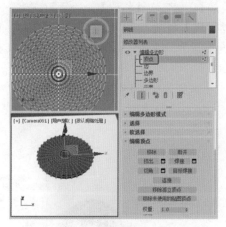

图 5-8

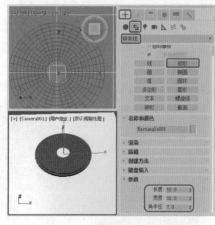

图 5-9

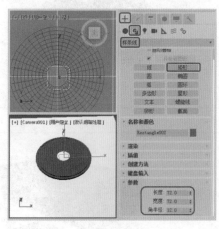

图 5-10

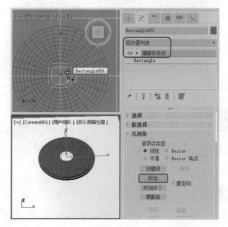

图 5-11

步骤 09 再在修改器下拉列表中选择【挤出】修改器，在【参数】卷展栏中将【数量】设置为 9，如图 5-12 所示。

步骤 10 在视图中选择【铜钱】，选择【创建】|【几何体】|【复合对象】|【布尔】工具，在【布尔参数】卷展栏中单击【添加运算对象】按钮，在【运算对象参数】卷展栏中单击【并集】单选按钮，在视图中的矩形上单击，如图 5-13 所示。

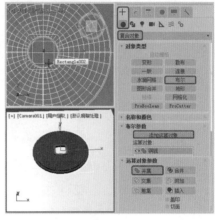

图 5-12 · · · · · · · · · · · · · · · · · · · · · · 图 5-13

**步骤 11** 拾取完成后，将其对象转换为【可编辑多边形】，然后在【修改】命令面板中为该对象添加【UVW 贴图】修改器，再为其指定【铜钱】材质，使用【选择并均匀缩放】工具对该对象进行缩放，并复制该对象，对复制后的对象进行调整，调整后的效果如图5-14 所示。

**步骤 12** 按 F9 键对【摄影机】视图进行渲染，渲染后的效果如图 5-15 所示。

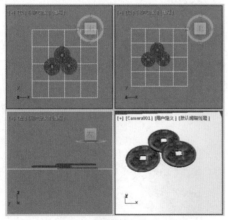 

图 5-14 · · · · · · · · · · · · · · · · · · · · · · 图 5-15

## 5.2.2 差集运算

　　下面将介绍差集运算的使用方法，完成后的效果如图5-16 所示。

**步骤 01** 启动软件后，按 Ctrl+O 组合键，打开配套资源中的 CDROM\Scenes\Cha05\ 差集运算 .max，打开的场景如图 5-17 所示。

**步骤 02** 选择【创建】|【几何体】|【扩展基本体】|【切角长方体】工具，在【顶】视图中创建切角长方体，在【参数】卷展栏中设置【长度】为 100、【宽度】为 178、【高度】为 50、【圆角】为 1，将其命名为【抽屉 01】，如图 5-18 所示。

图 5-16

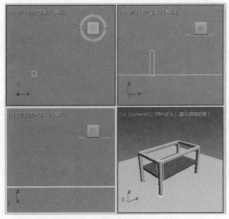

图 5-17

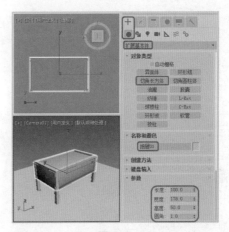

图 5-18

**步骤 03** 选择所创建的【抽屉 01】对象，在【前】视图中按住 Shift 键沿 Y 轴向下拖动，在弹出的【克隆选项】对话框中将名称设置为【抽屉 02】，切换至【修改】命令面板，在【参数】卷展栏中将【长度】、【宽度】、【高度】、【圆角】分别设置为 100、140、50、1，如图 5-19 所示。

**步骤 04** 在工具栏中单击【选择并移动】按钮，在视图中调整【抽屉 01】和【抽屉 02】的位置，调整后的效果如图 5-20 所示。

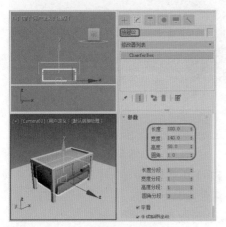

图 5-19

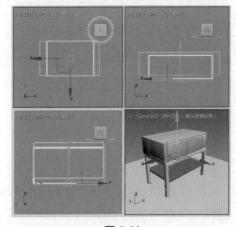

图 5-20

**步骤 05** 在视图中选择【抽屉 01】对象，选择【创建】|【几何体】|【复合对象】|【布尔】工具，在【运算对象参数】卷展栏中单击【差集】单选按钮，在【布尔参数】卷展栏中单击【添加运算对象】按钮，在视图中拾取【抽屉 02】对象，如图 5-21 所示。

**步骤 06** 选择【创建】|【几何体】|【扩展基本体】|【切角长方体】工具，在【顶】视图中创建切角长方体，在【参数】卷展栏中设置【长度】为 93、【宽度】为 137、【高度】为 40、【圆角】为 1，将其命名为【抽屉】，如图 5-22 所示。

**步骤 07** 在视图中调整其位置，在【顶】视图中按住 Shift 键沿 X 轴向右对【抽屉】对象进行复制，并将其命名为【抽屉 03】，切换至【修改】命令面板，在【参数】卷展栏中将【长度】、【宽度】、【高度】、【圆角】分别设置为 9.3、32.88、18、1，并在视图中调整其位置，效果如图 5-23 所示。

**步骤 08** 在视图中选择【抽屉】对象，选择【创建】|【几何体】|【复合对象】|【布尔】工具，

在【运算对象参数】卷展栏中单击【差集】单选按钮，在【布尔参数】卷展栏中单击【添加运算对象】按钮，在视图中拾取【抽屉03】对象，如图5-24所示。

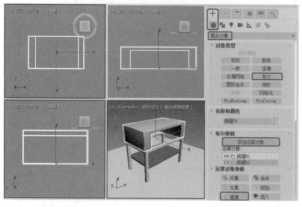

图 5-21                图 5-22

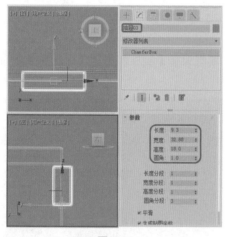

图 5-23

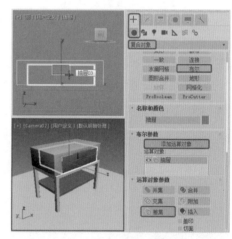

图 5-24

**步骤 09** 使用同样的方法创建其他对象，为【抽屉01】和【抽屉】对象添加【UVW贴图】修改器，并对其进行调整，为其指定相应的材质，效果如图5-25所示。

**步骤 10** 按F9键对【Camera02】视图进行渲染，渲染后的效果如图5-26所示。

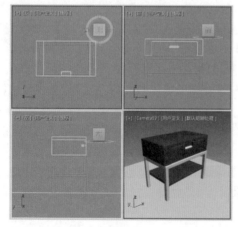

图 5-25

图 5-26

## 【实例】创建休闲椅模型

下面介绍休闲椅的制作方法，其效果如图 5-27 所示。

步骤 01 选择【创建】|【图形】|【样条线】|【线】工具，在【左】视图中绘制一条样条曲线，作为椅座的截面图形，然后切换到【修改】命令面板，将当前选择集定义为【顶点】，在视图中调整样条线，如图 5-28 所示。

图 5-27

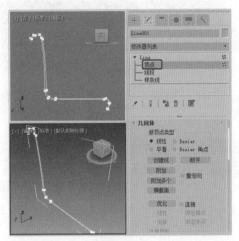

图 5-28

步骤 02 关闭当前选择集，在修改器列表中选择【挤出】修改器，在【参数】卷展栏中将【数量】设置为 1 500，如图 5-29 所示。

步骤 03 选择【创建】|【几何体】|【圆柱体】工具，在【顶】视图中创建圆柱体，在【参数】卷展栏中设置【半径】为 10、【高度】为 100，如图 5-30 所示。

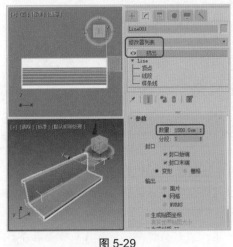

图 5-29

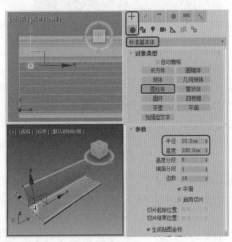

图 5-30

步骤 04 对创建的圆柱体进行复制，调整合适的间距，选择一个圆柱体并将其转换为可编辑多边形，并附加所有的圆柱体，如图 5-31 所示。

步骤 05 选择椅座的截面图形，然后选择【创建】|【几何体】|【复合对象】|【布尔】工具，在【运算对象参数】卷展栏中选中【差集】单选按钮，然后在【布尔参数】卷展栏中单击【添加运算对象】按钮，在视图中选择所有的圆柱体进行布尔运算，完成后的效果如图 5-32 所示。

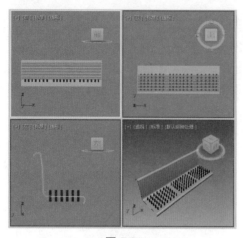

图 5-31

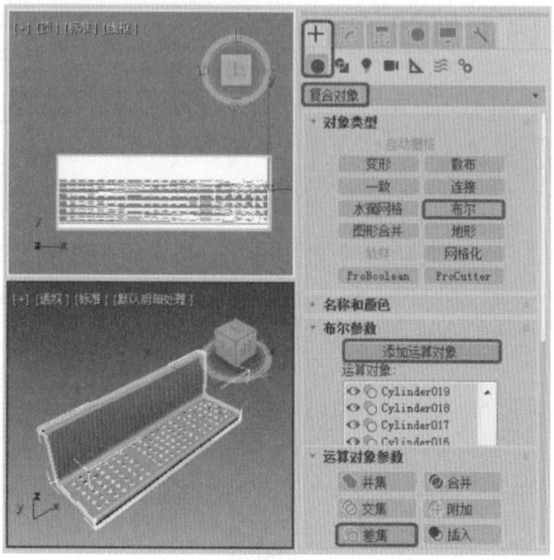

图 5-32

**步骤 06** 使用同样的方法再制作出靠背的空洞，如图 5-33 所示。

**步骤 07** 选择【创建】|【图形】|【样条线】|【线】工具，在【左】视图中绘制样条线，然后切换到【修改】命令面板，将当前选择集定义为【顶点】，在视图中调整样条线，在【渲染】卷展栏中勾选【在渲染中启用】和【在视口中启用】复选框，勾选【径向】单选按钮，将【厚度】设为 15，如图 5-34 所示。

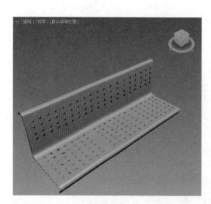

图 5-33

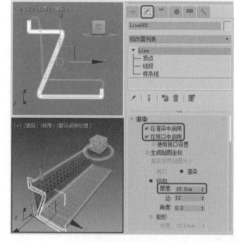

图 5-34

**步骤 08** 在【前】视图中，对创建的扶手进行复制并进行调整，如图 5-35 所示。

**步骤 09** 在【顶】视图中创建圆柱体，将【半径】和【高度】都设置为 10，复制出四个，调整到如图 5-36 所示位置。

**步骤 10** 按 M 键，打开【材质编辑器】对话框，激活第一个材质样本球，在【明暗器基本参数】卷展栏中将明暗器类型定义为【各向异性】，在【各向异性基本参数】卷展栏中将【环境光】和【漫反射】的 RGB 值设置为 134、0、38，将【高光反射】的 RGB 值设置为 255、255、255，将【自发光】区域下的【颜色】设置为 20，将【漫反射级别】设置为 119，然后将【反射高光】区域中的【高光级别】、【光泽度】和【各向异性】分别设置为 96、58 和 86，如图 5-37 所示，将制作好的材质指定给布尔对象。

**步骤 11** 激活第二个材质样本球，在【明暗器基本参数】卷展栏中将明暗器类型定义为【金属】，在【金属基本参数】卷展栏中将【环境光】的 RGB 值设置为 0、0、0，将【漫反射】的 RGB 值设置为 255、255、255，将【反射高光】区域中的【高光级别】和【光泽度】分别设置为 100 和 80。打开【贴图】卷展栏，单击【反射】通道右侧的【无贴图】按钮，在弹出的【材质 / 贴图浏览器】对话框中选择【位图】贴图，单击【确定】按钮，再在打开的对话框中选择配套资源中的 CDROM\Map\Bxgmap1.jpg 文件，单击【打开】按钮，在【坐标】卷展栏中选择【环境】单选按钮，在右侧的【贴图】下拉列表中选择【收缩包裹环境】选项，如图 5-38 所示。将制作好的材质指定给扶手对象。

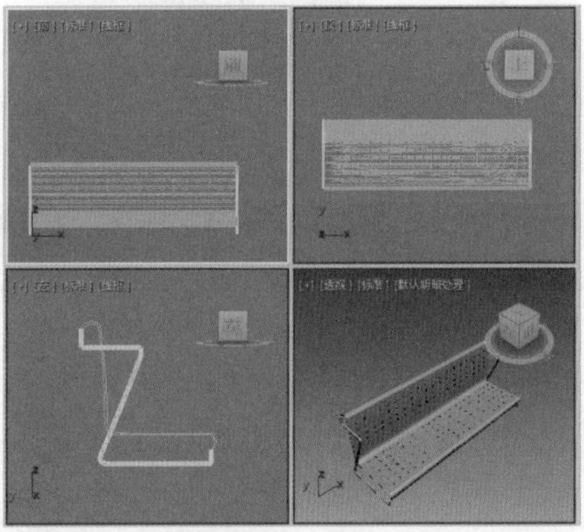

图 5-35

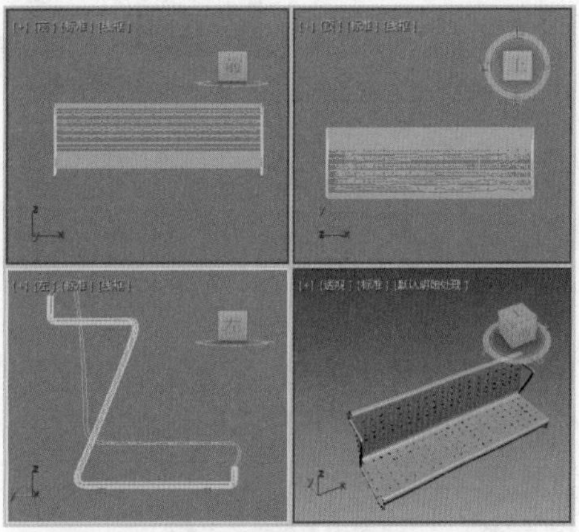

图 5-36

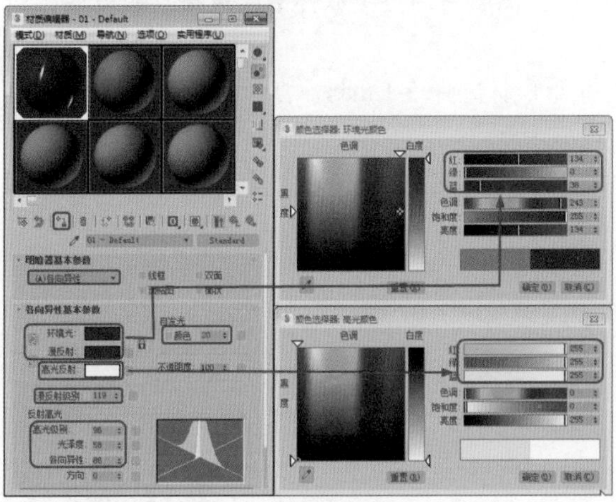

图 5-37

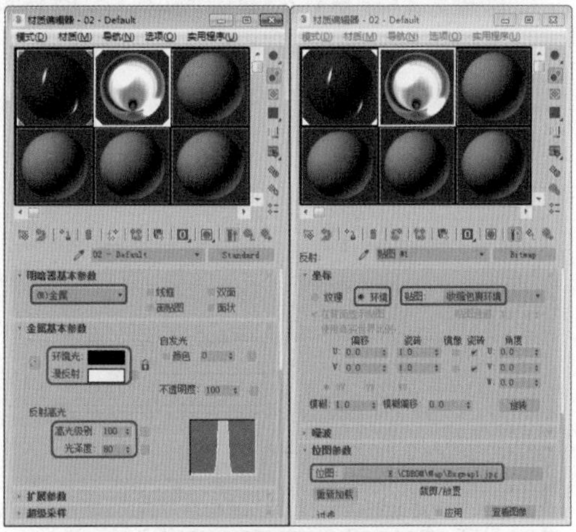

图 5-38

**步骤 12** 激活第三个材质样本球，在【明暗器基本参数】卷展栏中将明暗器类型定义为【Blinn】，在【Blinn 基本参数】卷展栏中将【环境光】和【漫反射】的 RGB 值设置为 0、0、0，如图 5-39 所示。然后单击【将材质指定给选定对象】按钮，将材质指定给四个圆柱体。

**步骤 13** 在视图中创建平面、摄影机和灯光，进行渲染。渲染后的效果如图 5-40 所示。

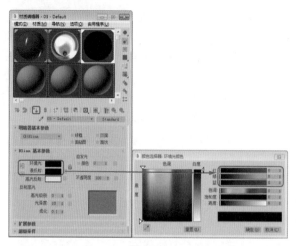

图 5-39 图 5-40

# 5.3 放样复合对象

放样的原理就是在一条指定的路径上排列截面，从而形成对象表面。放样对象由两个因素组成，即放样路径和放样图形。本节将介绍【放样】工具的使用方法。

## 5.3.1 创建放样对象

创建放样对象，必须要有放样图形和放样路径，然后再通过【放样】工具将其组成放样对象。创建放样对象的具体操作步骤如下。

**步骤 01** 重置一个新的场景，按 Ctrl+O 组合键打开素材文件 5-1.max，打开后的场景如图 5-41 所示。

**步骤 02** 在场景中选择全部对象，将其隐藏显示，选择【创建】|【图形】|【线】工具，分别在【前】视图和【顶】视图中绘制如图 5-42 所示的路径。

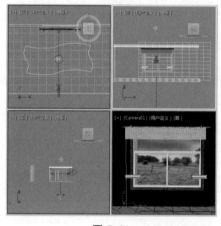

图 5-41 图 5-42

**步骤 03** 然后将绘制的直线重命名为【路径 1】、将绘制的曲线重命名为【路径 2】，在场景中选择【路径 2】对象，为其添加【噪波】修改器，在【参数】卷展栏中将【噪波】选项组中的【种子】设置为 14，在【强度】选项组中将【Y】轴、【Z】轴分别设置为 4、5，如图 5-43 所示。

**步骤 04** 确认【路径 2】对象处于被选择的状态下，选择【创建】|【几何体】|【复合对象】|【放样】工具，如图 5-44 所示。

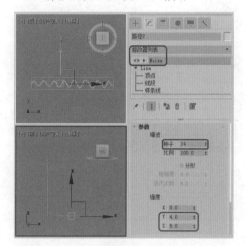

图 5-43

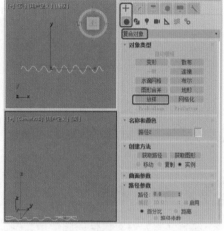

图 5-44

**步骤 05** 在【创建方法】卷展栏中单击【获取路径】按钮，在场景中选择【路径 1】对象，如图 5-45 所示。

**步骤 06** 在场景中选择放样后的对象，切换至【修改】命令面板，将当前选择集定义为【图形】，然后在场景中按住 Shift 键同时选择绘制的【路径 2】对象，在【图形命令】面板中单击【对齐】选项组中的【左】按钮，如图 5-46 所示。

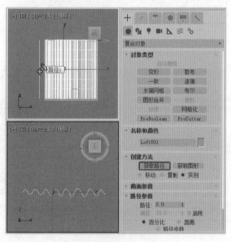

图 5-45

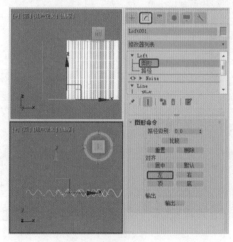

图 5-46

## 5.3.2 设置蒙皮参数

下面将介绍如何设置蒙皮参数，其具体操作步骤如下。

**步骤 01** 继续上一实例的操作，选择放样的复合对象，退出当前选择集，效果如图 5-47 所示。

**步骤 02** 切换至【修改】命令面板，在【蒙皮参数】卷展栏中将【图形步数】设置为 20，取消勾选【自适应路径步数】复选框，勾选【变换降级】复选框，如图 5-48 所示。

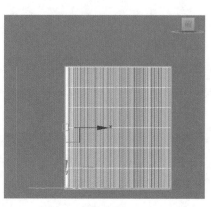
图 5-47

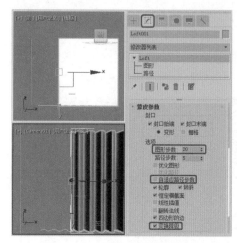
图 5-48

### 5.3.3 缩放变形

下面将介绍如何对放样的图形进行缩放，其具体操作步骤如下。

**步骤 01** 继续上一实例的操作，选择放样的对象，切换至【修改】命令面板，在【变形】卷展栏中单击【缩放】按钮，如图 5-49 所示。

**步骤 02** 执行该操作后，即可打开【缩放变形】对话框，将最左侧的控制点的垂直设置为 22，将最右侧的控制点的垂直设置为 38，在第 49 帧位置插入控制点，并将其垂直设置为 10，如图 5-50 所示。

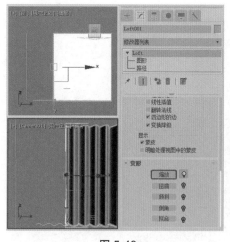
图 5-49

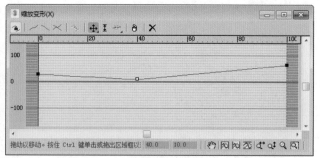
图 5-50

**步骤 03** 选择中间的控制点，右击，在弹出的快捷菜单中选择【Bezier 角点】选项，将调整控制点的弧度，如图 5-51 所示。

**步骤 04** 将该对话框关闭，全部取消隐藏，并将其调整至合适的位置，如图 5-52 所示。

**步骤 05** 选择放样后的对象，将其重命名为【窗帘】，在工具箱中单击【镜像】按钮，打开【镜像：局部坐标】对话框，在【镜像轴】选项组中选择【X】选项，将【偏移】设置为 6 980.0，在【克隆当前选择】选项组中选择【复制】选项，设置完成后单击【确定】按钮，如图 5-53 所示。

**步骤 06** 为两个窗帘对象指定【窗帘 01】材质，激活【摄影机】视图，按 F9 键进行渲染，效果
如图 5-54 所示。

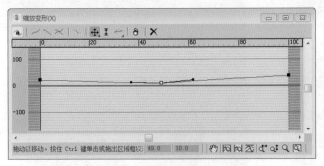

图 5-51

图 5-52

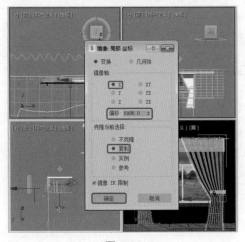

图 5-53

图 5-54

## 5.3.4 扭曲变形

下面将介绍对放样复合对象进行扭曲变形，扭曲变形
后的效果如图 5-55 所示。

**步骤 01** 启动软件后，按 Ctrl+O 组合键，在弹出的对话框
中打开配套资源中的 CDROM\ Scenes\Cha05\5-2.max
素材文件，如图 5-56 所示。

**步骤 02** 在场景中选择【冰淇淋】对象，切换至【修改】
命令面板，展开【变形】卷展栏，在该卷展栏中
单击【扭曲】按钮，如图 5-57 所示。

**步骤 03** 打开【扭曲变形】对话框，选择右侧的控制点，
将其垂直位置设置为 280，如图 5-58 所示。

图 5-55

**步骤 04** 将该对话框关闭，按 F9 键对【摄影机】视图进行渲染，渲染后的效果如图 5-59 所示。

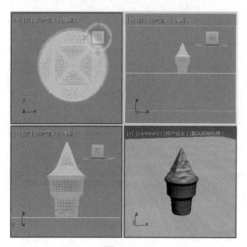

图 5-56

图 5-57

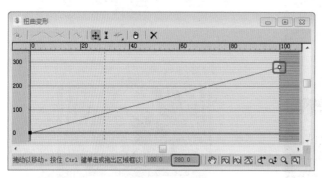

图 5-58

图 5-59

5.3.5 拟合变形

　　【拟合】变形工具是 3ds Max 2018 提供的一个强大的工具。它强大的功能体现在只要指定了视图中的轮廓，就能快速地创建复杂的物体。给出物体的轮廓，也就是给出物体在【顶】视图、【前】视图和【左】视图的造型，利用【拟合】变形工具可以生成想要的物体。

　　通过制作躺椅坐垫的雏形来学习使用【拟合】变形工具，操作步骤如下。

**步骤 01** 启动软件后，选择【创建】|【图形】|【样条线】|【矩形】工具，在【前】视图中创建躺椅的截面，将其命令为【截面】，在【参数】卷展样中将【长度】、【宽度】、【角半径】分别设置为 75、645、20，如图 5-60 所示。

**步骤 02** 选择【创建】|【图形】|【样条线】|【线】工具，在【左】视图中创建一个放样路径，切换至【修改】命令面板，将当前选择集定义为【顶点】，然后在【左】视图中调整顶点，调整完成后的效果如图 5-61 所示。

**步骤 03** 启动软件后，选择【创建】|【图形】|【样条线】|【矩形】工具，在【顶】视图中创建拟合图形，将其命令为【拟合图形】，在【参数】卷展样中将【长度】、【宽度】、【角半径】分别设置为 550、150、20，如图 5-62 所示。

**步骤 04** 在场景中选择作为放样的路径，然后选择【创建】|【几何体】|【复合对象】|【放样】工具，在【创建方法】卷展栏中单击【获取图形】按钮，在场景中拾取放样截面，创建的放样模型如图 5-63 所示。

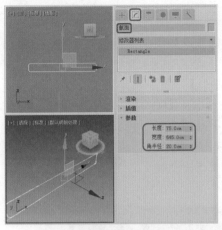

图 5-60

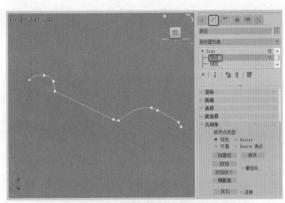

图 5-61

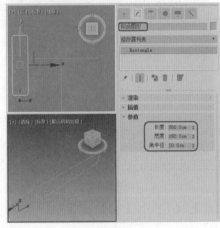

图 5-62

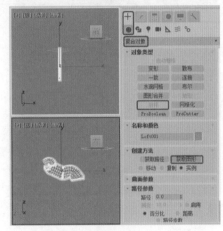

图 5-63

**步骤 05** 切换到【修改】命令面板，将当前选择集定义为【图形】，单击工具栏中的【选择并旋转】
按钮和【角度捕捉切换】按钮，在【前】视图中沿 Z 轴旋转图形 90°，如图 5-64 所示。

**步骤 06** 关闭当前选择集，在【变形】卷展栏中单击【拟合】按钮，在弹出的对话框中单击【均
衡】按钮 ，将其关闭，并单击【显示 Y 轴】按钮 ，然后单击【获取图形】按钮 ，
在场景中拾取作为拟合的图形，并单击【逆时针旋转 90 度】按钮，如图 5-65 所示。

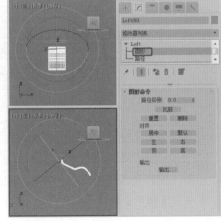

图 5-64

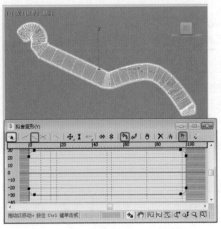

图 5-65

## 【实例】创建花瓶模型

本案例将介绍如何利用【放样】工具制作花瓶，花瓶效果如图
5-66 所示。

图 5-66

**步骤 01** 启动软件后，选择【创建】|【图形】|【样条线】|【星形】工具，
在【顶】视图中创建一个星形，在【参数】卷展栏中将【半
径 1】、【半径 2】、【点】、【扭曲】、【圆角半径 1】、【圆角半
径 2】分别设置为 50、34、6、0、7、8，如图 5-67 所示。

**步骤 02** 选择【创建】|【图形】|【线】工具，在【前】视图中创建
一条垂直直线，如图 5-68 所示。

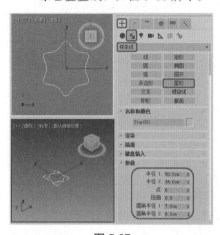

图 5-67

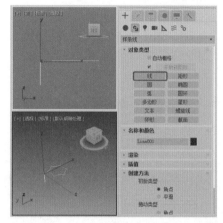

图 5-68

**步骤 03** 在视图中选择前面所创建的星形，选择【创建】|【几何体】|【复合对象】|【放样】工
具，在【创建方法】卷展栏中单击【获取路径】按钮，在视图中拾取前面所绘制的直线，
切换至【修改】命令面板中，在【变形】卷展栏中单击【缩放】右侧的 按钮，然后
再单击【缩放】按钮，在弹出的对话框中单击【插入角点】按钮 ，在曲线上添加三
个控制点，如图 5-69 所示。

**步骤 04** 在该对话框中单击【移动控制点】按钮 ，选择新添加的三个控制点，右击，在弹出
的快捷菜单中选择【Bezier-平滑】命令，在该对话框中对曲线上的顶点进行调整，调
整后的效果如图 5-70 所示。

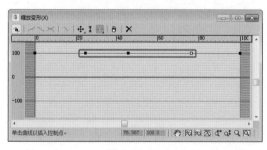

图 5-69

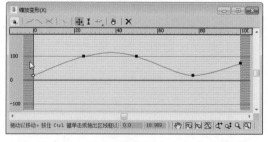

图 5-70

**步骤 05** 调整完成后，将该对话框关闭，继续选中该对象，在修改器下拉列表中选择【扭曲】
修改器，在【参数】卷展栏中将【扭曲】选项组中的【角度】设置为 -50，在【扭曲轴】
选项组中单击【Y】单选按钮，如图 5-71 所示。

**步骤 06** 在修改器列表中选择【编辑网格】修改器，将当前选择集定义为【多边形】，在【顶】视图中选择最上侧的多边形。按 Delete 键将选中的多边形删除，关闭当前选择集，在修改器下拉列表中选择【壳】修改器，在【参数】卷展栏中将【外部量】设置为 1，其他参数保持默认即可，如图 5-72 所示。

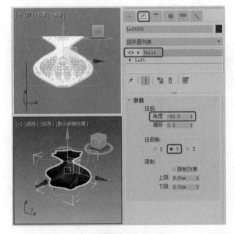

图 5-71　　　　　　　　　　图 5-72

**步骤 07** 在修改器列表中选择【UVW 贴图】修改器，按 M 键打开【材质编辑器】对话框，在该对话框中选择一个新的材质样本球，将其命名为【花瓶】，在【Blinn 基本参数】卷展栏中将【环境光】的 RGB 值设置为 215、230、250，将【自发光】设置为 35，将【反射高光】选项组中的【高光级别】、【光泽度】分别设置为 93、75，如图 5-73 所示。

**步骤 08** 在【贴图】卷展栏中单击【漫反射颜色】右侧的【无贴图】按钮，在弹出的对话框中选择【渐变坡度】选项，单击【确定】按钮，在【渐变坡度参数】卷展栏中将位置 0 处的渐变滑块的 RGB 值设置为 255、100、170，将位置 50 处的渐变滑块的 RGB 值设置为 255、255、255，将位置 100 处的渐变滑块的 RGB 值设置为 100、160、255，如图 5-74 所示。

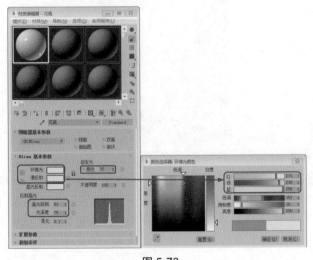 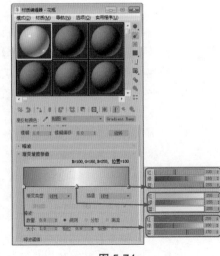

图 5-73　　　　　　　　　　图 5-74

**步骤 09** 单击【转到父对象】按钮，在【贴图】卷展栏中将【反射】右侧的【数量】设置为 20，然后单击其右侧的【无贴图】按钮，在弹出的对话框中选择【光线跟踪】选项，单击【确定】按钮，如图 5-75 所示。

**步骤 10** 在【光线跟踪器参数】卷展栏中单击【背景】选项组中的【无】按钮，在弹出的对话框中选择【位图】选项，单击【确定】按钮，在弹出的对话框中选择配套资源中的 CDROM\Map\BXG.JPG 素材文件，单击【打开】按钮，在【位图参数】卷展栏中勾选【裁剪 / 放置】选项组中的【应用】复选框，将【U】、【V】、【W】、【H】分别设置为 0.339、0.16、0.469、0.115，设置完成后，单击【将材质指定给选定对象】按钮，如图 5-76 所示。

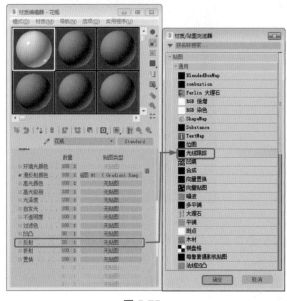

图 5-75

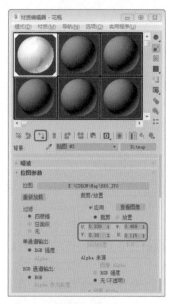

图 5-76

**步骤 11** 将【材质编辑器】窗口关闭。选择【创建】|【摄影机】|【目标】工具，在【顶】视图中创建一架摄影机，在【参数】卷展栏中将其【镜头】设置为 50mm，激活【透视】视图，按 C 键将其转换为摄影机视图，在其他视图中调整摄影机的位置，如图 5-77 所示。

**步骤 12** 选择【创建】|【几何体】|【平面】工具，在【顶】视图中创建一个平面，选中该平面对象，按 M 键，在弹出的对话框中选择【花瓶】材质样本球，按住鼠标将其拖动至一个新的材质样本球上，并将其命名为【地面】，在【Blinn 基本参数】卷展栏中将【环境光】的 RGB 值

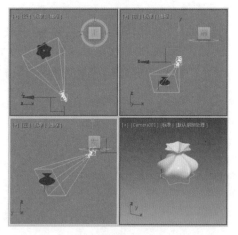

图 5-77

设置为 255、255、255，将【自发光】设置为 15，在【贴图】卷展栏中右击【漫反射颜色】右侧的材质按钮，在弹出的快捷菜单中选择【清除】命令，然后将【反射】右侧的【数量】设置为 10，并单击其右侧的材质按钮，在【光线跟踪器参数】卷展栏中单击【背景】选项组中的【使用环境设置】单选按钮，设置完成后，单击【将材质指定给选定对象】按钮，如图 5-78 所示。

**步骤 13** 关闭该对话框，选择【创建】|【灯光】|【标准】|【天光】工具，在【顶】视图中创建一个天光，在视图中调整其位置，切换至【修改】命令面板中，在【天光参数】卷展栏中将【倍增】设置为 0.8，如图 5-79 所示。

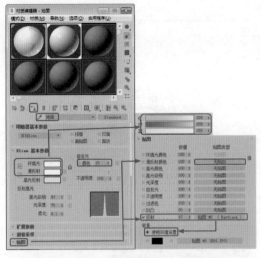

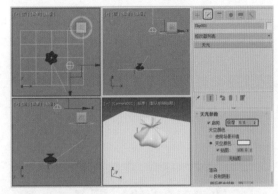

图 5-78             图 5-79

**步骤 14** 激活【摄影机】视图，按 F10 键，在弹出的对话框中选择【高级照明】选项卡，在【选择高级照明】卷展栏中将照明类型设置为【光跟踪器】，在【参数】卷展栏中将【附加环境光】的 RGB 值设置为 22、22、22，如图 5-80 所示。

**步骤 15** 设置完成后，单击【渲染】按钮对【摄影机】视图进行渲染，效果如图 5-81 所示。对完成后的场景进行保存。

图 5-80

图 5-81

## 5.4 散布复合对象

散布复合对象是指将散布分子散布到目标物体的表面，从而产生大量的复制品，散布是将对象以各种方式覆盖至目标物体的表面上，产生多个复制品。可以制作草地、乱石，或满身是刺的刺猬等。也可以将散布中的控制参数记录成动画。

## 【实例】创建棋牌模型

本例将介绍使用【散布】工具制作棋牌模型，效果如图 5-82 所示。

图 5-82

**步骤 01** 启动软件后，按 Ctrl+O 组合键，打开配套资源中的 CDROM\Scenes\Cha05\5-4.max 素材文件，如图 5-83 所示。

**步骤 02** 在场景中选择【棋子】对象，选择【创建】|【几何体】|【复合对象】|【散布】工具，如图 5-84 所示。

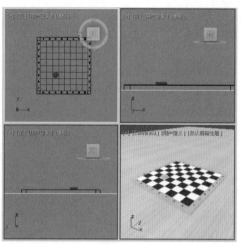

图 5-83

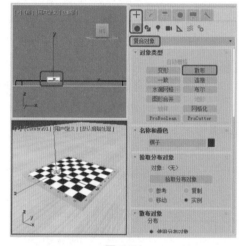

图 5-84

**步骤 03** 在【拾取分布对象】卷展栏中单击【拾取分布对象】按钮，在场景中选择【棋盘】对象，如图 5-85 所示。

**步骤 04** 按 H 键，打开【从场景选择】对话框，在该对话框中选择【棋子】，单击【确定】按钮，如图 5-86 所示。

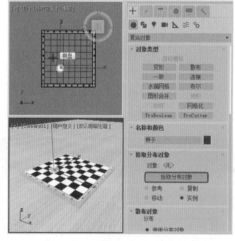

图 5-85

图 5-86

**步骤 05** 切换至【修改】命令面板，在【散布对象】卷展栏中将【源对象参数】选项组中的【重复数】设置为 5，然后单击【分布对象参数】选项组中的【区域】单选按钮，如图 5-87 所示。

**步骤 06** 确认场景中所有的棋子处于选中状态，切换至【修改】命令面板，在【变换】卷展栏中将【局部平移】选项组中的 X、Y 分别设置为 70、-135，如图 5-88 所示，按 Enter 键确认。

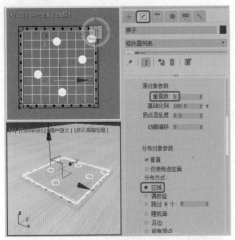

图 5-87

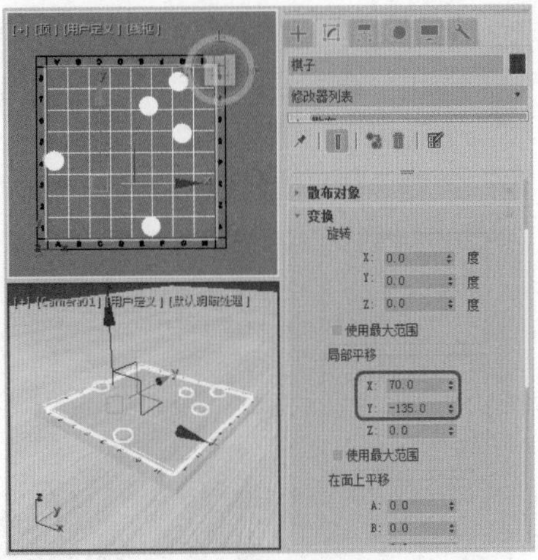

图 5-88

**步骤 07** 在【变换】卷展栏中将【在面上平移】选项组中的 A、B 分别设置为 -18、230，按 Enter 键确认，在【显示】卷展栏中勾选【隐藏分布对象】复选框，如图 5-89 所示。

**步骤 08** 按 F9 键对【摄影机】视图进行渲染，渲染后的效果如图 5-90 所示。

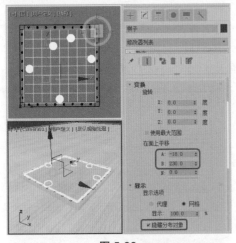

图 5-89

图 5-90

# 5.5　图形合并复合对象

　　【图形合并】工具能够把任意样条物体投影到多边形物体表面上，从而在多边形物体表面制作凸起或镂空效果，如文字、图案、商标等。

## 【实例】创建电视屏模型

下面将介绍如何使用【图形合并】工具合并图形，完成后的效果如图 5-91 所示。

图 5-91

**步骤 01** 启动软件后，按 Ctrl+O 组合键，打开配套资源中的 CDROM\Scenes\Cha05\5-5.max 素材文件，如图 5-92 所示。

**步骤 02** 选择【创建】|【图形】|【文本】工具，在【前】视图中单击创建文本，在【参数】卷展栏中将字体设置为【黑体】，将【大小】设置为 5，在【文本】文本框中输入【HTV】，如图 5-93 所示。

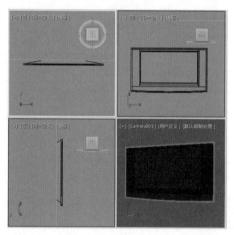

图 5-92

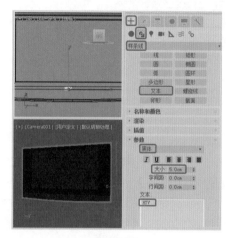

图 5-93

**步骤 03** 确认该文字处于选中状态，在工具栏中单击【选择并移动】工具，在【前】视图和【左】视图中调整其位置，效果如图 5-94 所示。

**步骤 04** 在视图中选择【电视面板】对象，选择【创建】|【几何体】|【复合对象】|【图形合并】按钮，在【拾取操作对象】卷展栏中单击【移动】单选按钮，单击【拾取图形】按钮，在视图中选择文本，如图 5-95 所示。

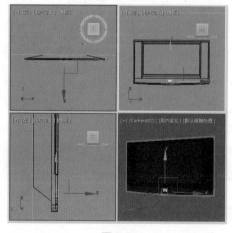

图 5-94

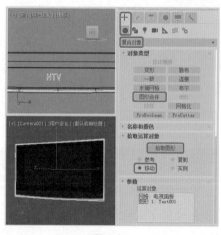

图 5-95

**步骤 05** 切换至【修改】命令面板，在修改器下拉列表中选择【编辑多边形】修改器，如图
5-96 所示。

**步骤 06** 将当前选择集定义为【多边形】，在【前】视图中使用【选择并移动】工具选择如图
5-97 所示的多边形。

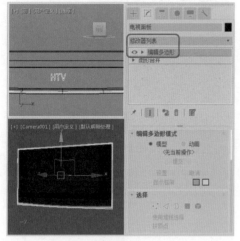

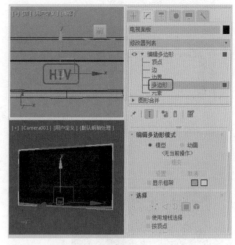

图 5-96                                                  图 5-97

**步骤 07** 在【编辑多边形】卷展栏中单击【挤出】按钮，再单击该按钮右侧的【设置】按钮，
将【高度】设置为 0.5，单击【确定】按钮，如图 5-98 所示。

**步骤 08** 再次单击【挤出】按钮，将其关闭，在视图中选择如图 5-99 所示的多边形。

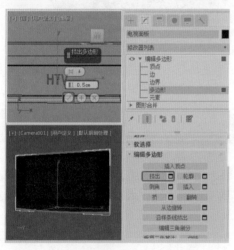

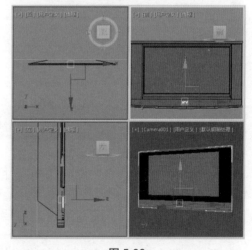

图 5-98                                                  图 5-99

**步骤 09** 在【多边形：材质 ID】卷展栏的【设置 ID】文本框中输入 1，按 Enter 键确认，如图
5-100 所示。

**步骤 10** 在菜单栏中选择【编辑】|【反选】命令，然后在【多边形：材质 ID】卷展栏的【设置
ID】文本框中输入 2，按 Enter 键确认，如图 5-101 所示。

**步骤 11** 将当前选择集关闭，按 M 键打开【材质编辑器】对话框，将如图 5-102 所示的材质指
定给【电视面板】，如图 5-102 所示。

**步骤 12** 指定完成后，按 F9 键对【摄影机】视图进行渲染，渲染后的效果如图 5-103 所示。

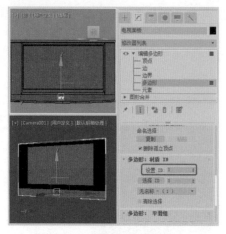

图 5-100

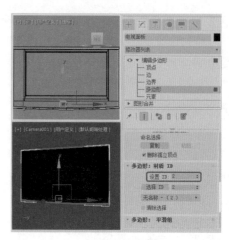

图 5-101

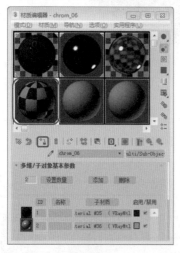

图 5-102

图 5-103

# 5.6 连接复合对象

连接复合对象是指在两个以上物体对应的删除面之间创建封闭的表面，将其焊接在一起，并产生平滑过渡的效果，该工具非常实用，它可以消除生硬的接缝，本节将对其进行简单介绍。

## 【实例】创建摄像头模型

下面将使用【复合对象】工具创建摄像头模型，效果如图 5-104 所示。

**步骤 01** 重置一个新的场景，按 Ctrl+O 组合键，在弹出的对话框中打开配套资源中的 CDROM\Scenes\Cha05\5-6.max 素材文件，如图 5-105 所示。

**步骤 02** 选择【创建】|【几何体】|【标准基本体】|【圆柱体】工具，在【顶】视图中创建一个【半径】、【高度】分别为 19、495，【高度分段】为 5、【边数】为 86 的圆柱体，并将

图 5-104

其命名为【链接 01】，将其调整至合适的位置，如图 5-106 所示。

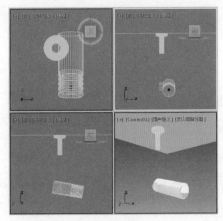
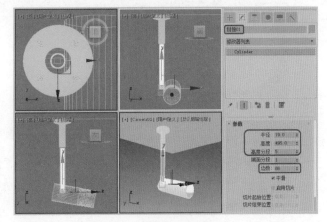

图 5-105                                    图 5-106

**步骤 03** 在【修改器列表】中为其添加【编辑多边形】修改器，并将当前选择集定义为【多边形】，在【顶】视图中选择如图 5-107 所示的多边形。

**步骤 04** 按 Delete 键将其删除，退出当前选择集，在场景中选择【链接 02】对象，在【修改】命令面板中为其添加【编辑多边形】，将当选择集定义为【多边形】，在场景中选择如图 5-108 所示的多边形。

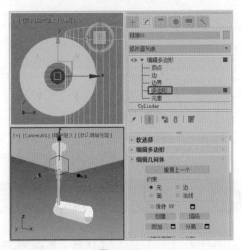
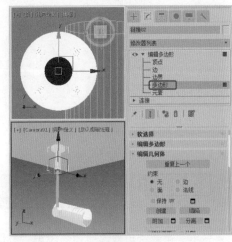

图 5-107                                    图 5-108

**步骤 05** 按 Delete 键删除选择的多边形，关闭当前选择集，在场景中选择【链接 01】对象，选择【创建】|【几何体】|【复合对象】|【连接】工具，在【拾取运算对象】卷展栏中单击【拾取运算对象】按钮，在场景中选择【链接 02】对象，然后在弹出的对话框中单击【是】按钮，如图 5-109 所示。

**步骤 06** 按 M 键打开【材质编辑器】对话框，为其指定【金属】的材质，按 F9 键对【摄影机】视图渲染一下查看效果如图 5-110 所示。

**步骤 07** 在场景中选择【连接 01】对象，切换至【修改】命令面板，在【插值】选项组中将【分段】设置为 100，【张力】设置为 0.1，按 Enter 键确认，然后勾选【桥】复选框，如图 5-111 所示。

**步骤 08** 设置完成后，按 F9 键对【摄影机】视图进行渲染，渲染后的效果如图 5-112 所示。

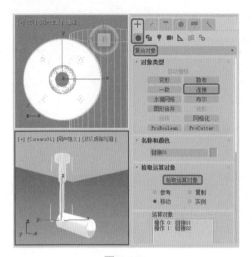

图 5-109

图 5-110

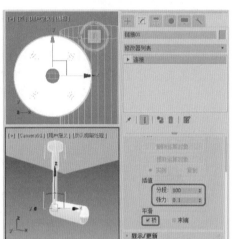

图 5-111

图 5-112

# 5.7 网格建模

本节主要讲解常用网格建模的应用。包括【顶点】层级、【边】层级、【边界】层级、【多边形】层级以及【元素】层级的应用。

## 【实例】创建马克杯模型

本例将介绍马克杯的制作，效果如图 5-113 所示。该例是使用【编辑多边形】修改器对一个圆柱体进行修改，初步形成马克杯的样子，然后再为其施加【网格平滑】修改器。

> **步骤 01** 启动软件后，选择【创建】【几何体】【标准基本体】【圆柱体】工具，在【顶】视图中创建一个圆柱体，在【参数】卷展栏中将【半径】设置为 45，【高度】设置为 110，【高度分段】设置为 7，【端面分段】设置为 1，【边

图 5-113

数】设置为 12，如图 5-114 所示。

**步骤 02** 切换到【修改】命令面板，在修改器列表中选择【编辑多边形】修改器，将当前选择
集定义为【多边形】，选择如图 5-115 所示的两个多边形。

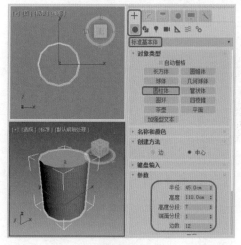 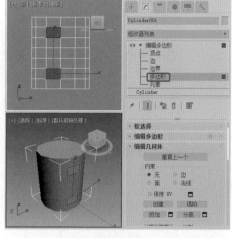

图 5-114　　　　　　　　　　　　图 5-115

**步骤 03** 在【编辑多边形】卷展栏中单击【挤出】按钮右侧的【设置】按钮，将【高度】设
置为 15，然后单击【确定】按钮，效果如图 5-116 所示。

**步骤 04** 重复步骤 03 中的操作，再连续挤出两次，每次挤出的高度都为 15，挤出完成后的效果
如图 5-117 所示。

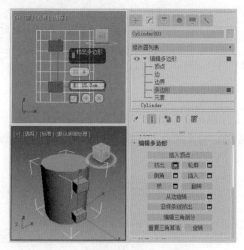 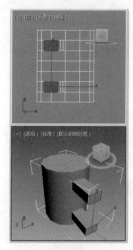

图 5-116　　　　　　　　　　　　图 5-117

**步骤 05** 选择挤出后在最外侧并相对的两个多边形，如图 5-118 所示。在【编辑多边形】卷展栏
中单击【挤出】按钮右侧的【设置】按钮，将【高度】设置为 15，然后单击【确定】
按钮，效果如图 5-119 所示。

**步骤 06** 按 Delete 键将在步骤 05 中选择的两个多边形删除，将当前选择集定义为【边界】，选
择删除多边形后的边界，如图 5-120 所示。

**步骤 07** 在【编辑边界】卷展栏中单击【桥】按钮，即可将缺口部分连接，如图 5-121 所示。

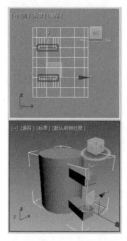

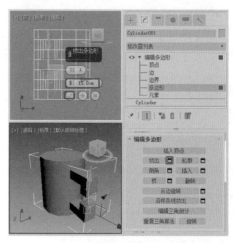

图 5-118                          图 5-119

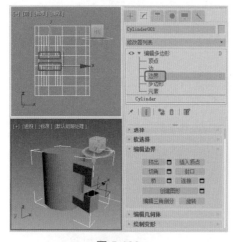

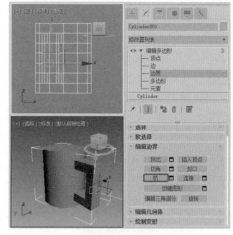

图 5-120                          图 5-121

**步骤 08** 将选择集定义为【边】，在视图中选择如图 5-122 所示的边。在【编辑边】卷展栏中单击【切角】按钮右侧的【设置】按钮，将【数量】设置为 10，然后单击【确定】按钮，效果如图 5-123 所示。

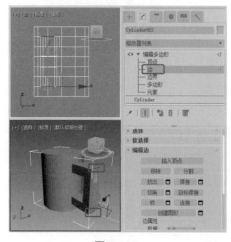

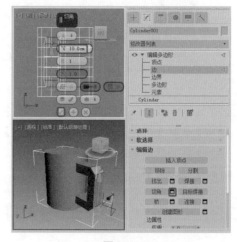

图 5-122                          图 5-123

**步骤 09** 关闭当前选择集，在工具栏中右击【角度捕捉切换】按钮 ，在弹出的对话框中将【角度】设置为 15°，然后在【顶】视图中使用【选择并旋转】按钮将模型旋转 15 度，如图 5-124 所示。

**步骤 10** 将当前选择集定义为【顶点】，在【左】视图中调整杯把形状，如图 5-125 所示。

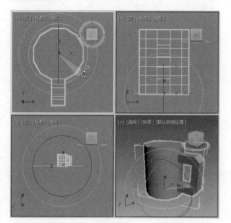

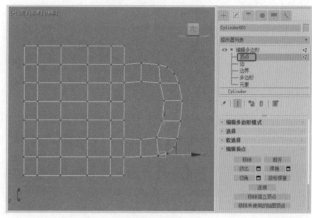

图 5-124                        图 5-125

**步骤 11** 将选择集定义为【多边形】，在【顶】视图中选择顶面上的多边形，在【编辑多边形】卷展栏中单击【插入】按钮右侧的【设置】按钮 ，将【数量】设置为 4，单击【确定】按钮，如图 5-126 所示。

**步骤 12** 在【编辑多边形】卷展栏中单击【挤出】按钮右侧的【设置】按钮 ，将【高度】设置为 -100，然后单击【确定】按钮，效果如图 5-127 所示。

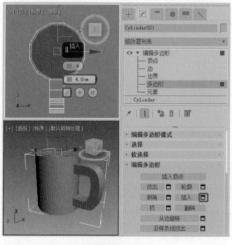

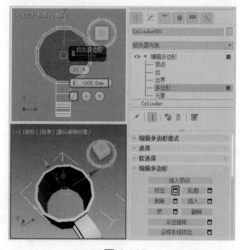

图 5-126                        图 5-127

**步骤 13** 将选择集定义为【边】，选择杯口和杯底的边，如图 5-128 所示。在【编辑边】卷展栏中单击【切角】按钮右侧的【设置】按钮 ，在弹出的对话框中将【数量】设置为 0.2，单击【确定】按钮。

**步骤 14** 将选择集定义为【多边形】，在场景中选择如图 5-129 所示的多边形，在【多边形：材质 ID】卷展栏中将【设置 ID】设置为 2。

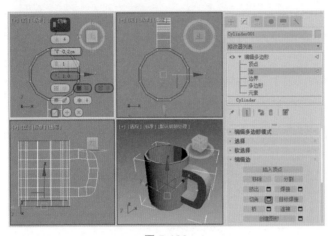

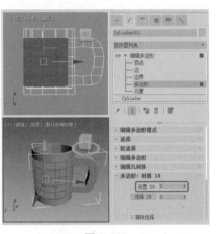

图 5-128 图 5-129

**步骤 15** 在菜单栏中选择【编辑】|【反选】命令,在【多边形:材质 ID】卷展栏中将【设置 ID】设置为 1,如图 5-130 所示。

**步骤 16** 关闭当前选择集,在修改器列表中选择【网格平滑】修改器,在【细分量】卷展栏中将【迭代次数】设置为 3,如图 5-131 所示。

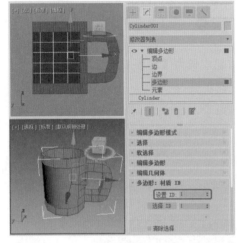

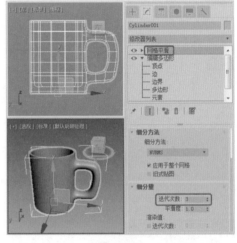

图 5-130 图 5-131

**步骤 17** 按 M 键打开【材质编辑器】对话框,激活第一个材质样本球,将其命名为【马克杯 1】。单击【Standard】按钮,在弹出的【材质 / 贴图浏览器】对话框中选择【多维 / 子对象】材质,单击【确定】按钮,在弹出的对话框中使用默认设置,单击【确定】按钮,然后在【多维 / 子对象基本参数】卷展栏中单击【设置数量】按钮,在弹出的对话框中将【材质数量】设置为 2,单击【确定】按钮,如图 5-132 所示。

**步骤 18** 单击 1 号材质后面的材质按钮,进入该子级材质面板中,在【明暗器基本参数】卷展栏中将明暗器类型定义为【各向异性】,在【各向异性基本参数】卷展栏中将【环境光】和【漫反射】的 RGB 值设置为 0、144、255,将【高光反射】的 RGB 值设置为 255、255、255,将【自发光】区域下的【颜色】设置为 20,将【漫反射级别】设置为 119,将【反射高光】区域中的【高光级别】、【光泽度】和【各向异性】分别设置为 96、58 和 86,如图 5-133 所示。

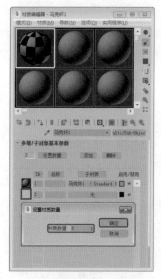 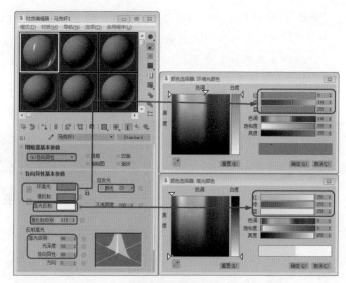

图 5-132  图 5-133

**步骤 19** 单击【转到父对象】按钮，然后单击 2 号材质后面的材质按钮，在弹出的【材质 / 贴图浏览器】对话框中选择【标准】材质，单击【确定】按钮，在【明暗器基本参数】卷展栏中将明暗器类型定义为【各向异性】，在【各向异性基本参数】卷展栏中将【自发光】区域下的【颜色】设置为 15，将【漫反射级别】设置为 119，将【反射高光】区域中的【高光级别】、【光泽度】和【各向异性】分别设置为 96、58 和 86，如图 5-134 所示。

**步骤 20** 在【贴图】卷展栏中单击【漫反射颜色】通道右侧的【无贴图】按钮，在弹出的【材质 / 贴图浏览器】对话框中选择【位图】贴图，单击【确定】按钮，再在弹出的对话框中选择配套资源中的 CDROM\Map\ 图片 1.jpg 文件，单击【打开】按钮，在【坐标】卷展栏中将【瓷砖】下的 U、V 设置为 3、1.5，单击两次【转到父对象】按钮，然后单击【将材质指定给选定对象】按钮，如图 5-135 所示。

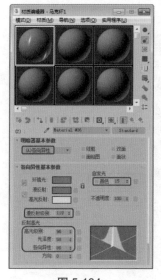 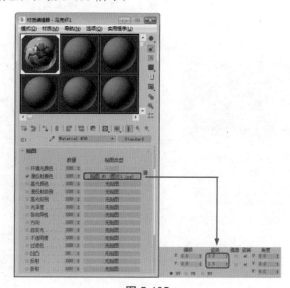

图 5-134  图 5-135

**步骤 21** 在场景中选择创建的模型，使用工具栏中的【选择并移动】工具，并配合 Shift 键对其复制，复制完成后调整模型的位置，如图 5-136 所示。

步骤 22　按 M 键打开【材质编辑器】对话框，将第一个材质样本球拖动到第二个材质样本球上，并将第二个材质样本球命名为【马克杯 2】，单击 1 号材质后面的材质按钮，在【各向异性基本参数】卷展栏中将【环境光】和【漫反射】的 RGB 值设置为 255、0、0，将【高光反射】的 RGB 值设置为 255、255、255，将【自发光】区域下的【颜色】设置为 15，如图 5-137 所示。

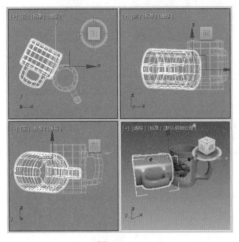

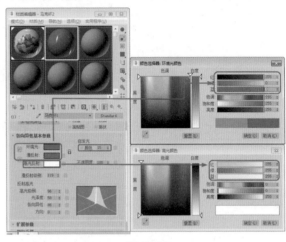

图 5-136　　　　　　　　　　　　　　　　图 5-137

步骤 23　单击【转到父对象】按钮，然后单击 2 号材质后面的材质按钮，在【各向异性基本参数】卷展栏中将【自发光】区域下的【颜色】设置为 20，在【贴图】卷展栏中将【漫反射颜色】通道右侧的贴图更改为配套资源中的 CDROM\Map\ 图片 2.jpg 文件，在【坐标】卷展栏中将【瓷砖】下的 U、V 分别设置为 3、1.4，单击两次【转到父对象】按钮，然后单击【将材质指定给选定对象】按钮，如图 5-138 所示。

步骤 24　选择【创建】|【几何体】|【标准基本体】|【长方体】工具，在【顶】视图中创建一个长方体，在【参数】卷展栏中将【长度】设置为 1 000，【宽度】设置为 1 000，【高度】设置为 1，如图 5-139 所示。

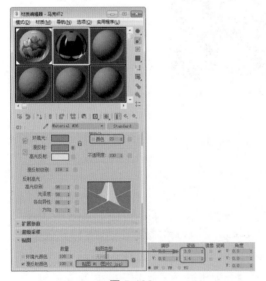

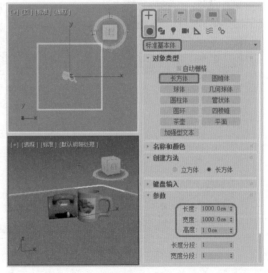

图 5-138　　　　　　　　　　　　　　　　图 5-139

步骤 25 按 M 键打开【材质编辑器】对话框,激活第三个材质样本球,将其命名为【地面】,
在【贴图】卷展栏中单击【漫反射颜色】通道右侧的【无贴图】按钮,在弹出的【材
质 / 贴图浏览器】对话框中选择【位图】贴图,单击【确定】按钮,再在弹出的对话
框中选择配套资源中的 CDROM\Map\0091.jpg 文件,单击【打开】按钮,在【坐标】
卷展栏中将【瓷砖】下的 U、V 设置为 1.9、1.9,如图 5-140 所示。

步骤 26 单击【转到父对象】按钮,在【贴图】卷展栏中将【反射】通道右侧的【数量】设置
为 10,并单击【无贴图】按钮,在弹出的【材质 / 贴图浏览器】对话框中选择【平面镜】
贴图,单击【确定】按钮,在【平面镜参数】卷展栏中勾选【应用于带 ID 的面】复选
框,单击【转到父对象】按钮,然后单击【将材质指定给选定对象】按钮和【视口中
显示明暗材质】按钮,如图 5-141 所示。

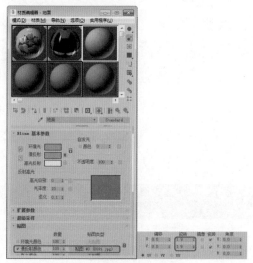

图 5-140

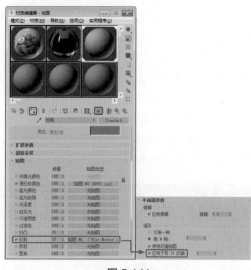

图 5-141

步骤 27 调整一下长方体的位置,选择【创建】|【摄影机】|【目标】工具,在【顶】视图中创建一
架摄影机,切换至【修改】命令面板,在【参数】卷展栏中将【镜头】设置为 70,激活【透视】
视图,按 C 键将其转换为【摄影机】视图,并在其他视图中调整其位置,如图 5-142 所示。

步骤 28 按 F9 键对【摄影机】视图进行渲染,渲染完成后将效果保存,并将场景文件保存。渲
染后的效果如图 5-143 所示。

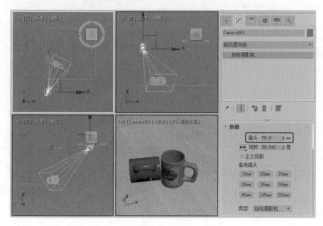

图 5-142

图 5-143

# 第6章

# 编辑修改器

本章导读:

● 认识【修改】命令面板
● 典型编辑修改器的应用
● 其他编辑修改器的应用

模型是三维动画制作的基础,利用修改器可以制作出适合特定需求的高品质模型。本章将介绍模型的编辑,以及对模型的修改。

## 6.1 【修改】命令面板

单击命令面板上的【修改】按钮 ,即可打开【修改】命令面板。整个修改命令面板包括 4 个部分,分别为【名称和颜色区】、【修改器列表】、【修改器堆栈】和【参数】卷展栏,如图 6-1 所示。

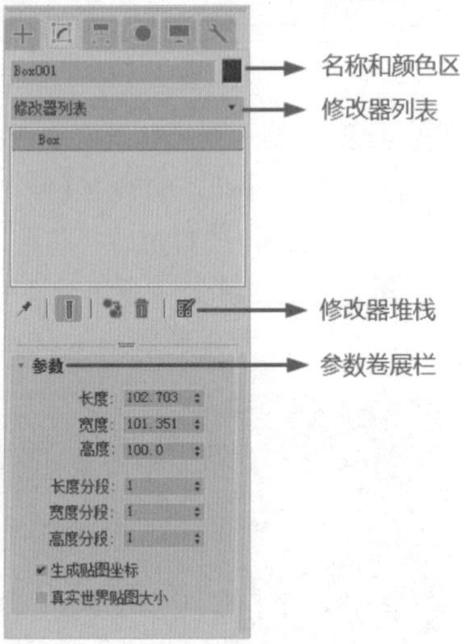

● 名称和颜色区:在 3ds Max 2018 中,每个物体在创建时,都会被系统赋予一个名称和颜色。系统为物体赋予名称是依据"名称 + 编号"的原则,而物体的颜色是系统随机产生的。如果物体最终没有被赋予材质或进行表面贴图,渲染后,图片中物体的颜色即是物体在视图中的表面色。可以依据创建物体在场景中的作用,在名称区为物体重新命名。单击颜色块可以更改物体的颜色。
● 修改器列表框:选中视图的对象,单击修改器右边的下三角按钮,即可看到与被选中物体有关的所有修改器。这些修改器命令也可以在修改器菜单中找到。
● 修改器堆栈:在 3ds Max 2018 中,每一个被创建的物体的参数,及被修改的过程都会被记录下来,并显示在修改器堆栈里。在修改器堆栈里,可以对被选中物体的所有修改器进行顺序的改变,增加新的修改器,或是删除已有的修改器。

图 6-1

名称和颜色区
修改器列表
修改器堆栈
参数卷展栏

● 【参数】卷展栏：既可以显示物体的参数，也可以显示修改器的参数。在修改器堆栈中被
选中的如果是对象，【参数】卷展栏显示的即是物体的参数。若被选中的是修改器，【参数】
卷展栏显示的即是修改器的参数。

# 6.2 典型编辑修改器的应用

前面介绍了有关基础 2D 造型的创建，以及在选择集基础上的编辑修改。二维造型可以添
加的编辑器主要有【挤出】、【车削】、【倒角】修改器。下面使用修改列表中的常用 2D 编辑修
改器，将 2D 图形变成 3D 模型。

## 6.2.1 车削编辑修改器

【车削】修改器是利用二维图形来创建物体的剖面，
再通过旋转来产生三维模型。这是一种比较实用的造
型工具，本例制作的效果如图 6-2 所示。具体操作步骤
如下。

图 6-2

**步骤 01** 打开配套资源中的 CDROM\Scenes\Cha06\ 车削
编辑修改器 .max 素材文件，如图 6-3 所示。

**步骤 02** 激活【前】视图，在打开的素材文件中选择【瓶
体 001】对象，切换到【修改】 命令面板，
单击【修改器列表】后面的下三角按钮，在
弹出的下拉列表中选择【车削】修改器，如图
6-4 所示。

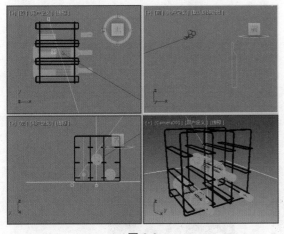

图 6-3

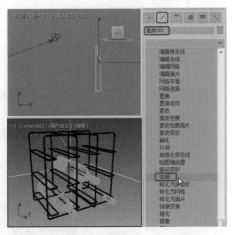

图 6-4

**步骤 03** 在【参数】卷展栏中将【分段】设置为 26，在【方向】选项组中单击【Y】按钮，然
后再在【对齐】选项组中单击【最小】按钮，如图 6-5 所示。

**步骤 04** 将【瓶体 001】对象移动并旋转到合适位置，激活摄影机视图，按 F9 键进行渲染，渲
染完成后的效果如图 6-6 所示。

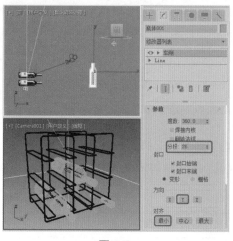

图 6-5

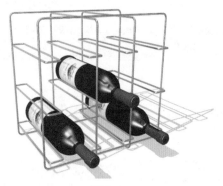

图 6-6

## 提示

车削是三维建模中非常重要的一种建模方法，使用这个工具的前提是物体是对称的模型。一般中心放射的物体都可以用这种方法完成。

### 【实例】创建水杯模型

【车削】修改器通过绕轴旋转出一个图形或 NURBS 曲线来创建三维对象，效果如图 6-7 所示。下面来介绍一下【车削】修改器的使用方法，具体操作步骤如下。

**步骤 01** 打开配套资源中的 CDROM\Scenes\Cha06\【实例】创建水杯模型 .max 素材文件，如图 6-8 所示。

**步骤 02** 在视图中选择【一次性水杯 01】对象，然后切换到【修改】命令面板，在【修改器列表】中选择【车削】修改器，如图 6-9 所示。

图 6-7

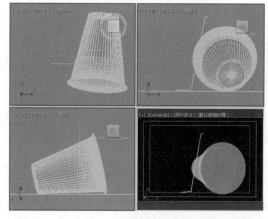

图 6-8

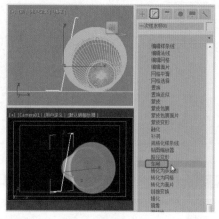

图 6-9

**步骤 03** 然后在【参数】卷展栏中勾选【焊接内核】复选框，将【分段】设置为 50，并在【对齐】区域中单击【最小】按钮，如图 6-10 所示。

步骤 04 激活摄影机视图，按 F9 键进行渲染，渲染完成后的效果如图 6-11 所示。

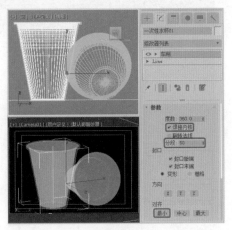

图 6-10

图 6-11

## 6.2.2 挤出编辑修改器

【挤出】修改器用于将二维的样条线图形增加厚度，挤出三维实体，这是在二维造型修改器中最为常用的修改器。本例制作的效果如图 6-12 所示。具体操作步骤如下。

步骤 01 在菜单栏中选择【文件】|【打开】命令，如图 6-13 所示。

步骤 02 在弹出的对话框中打开素材文件【挤出编辑修改器 .max】，激活【顶】视图，选择【创建】＋|【图形】|【多边形】工具，在【顶】视图中创建一个多边形，如图 6-14 所示。

图 6-12

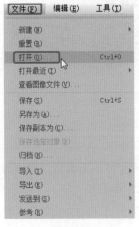

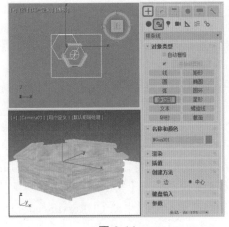

图 6-13

图 6-14

步骤 03 然后在【修改】命令面板中的【参数】卷展栏中将【半径】和【边数】分别设置为 65 和 6，并将其命名为【草坪】，如图 6-15 所示。

步骤 04 在【修改器列表】下拉列表框中选择【挤出】修改器，为草坪设置厚度。在【参数】卷展栏中将【数量】设置为 34，并调整其位置，如图 6-16 所示。

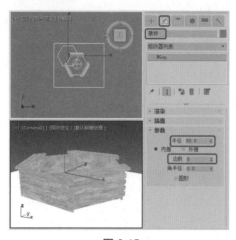
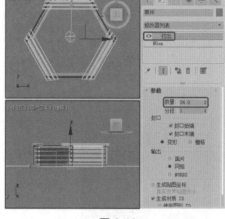

图 6-15　　　　　　　　　　　　　　　　　　　图 6-16

步骤 05　按 M 键打开【材质编辑器】对话框，在场景中选择【草坪】对象，选择【草坪】材质，
然后在【材质编辑器】中单击【将材质指定给选定对象】按钮，为该对象设置材质，
如图 6-17 所示。

步骤 06　激活【摄影机】视图，按 F9 键对其进行渲染，渲染完成后的效果如图 6-18 所示。

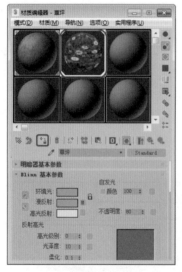

图 6-17

图 6-18

## 【实例】制作牵牛花

　　【挤出】修改器是将二维的样条线图形增加厚度，挤出为三维实体。下面通过制作如图 6-19
所示的模型来介绍一下【挤出】修改器的具体使用方法。具体操作步骤如下。

步骤 01　打开配套资源中的 CDROM\Scenes\Cha06\【实例】制作牵牛花 .max 素材文件，如图
6-20 所示。

步骤 02　在视图中选择【叶子】对象，然后切换到【修改】命令面板，在【修改器列表】中选
择【挤出】修改器，在【参数】卷展栏中将【数量】设置为 0.1，如图 6-21 所示。

步骤 03　激活摄影机视图，按 F9 键进行渲染，渲染完成后的效果如图 6-22 所示。

图 6-19

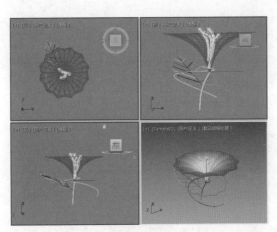

图 6-20

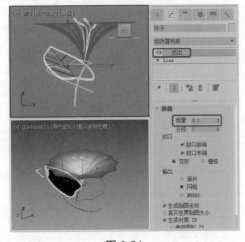

图 6-21

图 6-22

## 6.2.3 倒角剖面编辑修改器

【倒角剖面】修改器沿路径拉伸，生成的实体边缘形状非常丰富。下面通过制作如图 6-23 来介绍一下【倒角剖面】修改器的使用方法。具体操作步骤如下。

图 6-23

**步骤 01** 打开配套资源中的 CDROM\Scenes\Cha06\ 倒角剖面编辑修改器 .max 素材文件，如图 6-24 所示。

**步骤 02** 激活【前】视图，在场景中选择【桌面】对象，然后切换到【修改】命令面板，单击【修改器列表】后面的下三角按钮，在弹出的下拉列表中选择【倒角剖面】修改器，如图 6-25 所示。

**步骤 03** 在【参数】卷展栏中，选择【经典】单选按钮，在【经典】选项组中单击【拾取剖面】按钮，在【前】视图中拾取【Line1】对象，如图 6-26 所示。

**步骤 04** 单击【修改列表】后面的下三角按钮，在弹出的下拉列表中选择【UVW 贴图】修改器，如图 6-27 所示。

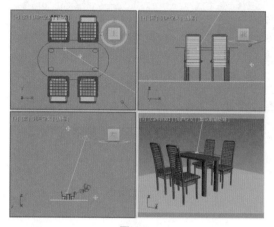

图 6-24

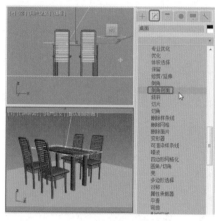

图 6-25

图 6-26

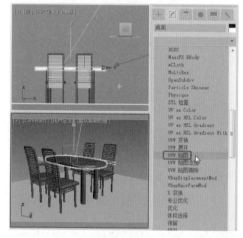

图 6-27

**步骤 05** 在【参数】卷展栏中选择【贴图】选项组中的【长方体】单选按钮，然后将【长度】、【宽度】、【高度】分别设置为 320、600、13，如图 6-28 所示。

**步骤 06** 激活摄影机视图，按 F9 键进行渲染，渲染完成后的效果如图 6-29 所示。

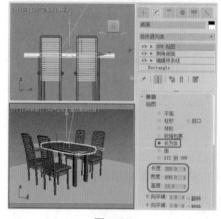

图 6-28

图 6-29

提示

在【倒角剖面】修改器【封口】选项组中,可以通过【始端】和【末端】两个复选框来控制是否要在拉伸出的实体的开始与结束的地方增加顶面将其开口封闭。

## 6.2.4  FDD 编辑修改器

【FFD4×4×4】修改器是使用晶格框包围选中几何体。通过调整晶格的控制点,可以改变封闭几何体的形状。本例通过制作如图 6-30 所示的模型来介绍【FFD4×4×4】修改器的使用方法。具体操作步骤如下。

**步骤 01** 打开配套资源中的 CDROM\Scenes\Cha06\FDD 编辑修改器 .max 素材文件,如图 6-31所示。

**步骤 02** 在视图中选择【沙发坐垫 02】对象,然后切换到【修改】命令面板,在【修改器列表】中选择【FFD4×4×4】修改器,如图 6-32 所示。

图 6-30

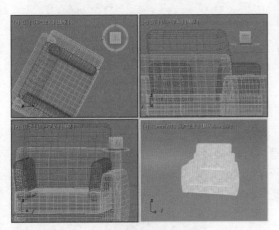

图 6-31

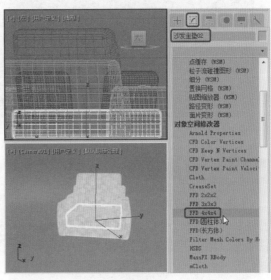

图 6-32

**步骤 03** 单击修改器前面的 ▶ 图标,在展开的列表中选择【控制点】,即可将当前选择集定义为【控制点】,如图 6-33 所示。

**步骤 04** 调整视图的角度,对控制点的位置进行调整,如图 6-34 所示。

**步骤 05** 对两边的长方体进行调整,使其移动到【沙发坐垫 02】上方的效果如图 6-35 所示。

**步骤 06** 激活摄影机视图,按 F9 键进行渲染,渲染完成后的效果如图 6-36 所示。

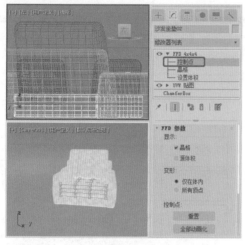

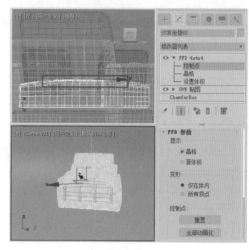

图 6-33                                                             图 6-34

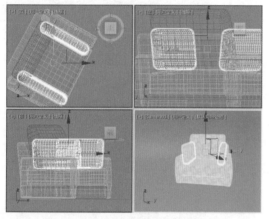

图 6-35                                                   图 6-36

## 6.2.5 弯曲编辑修改器

【弯曲】修改器主要用于对对象进行弯曲处理，可以调整弯曲的角度和方向。本例通过制作如图 6-37 所示的沙发扶手来介绍一下【弯曲】修改器的使用方法。具体操作步骤如下。

**步骤 01** 继续上一节的操作，在视图中选择【沙发扶手上002】对象，然后切换到【修改】命令面板，在【修改器列表】中选择【弯曲】修改器，如图 6-38 所示。

**步骤 02** 然后在【参数】卷展栏中将【弯曲】区域下的【角度】设置为 255.5，选择【弯曲轴】区域下的【X】

图 6-37

单选按钮，并使用【选择并移动】和【选择并旋转】工具进行调整，如图 6-39 所示。

**步骤 03** 使用同样的方法，设置【沙发扶手上 004】，如图 6-40 所示。

**步骤 04** 激活摄影机视图，按 F9 键进行渲染，渲染完成后的效果如图 6-41 所示。

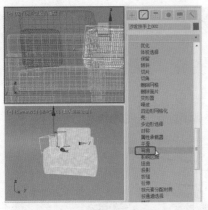

图 6-38

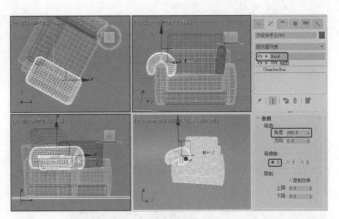

图 6-39

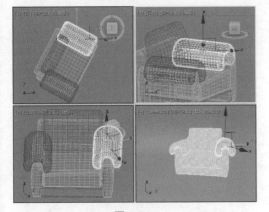

图 6-40

图 6-41

## 6.2.6 倒角编辑修改器

【倒角】修改器是将图形挤出为 3D 对象并在
边缘应用平或圆的倒角。本例通过制作如图 6-42
所示的模型来介绍一下【倒角】修改器的使用方
法。具体操作步骤如下。

**步骤 01** 打开配套资源中的 CDROM\Scenes\
Cha06\倒角编辑修改器 .max 素材文件，
如图 6-43 所示。

**步骤 02** 在视图中选择【固定板 001】对象，然
后切换到【修改】命令面板，在【修改
器列表】中选择【倒角】修改器，如图 6-44 所示。

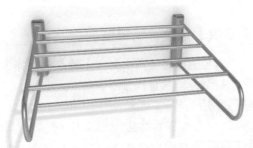

图 6-42

**步骤 03** 然后在【参数】卷展栏中选择【曲面】区域中的【曲线侧面】单选按钮，设置【分段】
为 3，在【倒角值】卷展栏中设置【级别 1】的【高度】为 5，勾选【级别 2】复选框，
设置【高度】为 3，【轮廓】为 -3，如图 6-45 所示。

**步骤 04** 使用同样的方法为【固定板 002】对象施加【倒角】修改器，然后激活摄影机视图，按
F9 键进行渲染，渲染完成后的效果如图 6-46 所示。

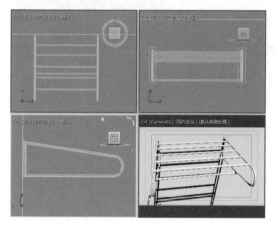

图 6-43

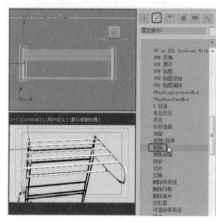

图 6-44

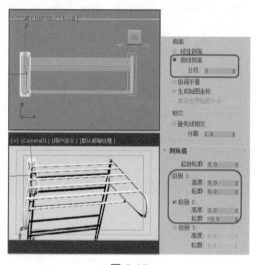

图 6-45

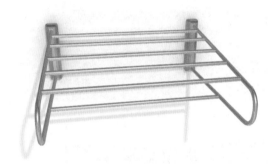

图 6-46

## 【实例】创建音响模型

本实例通过使用【倒角】修改器制作音响盒，效果如图 6-47 所示。具体操作步骤如下。

**步骤 01** 打开配套资源中的 CDROM\Scenes\Cha06\【实例】创建音响模型 .max 素材文件，如图 6-48 所示。

**步骤 02** 在视图中选择【音响盒】对象，然后切换到【修改】命令面板，将选择集定义为【Rectangle】，在【修改器列表】下拉列表中选择【倒角】修改器，如图 6-49 所示。

图 6-47

**步骤 03** 在【倒角值】卷展栏中将【级别 1】区域下的【高度】设置为 -270，勾选【级别 2】复选框，将【级别 2】区域下的【高度】和【轮廓】分别设置为 -6.5 和 -8.0，如图 6-50 所示。

**步骤 04** 激活【透视】视图，按 F9 键进行渲染，渲染完成后的效果如图 6-51 所示。

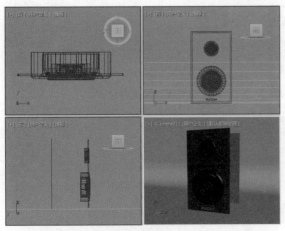

图 6-48

图 6-49

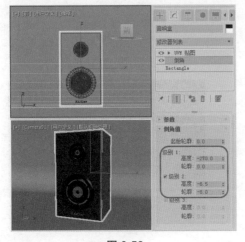

图 6-50

图 6-51

## 6.2.7 锥化编辑修改器

【锥化】修改器是通过缩放对象几何体的两端产生锥化
轮廓。本例通过制作如图 6-52 所示的模型来介绍【锥化】
修改器的使用方法。具体操作步骤如下。

**步骤 01** 打开配套资源中的 CDROM\Scenes\Cha06\ 锥化编
辑修改器 .max 素材文件，如图 6-53 所示。

**步骤 02** 在视图中选择图 6-54 所示的图形对象，然后切换
到【修改】命令面板，在【修改器列表】中选择
【锥化】修改器，如图 6-54 所示。

**步骤 03** 在【参数】卷展栏中将【锥化】区域下的【数量】
设置为 −0.58，如图 6-55 所示。

**步骤 04** 激活摄影机视图，按 F9 键进行渲染，渲染完成后的效果如图 6-56 所示。

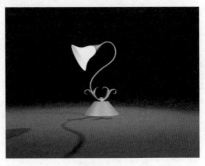

图 6-52

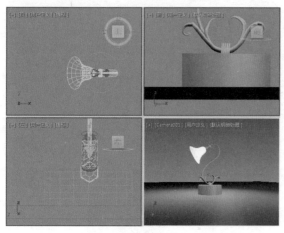
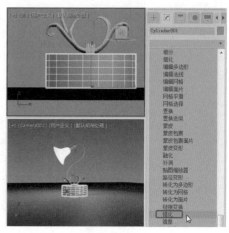

图 6-53                    图 6-54

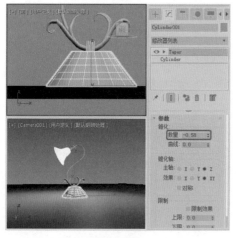

图 6-55                    图 6-56

## 【实例】创建欧式家具模型

【平滑】修改器是基于相邻面的角提供自动平滑。本例通过制作如图 6-57 所示的模型来介绍一下【平滑】修改器的使用方法。具体操作步骤如下。

步骤 01 打开配套资源中的 CDROM\Scenes\Cha06\【实例】创建欧式家具模型 .max 素材文件，如图 6-58 所示。

步骤 02 在视图中选择【对象 001】对象，然后切换到【修改】命令面板，在【修改器列表】中选择【平滑】修改器，如图 6-59 所示。

图 6-57　欧式家具

步骤 03 在【参数】卷展栏中勾选【自动平滑】复选框，如图 6-60 所示。

步骤 04 激活摄影机视图，按 F9 键进行渲染，渲染完成后的效果如图 6-61 所示。

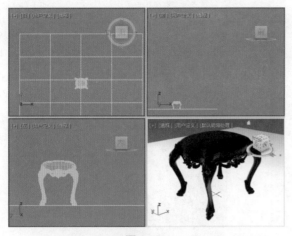

图 6-58

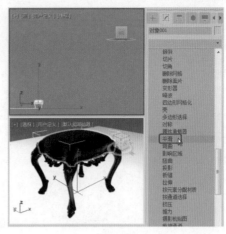

图 6-59

图 6-60

图 6-61

## 6.2.8 扭曲编辑修改器

【扭曲】修改器在对象几何体中产生一个旋转效果，它可以控制任意三个轴上扭曲的角度，并设置偏移来压缩扭曲相对于轴点的效果。同时，它还可以对几何体的一段限制扭曲，本例制作的模型效果如图 6-62 所示。下面我们将介绍【扭曲】修改器的具体操作步骤。

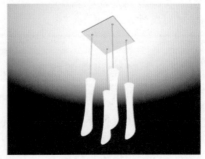

图 6-62

步骤 01 打开配套资源中的 CDROM\Scenes\Cha06\ 扭曲编辑修改器 .max 素材文件，如图 6-63 所示。

步骤 02 在场景中选择【吊灯】对象，然后切换到【修改】 命令面板，单击【修改器列表】后面的下三角按钮，在弹出的快捷菜单中选择【扭曲】修改器，如图 6-64 所示。

步骤 03 在【参数】卷展栏【扭曲】选项组中将【角度】和【偏移】分别设置为 130 和 25，将【扭曲轴】设置为【Z】轴，如图 6-65 所示。

步骤 04 激活摄影机视图，按 F9 键进行渲染，渲染完成后的效果如图 6-66 所示。

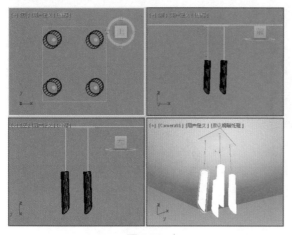

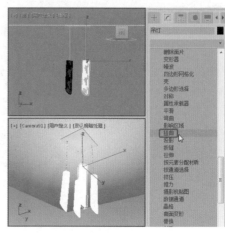

图 6-63　　　　　　　　　　　　图 6-64

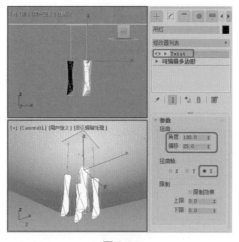

图 6-65

图 6-66

## 提示

当应用扭曲修改器时，会将扭曲 Gizmo 的中心放置于对象的轴点，并且 Gizmo 与对象局部轴排列成行。

## 【实例】创建圆珠笔模型

使用【优化】修改器可以减少对象中面和顶点的数目。这样可以在简化几何体和加速渲染的同时仍然保留可接受的图像。本例通过制作如图 6-67 所示的模型来介绍【优化】修改器的使用方法。具体操作步骤如下。

步骤 01　打开配套资源中的 CDROM\Scenes\Cha06\【实例】创建圆珠笔模型 .max 素材文件，如图 6-68 所示。

步骤 02　在视图中选择【组 001】对象，然后切换到【修改】命令面板，在【修改器列表】中选择【优化】修改器，如图 6-69 所示。

图 6-67

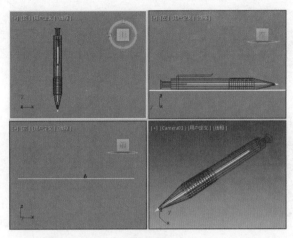

图 6-68                                        图 6-69

**步骤 03** 打开【参数】卷展栏，即可在【上次优化状态】区域下看到优化前后顶点和面数的对比情况，如图 6-70 所示。

**步骤 04** 然后激活摄影机视图，按 F9 键进行渲染，渲染完成后的效果如图 6-71 所示。

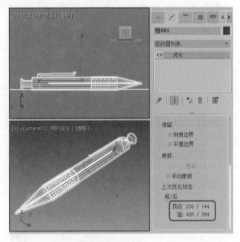

图 6-70

图 6-71

## 6.2.9 噪波编辑修改器

【噪波】修改器是对物体表面的顶点进行随机变动，使表面变得起伏而不规则。下面通过对石头模型添加【噪波】修改器，来介绍一下【噪波】修改器的使用方法，效果如图 6-72 所示。具体操作步骤如下。

**步骤 01** 打开配套资源中的 CDROM\Scenes\Cha06\ 噪波编辑修改器 .max 素材文件，如图 6-73 所示。

**步骤 02** 在视图中选择【石头 01】对象，然后切换到【修改】命令面板，在【修改器列表】中选择【噪波】修改器，如图 6-74 所示。

图 6-72

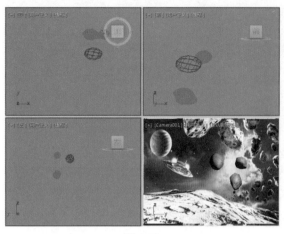

图 6-73　　　　　　　　　　　图 6-74

**步骤 03** 在【参数】卷展栏中将【噪波】区域下的【比例】设置为 100，勾选【分形】复选框，将【迭代次数】设置为 9，在【强度】区域下将 X、Y、Z 参数分别设置为 45、88、80，如图 6-75 所示。

**步骤 04** 激活【透视】视图，按 F9 键进行渲染，渲染完成后的效果如图 6-76 所示。

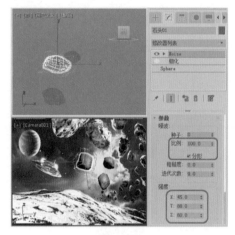

图 6-75

图 6-76

## 6.2.10　拉伸编辑修改器

　　【拉伸】修改器是指在保持体积不变的前提下，沿指定的轴向拉伸或挤压物体的形态。本例通过制作如图 6-77 所示的模型来介绍【拉伸】修改器的使用方法。具体操作步骤如下。

**步骤 01** 打开配套资源中的 CDROM\Scenes\Cha06\ 拉伸编辑修改器 .max 素材文件，如图 6-78 所示。

**步骤 02** 在视图中选择【Sphere001】对象，然后切换到【修改】命令面板，在【修改器列表】中选择【拉伸】修改器，如图 6-79 所示。

图 6-77

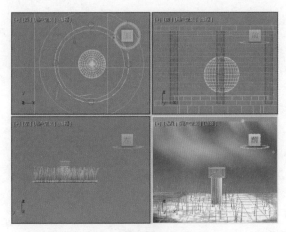

图 6-78　　　　　　　　　　　　　　　　　图 6-79

**步骤 03** 然后在【参数】卷展栏中将【拉伸】区域下的【拉伸】和【放大】设置为 0.5 和 -40，将【拉伸轴】设为【Z】，如图 6-80 所示。

**步骤 04** 再在【修改器列表】中选择【锥化】修改器，如图 6-81 所示。

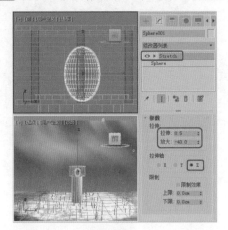　　　　　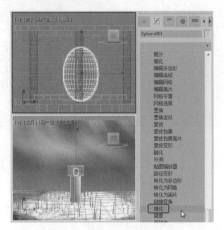

图 6-80　　　　　　　　　　　　　　　　　图 6-81

**步骤 05** 在【参数】卷展栏中将【数量】设置为 0.5，如图 6-82 所示。

**步骤 06** 激活【透视】视图，按 F9 键进行渲染，渲染完成后的效果如图 6-83 所示。

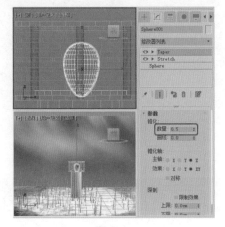　　　　　

图 6-82　　　　　　　　　　　　　　　　　图 6-83

## 【实例】挤压修改器

【挤压】修改器可以将挤压效果应用到对象，通过调整【轴向凸出】和【径向挤压】的参数，来调整模型挤压的方向和程度。在此效果中，与轴点最为接近的顶点会向内移动。本例通过制作如图 6-84 所示的效果来介绍【挤压】修改器的使用方法。具体操作步骤如下。

**步骤 01** 打开配套资源中的 CDROM\Scenes\Cha06\【实例】挤压修改器 .max 素材文件，如图 6-85 所示。

图 6-84

**步骤 02** 在视图中选择【茶壶】对象，然后切换到【修改】命令面板，在【修改器列表】中选择【挤压】修改器，如图 6-86 所示。

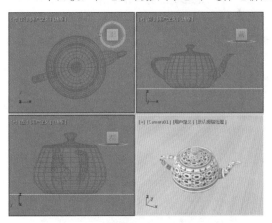

图 6-85

图 6-86

**步骤 03** 在【参数】卷展栏中将【轴向凸出】区域下的【数量】设置为 0.1，【效果平衡】区域下的【偏移】设置为 40，如图 6-87 所示。

**步骤 04** 激活摄影机视图，按 F9 键进行渲染，渲染完成后的效果如图 6-88 所示。

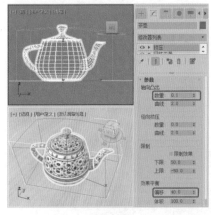

图 6-87

图 6-88

# 6.3 其他编辑修改器的应用

本节将讲解松弛编辑修改器、融化编辑修改器和晶格编辑修改器的使用方法。

## 6.3.1 松弛编辑修改器

【松弛】修改器通过向内收紧表面的顶点或向外松弛表面的顶点来改变物体表面的张力。本例通过制作如图 6-89 所示的模型来介绍【松弛】修改器的使用方法。具体操作步骤如下。

**步骤 01** 打开配套资源中的 CDROM\Scenes\Cha06\ 松弛编辑修改器 .max 素材文件，如图 6-90 所示。

**步骤 02** 在视图中选择【对象 012】对象，然后切换到【修改】命令面板，在【修改器列表】中选择【松弛】修改器，如图 6-91 所示。

图 6-89

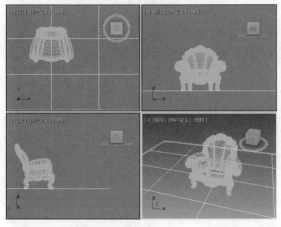

图 6-90

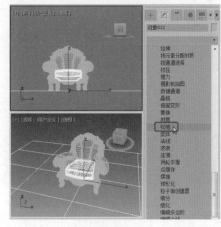

图 6-91

**步骤 03** 在【参数】卷展栏中将【松弛值】设置为 0.5，将【迭代次数】设置为 5，如图 6-92 所示。

**步骤 04** 激活【透视】视图，按 F9 键进行渲染，渲染完成后的效果如图 6-93 所示。

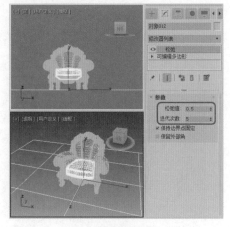

图 6-92

图 6-93

## 6.3.2 融化编辑修改器

【融化】修改器可以将实际融化效果应用到所有类型的对象上，包括可编辑面片和 NURBS

对象，同样也包括传递到堆栈的子对象选择。本例通过制作如图 6-94 所示的模型来介绍【融化】修改器的使用方法。具体操作步骤如下。

**步骤 01** 打开配套资源中的 CDROM\Scenes\Cha06\ 融化编辑修改器 .max 素材文件，如图 6-95 所示。

**步骤 02** 在场景中选择【冰块 4】对象，然后切换到【修改】 命令面板，单击【修改器列表】后面的下三角按钮，在弹出的下拉列表中选择【融化】修改器，如图 6-96 所示。

图 6-94

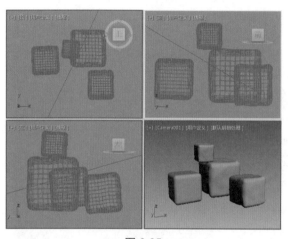

图 6-95

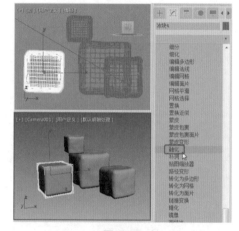

图 6-96

**步骤 03** 在【参数】卷展栏【融化】选项组中将【数量】设置为 45，将【扩散】选项组中的【融化百分比】设置为 33，如图 6-97 所示。

**步骤 04** 单击【修改器列表】后面的下三角按钮，在弹出的下拉列表中选择【噪波】修改器，如图 6-98 所示。

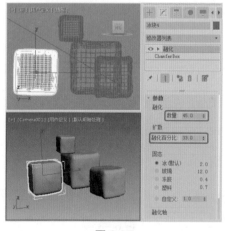

图 6-97

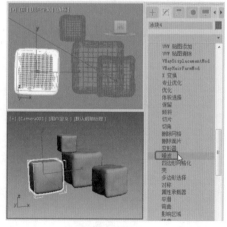

图 6-98

**步骤 05** 在【参数】卷展栏【噪波】选项组中勾选【分形】复选框，将【迭代次数】设置为 9，在【强度】选项组中将【X】、【Y】、【Z】的值都设置为 10，如图 6-99 所示。

**步骤 06** 激活摄影机视图，按 F9 键进行渲染，渲染完成后的效果如图 6-100 所示。

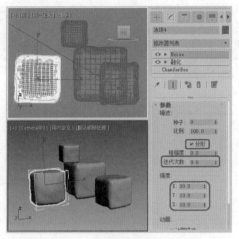

图 6-99

图 6-100

## 6.3.3 晶格编辑修改器

【晶格】修改器是将图形的线段或边转化为圆柱形结构，并在顶点上产生可选的关节多面体。本例通过制作如图 6-101 所示的模型来介绍【晶格】修改器的使用方法。具体操作步骤如下。

**步骤 01** 打开配套资源中的 CDROM\Scenes\Cha06\ 晶格编辑修改器 .max 素材文件，如图 6-102 所示。

**步骤 02** 在视图中选择【Circle001】对象，然后切换到【修改】命令面板，在【修改器列表】中选择【晶格】修改器，如图 6-103 所示。

图 6-101

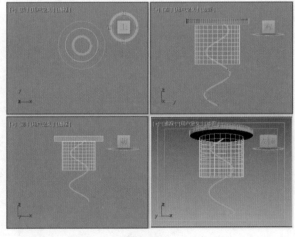

图 6-102

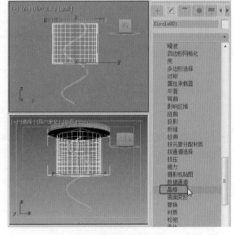

图 6-103

**步骤 03** 在【参数】卷展栏中将【支柱】区域下的【半径】设置为 1，将【边数】设置为 3，在【节点】区域中选择【八面体】单选按钮，并将【半径】设置为 10，如图 6-104 所示。

**步骤 04** 按 M 键单开【材质编辑器】，选择【Glass-Yellow】材质，然后单击【将材质指定给选定对象】按钮，将材质赋予【Circle001】对象，如图 6-105 所示。

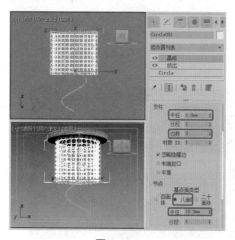
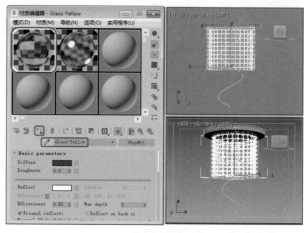

图 6-104　　　　　　　　　　　　　图 6-105

**步骤 05** 在【前】视图中，使用【选择并移动】工具 ✛，按住 Shift 键将【Circle001】对象复制
2 个对象，然后使用【选择并均匀缩放】工具 ▣ 和【选择并移动】工具 ✛，调整其大
小及位置，调整后的效果如图 6-106 所示。

**步骤 06** 激活摄影机视图，按 F9 键进行渲染，渲染完成后的效果如图 6-107 所示。

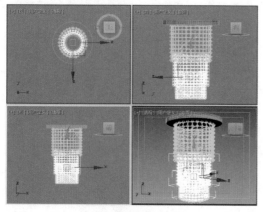

图 6-106　　　　　　　　　　　　　图 6-107

## 【实例】创建装饰摆件模型

　　【贴图缩放器】修改器工作于对象空间，用来保持应
用到对象上贴图的缩放大小。通常，如果通过调整创建参
数来更改对象大小，可以使用它来保持贴图的尺寸大小而
不考虑几何体如何缩放。本例通过制作如图 6-108 所示的
模型来介绍【贴图缩放器】修改器的使用方法。具体操作
步骤如下。

**步骤 01** 打开配套资源中的 CDROM\Scenes\Cha06\【实例】
创建装饰摆件模型 .max 素材文件，如图 6-109
所示。

图 6-108

**步骤 02** 在【前】视图中选择【画】对象，然后切换到【修改】 命令面板，单击【修改器列表】
后面的下三角按钮，在弹出的下拉列表中选择【贴图缩放器】修改器，如图 6-110 所示。

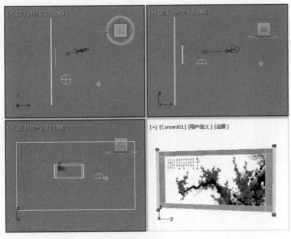

图 6-109

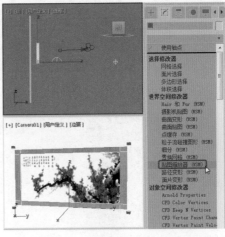

图 6-110

**步骤 03** 然后在【参数】卷展栏中将【比例】设置为 262，将【U 向偏移】设置为 -0.93，将【V 向偏移】设置为 -0.22，如图 6-111 所示。

**步骤 04** 激活摄影机视图，按 F9 键进行渲染，渲染完成后的效果如图 6-112 所示。

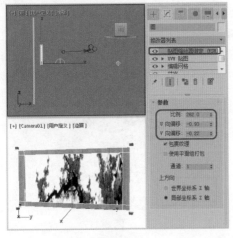

图 6-111

图 6-112

## 【实例】为水壶模型应用【壳】修改器

使用【壳】修改器可以为对象赋予厚度，可以调节里外两种方向的厚度，它可以应用于三维物体及二维物体。本例通过制作如图 6-113 所示的模型来介绍【壳】修改器的使用方法。具体操作步骤如下：

**步骤 01** 打开配套资源中的 CDROM\Scenes\Cha06\【实例】为水壶模型应用【壳】修改器 .max 素材文件，如图 6-114 所示。

**步骤 02** 在视图中选择【茶壶】对象，然后切换到【修改】命令面板，在【修改器列表】中选择【壳】修改器，如图 6-115 所示。

图 6-113

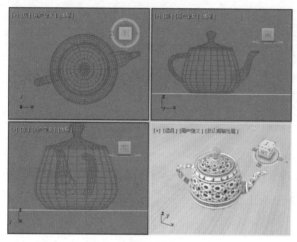

图 6-114

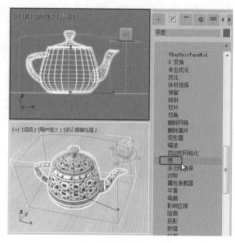

图 6-115

步骤 03 在【参数】卷展栏中将【内部量】设置为 1.0，将【外部量】设置为 1.3，如图 6-116 所示。

步骤 04 激活摄影机视图，按 F9 键进行渲染，渲染完成后的效果如图 6-117 所示。

图 6-116

图 6-117

# 第 7 章

# VRay 材质与贴图

本章导读：

● 材质编辑器
● 2D 贴图
● 常用贴图材质的设置
● 复合材质

　　材质是对现实世界中各种材料视觉效果的模拟，材质的制作也是一个相对复杂的过程，材质主要用于描述物体如何反射和传播光线，而材质中的贴图不仅可以用于模拟物体的质地、提供纹理图案、反射与折射等其他效果，还可用于环境和灯光投影，通过各种类型的贴图，可以制作出千变万化的材质。

## 7.1 材质编辑器

　　材质编辑器用于创建、编辑材质以及设置贴图的设置窗口，并将设置的材质和贴图赋予视图中的物体，通过渲染场景便可以看到设置的材质与贴图的效果。

　　【材质编辑器】对话框中主要可以分为菜单栏、示例窗、工具按钮、参数控制四大区域。

**步骤 01** 打开配套资源中的 CDROM\Scenes\Cha07\ 显示器 .max 素材文件，打开后的效果如图 7-1 所示。

**步骤 02** 在工具栏中单击【材质编辑器】按钮，即可打开【材质编辑器】对话框，如图 7-2 所示。

**提示**

　　除了上述方法可以打开【材质编辑器】对话框外，还有以下两种方法。

　　方法 1：按 M 键，可以打开【材质编辑器】对话框。

　　方法 2：在菜单栏中选择【渲染】|【材质编辑器】命令，在弹出的子菜单中选择相应的材质编辑器选项。

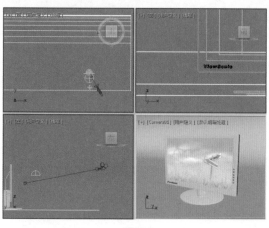
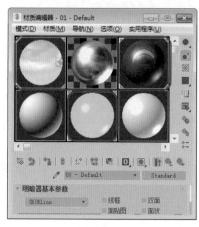

图 7-1　　　　　　　　　　　　　　　　　　　　图 7-2

# 7.2　2D 贴图

在 3ds Max 中包括很多种贴图，它们可以根据使用方法、效果分为多种类型，本节主要介绍 2D 贴图。在【贴图】卷展栏，单击任何通道右侧的【无贴图】按钮，都可以打开【材质 / 贴图浏览器】。2D 贴图主要讲的是一些平面贴图。

## 7.2.1　渐变贴图

产生三色（或三个贴图）的渐变过渡效果，它的可拓展性非常强，有【线性渐变】和【径向渐变】两种渐变类型，三个色彩可以随便调节，相互区域比例的大小也可以调节，通过贴图可以产生无限级的渐变和图像嵌套结果，渐变贴图的效果如图 7-3 所示。

图 7-3

步骤 01　打开配套资源中的 CDROM\Scenes\Cha07\ 渐变贴图 .max 素材文件，按 M 键，在弹出的【材质编辑器】对话框中选择【花瓣】材质球，在【明暗器基本参数】卷展栏中勾选【双面】复选框，如图 7-4 所示。

步骤 02　将【环境光】和【漫反射】的 RGB 设置为 255、0、246，将【自发光】设置为 30，将【高光级别】和【光泽度】分别设置为 13、10，在【贴图】卷展栏中单击【漫反射颜色】后面的【无贴图】按钮，在弹出的对话框中的【标准】区域下选择【渐变】选项，单击【确定】按钮，如图 7-5 所示。

步骤 03　在【坐标】卷展栏中，取消【使用真实世界比例】的勾选，将【瓷砖】下的【U】、【V】都设为 1.0，将【渐变参数】卷展栏展开，将【颜色 #1】的 RGB 设置为 209、0、255，将【颜色 #2】的 RGB 设置为 248、175、255，将【颜色 #3】的 RGB 设置为 255、255、255，将【颜色 #2】位置设置为 0.25，如图 7-6 所示。

步骤 04　单击【转到父对象】按钮 ，将【凹凸】的数量设置为 50，并单击其右侧的【无贴图】按钮，在弹出的对话框中选择【噪波】选项，单击【确定】按钮，将【瓷砖】下的 X、Y、Z 都设置为 0.394，如图 7-7 所示。

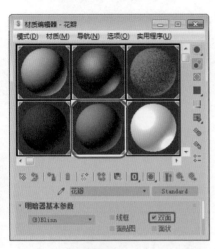

图 7-4

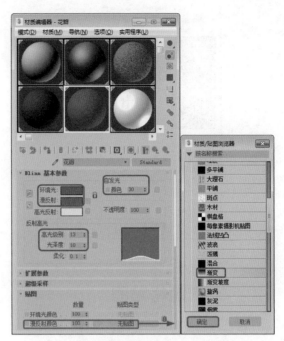

图 7-5

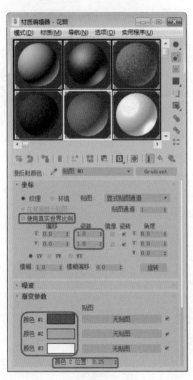

图 7-6

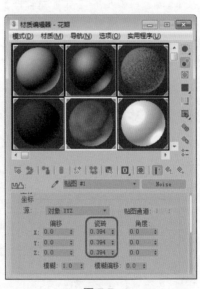

图 7-7

步骤 05 展开【噪波参数】卷展栏，将【大小】设置为 1.0，如图 7-8 所示。

步骤 06 设置完成后单击【转到父对象】按钮，按 F9 键对摄影机视图进行渲染，渲染效果如图
7-9 所示。

图 7-8

图 7-9

## 7.2.2 棋盘格贴图

棋盘格贴图可以产生两色方格交错的方案，也可以用两个贴图来进行交错，如果使用棋盘格进行嵌套，可以产生多彩色方格图案效果。用于产生一些格状纹理，或者砖墙、地板块等有序纹理，效果如图 7-10 所示。

步骤 01 打开配套资源中的 CDROM\Scenes\Cha07\ 棋盘格贴图 .max 素材文件，如图 7-11 所示。

步骤 02 按 M 键，在弹出的【材质编辑器】对话框中选择【地板】，在【贴图】卷展栏中单击【漫反射颜色】后面的【无贴图】按钮，再在弹出的对话框中的【标准】区域下选择【棋盘格】选项，如图 7-12 所示。

图 7-10

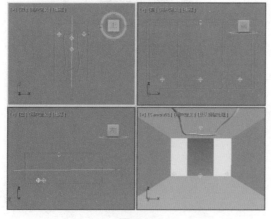

图 7-11

图 7-12

步骤 03 单击【确定】按钮，将【坐标】卷展栏展开，将坐标卷展栏中【瓷砖】下面 U、V 都设置为 7.0、7.0，按 Enter 键确认，如图 7-13 所示。

步骤 04 单击【转到父对象】按钮 ，按 F9 键对摄影机视图进行渲染，渲染完成后的效果如图 7-14 所示。

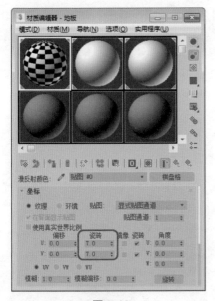

图 7-13

图 7-14

## 7.2.3　位图贴图

位图贴图就是将位图图像文件作为贴图使用，它可以支持各种类型的图像和动画格式。位图贴图的使用很广泛，通常用在漫反射颜色贴图通道，凹凸贴图通道、反射贴图通道、折射贴图通道中，效果如图 7-15 所示。

**步骤 01** 打开配套资源中的 CDROM\Scenes\Cha07\ 位图贴图 .max 素材文件，如图 7-16 所示。

**步骤 02** 按 M 键，在弹出的【材质编辑器】对话框中选择【桌面】材质球，在【贴图】卷展栏中单击【漫反射颜色】后面的【无贴图】按钮，如图 7-17 所示。

图 7-15

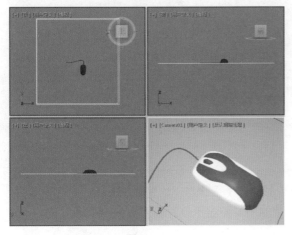

图 7-16

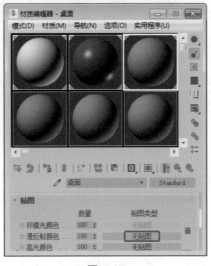

图 7-17

**步骤 03** 再在弹出的对话框中【标准】区域下选择【位图】选项，如图 7-18 所示。

**步骤 04** 单击【确定】按钮，弹出【选择位图图像文件】对话框，选择配套资源中的 Maps\ 枫木 -09.jpg 素材，如图 7-19 所示。

图 7-18                                    图 7-19

**步骤 05** 单击【打开】按钮，为其添加贴图。在【坐标】卷展栏中，将【瓷砖】下的【U】、【V】都设为 5.0，如图 7-20 所示。

**步骤 06** 单击【转到父对象】按钮 ，在【Blinn】卷展栏中，将【高光级别】和【光泽度】分别设为 40、50，按 F9 键快速渲染摄影机视图，如图 7-21 所示。

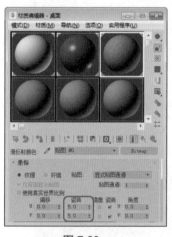
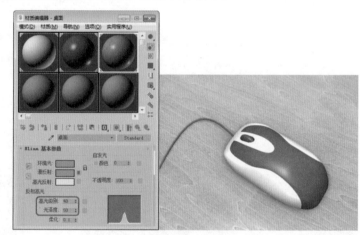

图 7-20                                    图 7-21

## 7.2.4 向量贴图

使用向量贴图，可以将基于向量的图形（包括动画）用作对象的纹理。

向量图形文件具有描述性优势，因此它生成的图像与显示分辨率无关。向量贴图支持多种行业标准向量图形格式，效果如图 7-22 所示。

**步骤 01** 打开配套资源中的 CDROM\Scenes\Cha07\ 向量贴图 .max 素材文件，如图 7-23 所示。

图 7-22

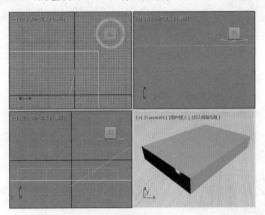

图 7-23

**步骤 02** 选择【月饼盒正面】，按 M 键打开【材质编辑器】对话框，选择一个空白材质球，将其命名为【月饼盒正面】，展开【贴图】卷展栏，单击【漫反射颜色】右侧的【无贴图】按钮，在弹出的对话框中选择【向量贴图】选项，如图 7-24 所示。

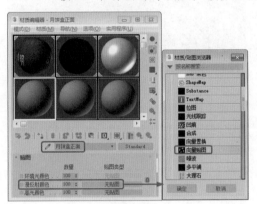

图 7-24

图 7-25

**步骤 03** 单击【确定】按钮，单击【参数】卷展栏中【向量文件】右侧的无按钮，在弹出的对话框中选择配套资源中的 CDROM\Maps\ 月饼盒 01.ai，如图 7-25 所示。

**步骤 04** 单击【将材质指定给选定对象】按钮，按 F9 键对摄影机视图进行渲染，渲染完成后的效果如图 7-26 所示。

图 7-26

# 7.3 常用贴图材质的设置

本节将通过礼盒材质、不锈钢材质、玻璃材质、皮革材质、金属材质来讲解常用贴图材质的设置。

## 【实例】创建 VRay 礼盒材质

本例介绍礼盒材质的表现方法，完成效果如图 7-27 所示。

**步骤 01** 打开配套资源中的 CDROM\Scenes\Cha07\ 礼盒材质 .max 素材文件，如图 7-28 所示。

图 7-27 图 7-28

**步骤 02** 按 M 键打开【材质编辑器】，选择一个新的材质样本球，将其命名为【丝带】。在【Basic parameters】卷展栏中，将【Diffuse】颜色的 RGB 值设置为 255、150、0；将【Reflect】颜色的 RGB 值设置为 50、50、50，【Rglossiness】设置为 0.8，如图 7-29 所示。

**步骤 03** 选中场景中的丝带对象，将设置好的丝带材质指定给选定对象，如图 7-30 所示。

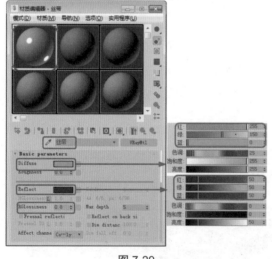

图 7-29 图 7-30

**步骤 04** 在材质编辑器中，选中一个新的材质样本球，将其命名为【礼盒 01】，在【Basic parameters】卷展栏的【Reflect】组中，将【RGlossiness】设置为 0.7，将【Self-illumina】组中的【Mult】设置为 20，如图 7-31 所示。

**步骤 05** 在【Maps】卷展栏中，单击【Diffuse】贴图通道右侧的【无贴图】按钮，在弹出的【材
质 / 贴图浏览器】对话框中选择【位图】选项，在打开的【选择位图图像文件】对话
框中选择配套资源中的 CDROM\Maps\8696066-2.jpg 文件，如图 7-32 所示。

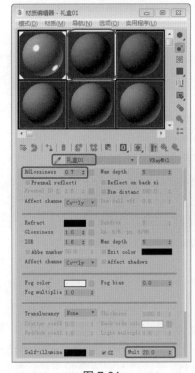

图 7-31

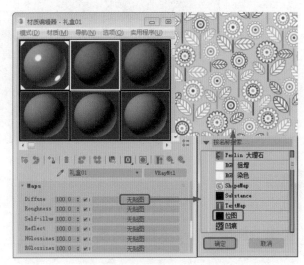

图 7-32

**步骤 06** 单击【转到父对象】按钮 ，返回到父级面板，在【贴图】卷展栏中，将【Diffuse】
贴图通道右侧的贴图拖动到【Reflect】贴图通道上，在弹出的对话框中选择【复制】，
单击【确定】按钮，然后将【Reflect】的数量设置为 15，如图 7-33 所示。

**步骤 07** 在场景中选中一个礼盒，将设置好的材质指定给选定对象，对摄影机视图进行渲染查
看效果，如图 7-34 所示。

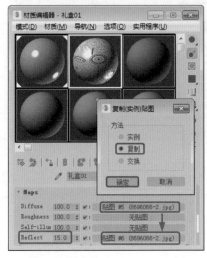

图 7-33

图 7-34

步骤 08 在材质编辑器中，将设置完成的【礼盒 01】材质拖到一个新的材质样本球上，将其重命名为【礼盒 02】，然后在【贴图】卷展栏中，将【Diffuse】和【Reflect】的贴图更改为配套资源中的 CDROM\Maps\13838810681192.jpg 文件，如图 7-35 所示。

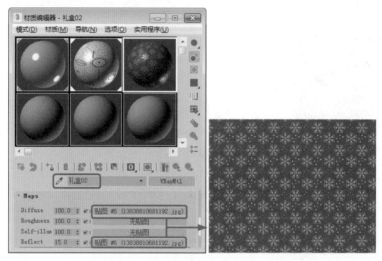

图 7-35

步骤 09 在场景中选择没有材质的礼盒对象，将设置好的材质指定给选定对象。激活【摄影机】视图，按 F9 键进行渲染，最后将场景文件保存。

## 【实例】创建 VRay 不锈钢材质

不锈钢是指耐空气、蒸汽、水等弱腐蚀介质或具有不锈性的钢种。本例将介绍不锈钢材质的表现方法，完成效果如图 7-36 所示。

步骤 01 打开配套资源中的 CDROM\Scenes\Cha07\ 不锈钢材质 .max 素材文件，如图 7-37 所示。

图 7-36

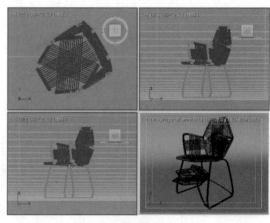

图 7-37

步骤 02 在场景中选择【椅子支架】对象，按 M 键打开【材质编辑器】对话框，选择一个新的材质样本球，将其命名为【不锈钢】，然后单击【Standard】按钮，在弹出的【材质 / 贴图浏览器】对话框中选择【VRayMtl】材质，单击【确定】按钮，如图 7-38 所示。

**步骤 03** 在【Basic parameters】卷展栏中,将【Diffuse】颜色的 RGB 值设置为 118、118、118,在【Reflect】选项组中,将【Reflect】颜色的 RGB 值设置为 165、162、133,单击【HGlossiness】右侧的 L 按钮,然后将【HGlossiness】设置为 0.85,将【RGlossiness】设置为 0.8,如图 7-39 所示。然后单击【将材质指定给选定对象】按钮 ,并按 F9 键对摄影机视图进行渲染,渲染完成将场景文件保存即可。

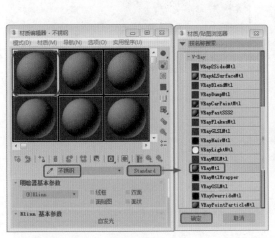

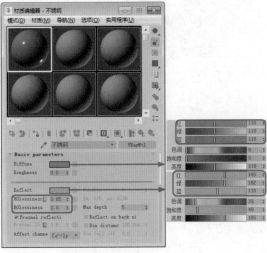

图 7-38                                    图 7-39

## 【实例】创建 VRay 玻璃材质

玻璃材质广泛应用于室内外门窗玻璃或器皿,本例将介绍玻璃材质的基本调试方法,完成效果如图 7-40 所示。

**步骤 01** 打开配套资源中的 CDROM\Scenes\Cha07\ 玻璃材质 .max 素材文件,并选择 2 个玻璃瓶体对象,如图 7-41 所示。

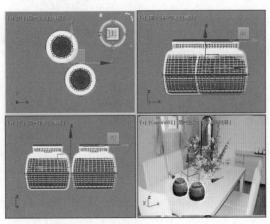

图 7-40                                    图 7-41

**步骤 02** 按 M 键打开【材质编辑器】,选择一个新的材质样本球,将其命名为【玻璃】单击【背景】按钮 ,在【Basic parameters】卷展栏中将【Diffuse】的 RGB 值设置为 230、249、255,在【Reflect】组中单击【HGlossiness】右侧的 L 按钮,将其值设置为 0.8,将【RGlossiness】设置为 0.98,如图 7-42 所示。

**步骤 03** 单击【Reflect】右侧的空白按钮，在打开的【材质/贴图浏览器】对话框中选择【衰减】选项，如图 7-43 所示。

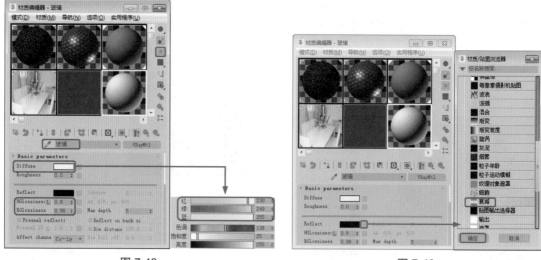

图 7-42                                    图 7-43

**步骤 04** 单击【确定】按钮，进入【Reflect】层级面板，在【衰减参数】卷展栏中将两个色块的 RGB 值分别设置为 25、25、25 和 220、220、220，如图 7-44 所示。

**步骤 05** 单击【转到父对象】按钮，返回到父级面板，将【Reflect】的 RGB 值设置为 50、50、50，如图 7-45 所示。

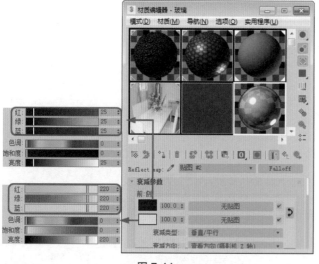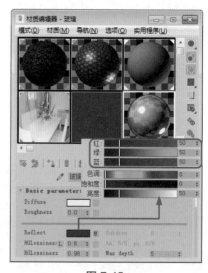

图 7-44                                    图 7-45

**步骤 06** 在【Refract】组中，将【Refract】颜色的 RGB 值设置为 240、240、240，【Glossiness】设置为 0.98，【IOR】设置为 1.57，勾选【Affect Shadows】选项，将【Fog Color】的 RGB 值设置为 188、238、255，【Fog multiplie】设置为 0.3，如图 7-46 所示。

**步骤 07** 在【BRDF】卷展栏中，将【Anisotropy】设置为 0.85，单击【将材质指定给选定对象】按钮，将材质赋予场景中选择的对象，如图 7-47 所示。

**步骤 08** 激活【摄影机】视图，按 F9 键进行渲染，最后将场景文件保存。

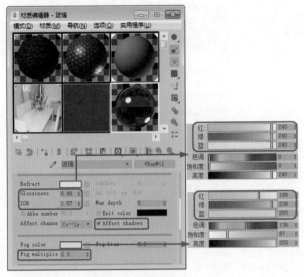

图 7-46　　　　　　　　　　　　　　　图 7-47

## 【实例】创建 VRay 皮革材质

本例将介绍皮革材质的表现方法，完成效果如图 7-48 所示。

**步骤 01** 打开配套资源中的 CDROM\Scenes\Cha07\ 皮革材质 .max 素材文件，如图 7-49 所示。

图 7-48

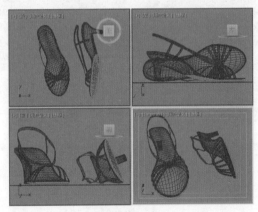

图 7-49

**步骤 02** 在场景中选择【鞋底 01】对象，按 Alt+Q 组合键孤立当前选择对象，然后切换到【修改】命令面板，将当前选择集定义为【多边形】，在视图中选择如图 7-50 所示的多边形，并在【多边形：材质 ID】卷展栏中将【设置 ID】设置为 1。

**步骤 03** 然后在视图中选择如图 7-51 所示的多边形，在【多边形：材质 ID】卷展栏中将【设置 ID】设置为 2。

**步骤 04** 在视图中选择如图 7-52 所示的多边形，在【多边形：材质 ID】卷展栏中将【设置 ID】设置为 3。

**步骤 05** 关闭当前选择集，按 M 键打开【材质编辑器】对话框，选择一个新的材质样本球，将其命名为【鞋底 01】，然后单击【Standard】按钮，在弹出的【材质 / 贴图浏览器】对话框中选择【多维 / 子对象】材质，单击【确定】按钮，在弹出的【替换材质】对话框中单击【确定】按钮，如图 7-53 所示。

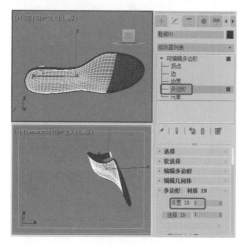

图 7-50

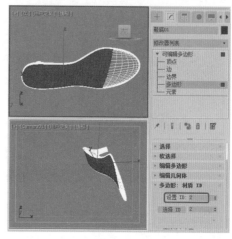

图 7-51

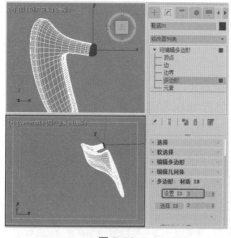

图 7-52

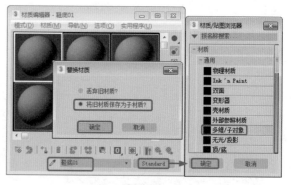

图 7-53

**步骤 06** 然后在【多维 / 子对象基本参数】卷展栏中单击【设置数量】按钮，在弹出的【设置材质数量】对话框中将【材质数量】设置为 3，单击【确定】按钮，如图 7-54 所示。

**步骤 07** 单击 ID1 右侧的子材质按钮，然后单击【Standard】按钮，在弹出的【材质 / 贴图浏览器】对话框中选择【VRayMtl】材质，单击【确定】按钮，并在【Basic parameters】卷展栏中，将【Diffuse】颜色的 RGB 值设置为 180、2、2，在【Reflect】选项组中，将【Reflect】颜色的 RGB 值设置为 35、35、35，将【RGlossiness】设置为 0.6，如图 7-55 所示。

**步骤 08** 单击【转到父对象】按钮 ，然后单击 ID2 右侧的子材质按钮，在弹出的【材质 / 贴图浏览器】对话框中选择【VRayMtl】材质，单击【确定】按钮，在【Basic parameters】卷展栏中，将【Diffuse】颜色的 RGB 值设置为 247、235、211，在【Reflect】选项组中，将【Reflect】颜色的 RGB 值设置为 35、35、35，将【RGlossiness】设置为 0.6，如图 7-56 所示。

**步骤 09** 在【贴图】卷展栏中将【Bump】右侧的数值设置为 15，并单击【无贴图】按钮，在弹出的【材质 / 贴图浏览器】对话框中选择【位图】贴图，单击【确定】按钮，然后在弹出的对话框中选择配套资源中的贴图文件【09101.jpg】，如图 7-57 所示。

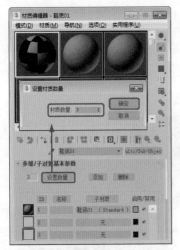

图 7-54

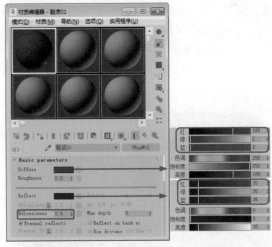

图 7-55

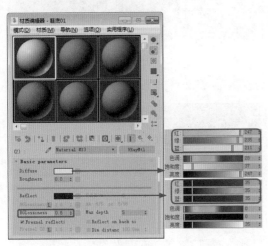

图 7-56

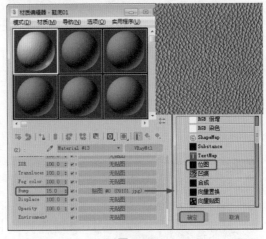

图 7-57

**步骤 10** 单击两次【转到父对象】按钮🔩，然后单击 ID3 右侧的子材质按钮，在弹出的【材质 / 贴图浏览器】对话框中选择【VRayMtl】材质，单击【确定】按钮，在【Basic parameters】卷展栏中，将【Diffuse】颜色的 RGB 值设置为 5、5、5，在【Reflect】选项组中，将【Reflect】颜色的 RGB 值设置为 30、30、30，将【RGlossiness】设置为 0.65，如图 7-58 所示。单击【转到父对象】按钮🔩和【将材质指定给选定对象】按钮🔩。

**步骤 11** 在视图中右击，在弹出的快捷菜单中选择【结束隔离】命令，然后在场景中选择【鞋底 02】对象，在【材质编辑器】对话框中选择一个新的材质样本球，将其命名为【鞋底 02】，然后单击【Standard】按钮，在弹出的【材质 / 贴图浏览器】对话框中选择【VRayMtl】材质，单击【确定】按钮，在【Basic parameters】卷展栏中，将【Diffuse】颜色的 RGB 值设置为 5、5、5，在【Reflect】选项组中，将【Reflect】颜色的 RGB 值设置为 30、30、30，将【RGlossiness】设置为 0.65，如图 7-59 所示。然后单击【将材质指定给选定对象】按钮🔩，将材质指定给【鞋底 02】对象。

**步骤 12** 在场景中选择【鞋面】对象，在【材质编辑器】对话框中选择一个新的材质样本球，将其命名为【鞋面】，然后单击【Standard】按钮，在弹出的【材质 / 贴图浏览器】对话框中选择【VRayMtl】材质，单击【确定】按钮，如图 7-60 所示。

**步骤 13** 在【Basic parameters】卷展栏中，将【Diffuse】颜色的 RGB 值设置为 180、2、2，在【Reflect】选项组中，将【Reflect】颜色的 RGB 值设置为 35、35、35，将【RGlossiness】设置为 0.6，如图 7-61 所示。使用同样的方法，为另一只鞋指定材质，然后激活【摄影机】视图，按 F9 键进行渲染，最后将场景文件保存。

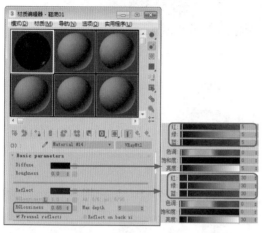

图 7-58

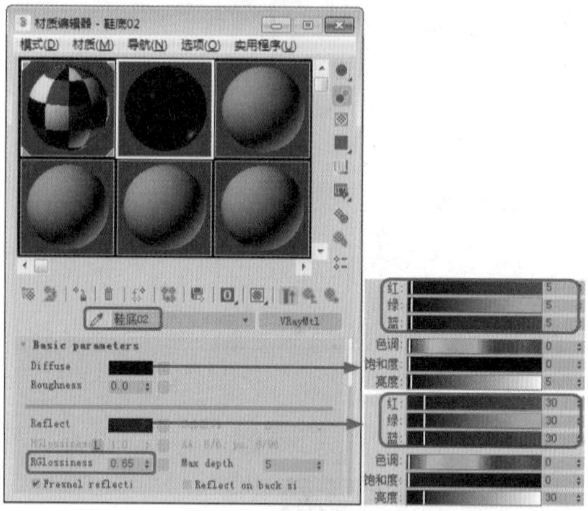

图 7-59

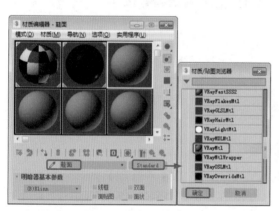

图 7-60

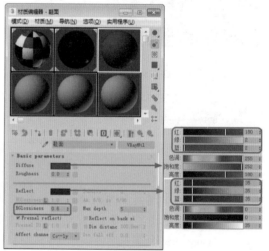

图 7-61

## 【实例】创建金属材质

本例介绍金属材质的制作，首先要确定金属的颜色，然后在【金属基本参数】卷展栏中设置【反射高光】相应参数。通过本例学习，读者可以掌握金属质感的制作、修改以及编辑操作，更好地利用材质编辑器。本例效果如图 7-62 所示。

**步骤 01** 打开配套资源中的 CDROM\Scenes\Cha07\【实例】创建金属材质 .max 素材文件，如图 7-63 所示。

**步骤 02** 按快捷键 M 键，弹出【材质编辑器】对话框，选择一个材质样本球，在【明暗器基本参数】卷展栏中将明暗器类型设置为【（M）金属】，如图 7-64 所示。

图 7-62

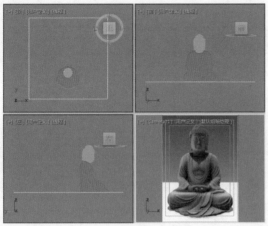

图 7-63

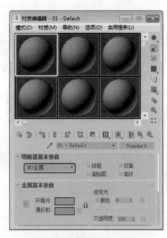

图 7-64

**步骤 03** 在【金属基本参数】卷展栏中单击【环境光】右侧的【颜色】色块，弹出【颜色选择器：漫反射颜色】对话框，将 RGB 值设置为 240、120 和 12，单击【确定】按钮，如图 7-65 所示。

**步骤 04** 返回【金属基本参数】卷展栏，在【反射高光】选项组中设置【高光级别】为 100、【光泽度】为 70，将【自发光】区域下的【颜色】值设置为 30，如图 7-66 所示。

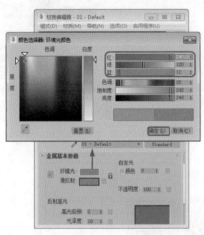

图 7-65

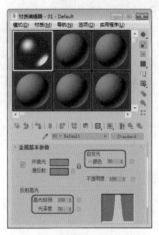

图 7-66

**步骤 05** 展开【贴图】卷展栏，单击【凹凸】右侧的【无贴图】按钮，在弹出的对话框中双击【位图】选项，在弹出的对话框中选择配套资源中的 CDROM\Maps\huangjin.jpg，如图 7-67 所示。

**步骤 06** 单击【打开】按钮，将【瓷砖】下的 U、V 均设置为 2.0，单击【转到父对象】按钮，将【凹凸】数量设置为 -8，如图 7-68 所示。

**步骤 07** 单击【反射】右侧的【无贴图】按钮，在弹出的对话框中选择【混合】选项，单击【确定】按钮，单击【颜色 #1】右侧贴图按钮，在弹出的对话框中选择【光线跟踪】，如图 7-69 所示。

**步骤 08** 单击【确定】按钮，使用默认设置，单击【转到父对象】按钮，单击【颜色 #2】右侧的贴图按钮，在弹出的对话框中双击【位图】选项，再在弹出的对话框中选择配套资源中的 CDROM\Maps\ 黄金 02.jpg，如图 7-70 所示。

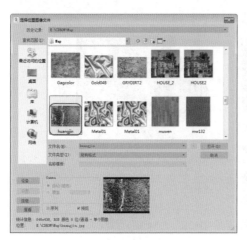

图 7-67

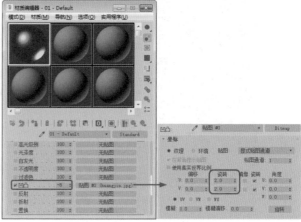

图 7-68

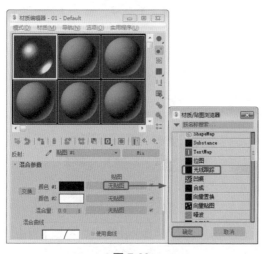

图 7-69

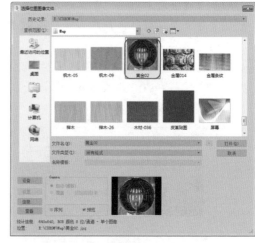

图 7-70

步骤 09 将【模糊偏移】设置为 0.05，
单击【转到父对象】按钮，
将【混合量】设置为 90，如
图 7-71 所示。

步骤 10 单击【转到父对象】按钮，
在场景中选择对象，单击【将
材质指定给选定对象】按钮
和【在视口中显示标准贴图】
按钮，设置完成后按 F9 键对
摄影机视图进行渲染，渲染
完成后的效果如图 7-72 所示。

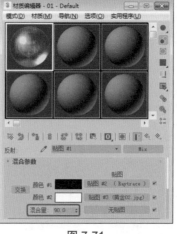

图 7-71

图 7-72

## 7.4 光线跟踪材质

　　光线跟踪材质是一种比标准材质更高的材质类型，它不仅包括了标准材质具备的全部特性，还可以创建真实的反射和折射效果，并且还支持雾、颜色浓度、半透明以及荧光等特殊效果，本例制作的模型效果如图 7-73 所示。下面我们将介绍如何创建光线跟踪材质。

**步骤 01** 打开配套资源中的 CDROM\Scenes\Cha07\ 光线跟踪材质 .max 素材文件，如图 7-74 所示。

**步骤 02** 打开后，在视图中选择花瓶对象，在工具栏中单击【材质编辑器】按钮 ，在打开的对话框中选择第一个材质样本球，将其命名为【花瓶】，如图 7-75 所示。

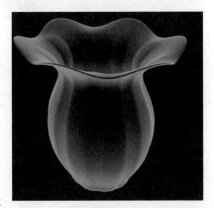

图 7-73

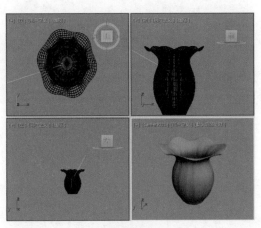

图 7-74

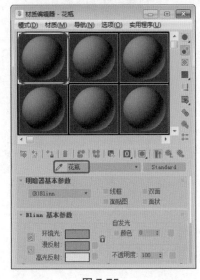

图 7-75

**步骤 03** 在【材质编辑器】对话框中单击【Standard】按钮，在弹出的【材质 / 贴图浏览器】对话框中选择【光线跟踪】选项，如图 7-76 所示。

**步骤 04** 单击【确定】按钮，在【光线跟踪基本参数】卷展栏中将【环境光】和【反射】的 RGB 值都设置为 255、0、0，将【漫反射】和【发光度】的 RGB 值都设置为 128、146、222，将【透明度】的 RGB 值设置为 144、144、144，在【高光级别】和【光泽度】对话框中分别输入 0、100，按 Enter 键确认，如图 7-77 所示。

**步骤 05** 在【光线跟踪器控制】卷展栏中取消勾选【启用光线跟踪】复选框，如图 7-78 所示。

**步骤 06** 打开【贴图】卷展栏，单击【漫反射】贴图通道后面的【无】按钮，在打开的【材质 / 贴图浏览器】中双击【噪波】，在【噪波参数】卷展栏中将【颜色 # 1】的 RGB 值设置为 0、0、255，如图 7-79 所示。

图 7-76

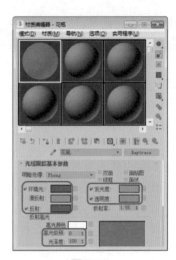

图 7-77

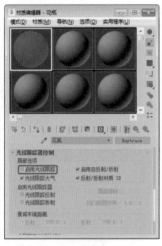

图 7-78

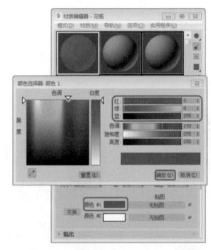

图 7-79

**步骤 07** 单击【转到父对象】按钮，返回到父材质层级，单击【透明度】贴图通道后面的【无】按钮，在打开的【材质 / 贴图浏览器】中双击【衰减】，在【衰减参数】卷展栏下，将【前：侧】选项组中的两个颜色框的 RGB 值分别设置为 255、255、255 和 0、0、0，如图 7-80 所示。

**步骤 08** 打开【输出】卷展栏，将【输出量】设置为 1.2，单击【转到父对象】按钮，返回到父材质层级，单击【发光度】贴图通道后面的【无】按钮，在打开的【材质 / 贴图浏览器】中双击【平面镜】贴图，在【平面镜参数】卷展栏中，勾选【渲染】选项组中的【应用于带 ID 的面】复选框，如图 7-81 所示。

**步骤 09** 单击【转到父对象】按钮，返回到父材质层级，单击【附加光】贴图通道后面的【无】按钮，在打开的【材质 / 贴图浏览器】中双击【平面镜】，在【平面镜参数】卷展栏中，选择【渲染】选项组中的【应用于带 ID 的面】复选框，如图 7-82 所示。

**步骤 10** 单击【转到父对象】按钮，返回到父材质层级，单击【半透明】贴图通道后面的【无】按钮，在打开的【材质 / 贴图浏览器】中双击【衰减】，在【衰减参数】卷展栏中将【前：侧】选项组中的两个颜色框的 RGB 值分别设置为 255、255、255 和 0、0、0，然后在【输出】卷展栏中将【输出量】设置为 1.2，按 Enter 键确认，如图 7-83 所示。

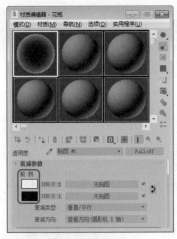

图 7-80

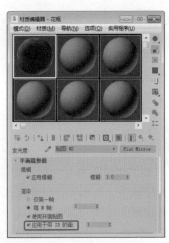

图 7-81

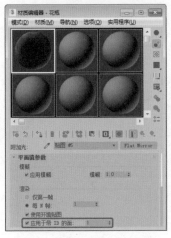

图 7-82

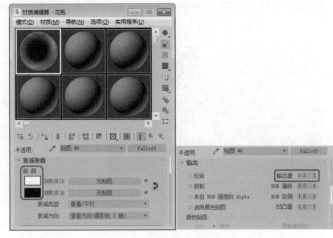

图 7-83

**步骤 11** 设置完成后单击【转到父对象】按钮，返回到父材质层级，单击【将材质指定给选定对象】按钮和【在视口中显示标准贴图】按钮，将当前材质指定给场景中选择的对象，将【材质编辑器】对话框进行关闭，即可完成创建光线跟踪材质，如图 7-84 所示。

**步骤 12** 按 F9 键对摄影机视图进行渲染渲染完成后的效果如图 7-85 所示。

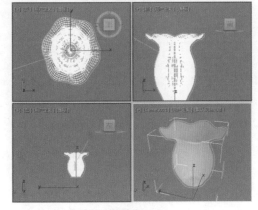

图 7-84

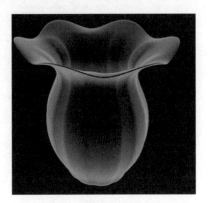

图 7-85

# 7.5 复合材质

本节将讲解如何制作混合材质、合成材质、双面材质、虫漆材质、多维 / 子对象材质、壳材质以及顶 / 底材质的制作。

## 7.5.1 混合材质

将两种子材质组合在一起的材质便是混合材质，可表现物体创建混合的效果，本例制作的效果如图 7-86 所示。下面我们将介绍如何创建混合材质。

图 7-86

**步骤 01** 打开配套资源中的 CDROM\Scenes\Cha07\ 混合材质 .max 素材文件，如图 7-87 所示。

**步骤 02** 按 H 键打开【从场景中选择】对话框，在对话框中选择【瓷器】，单击【确定】按钮，如图 7-88 所示。

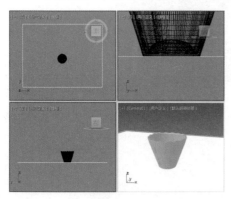

图 7-87

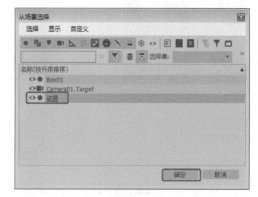

图 7-88

**步骤 03** 在工具栏中单击【材质编辑器】按钮，在弹出的【材质编辑器】对话框中选择第一个材质样本球，如图 7-89 所示。

**步骤 04** 然后单击【Standard】按钮，在弹出的【材质 / 贴图浏览器】对话框中选择【混合】，如图 7-90 所示。

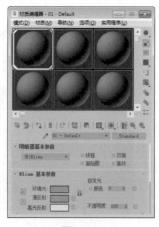

图 7-89

图 7-90

步骤 05 单击【确定】按钮，在弹出的【替换材质】对话框中单击【确定】按钮，如图 7-91 所示。

步骤 06 在【混合基本参数】卷展栏中单击【材质 1】右侧的材质通道按钮，如图 7-92 所示。

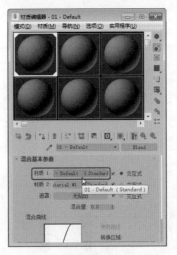

图 7-91

图 7-92

步骤 07 打开【Blinn 基本参数】卷展栏，在【自发光】选项组中的文本框中输入 45，在【高光级别】和【光泽度】文本框中分别输入 18、27，按 Enter 键确认，如图 7-93 所示。

步骤 08 在【贴图】卷展栏中单击【漫反射颜色】右侧的【无贴图】按钮，在弹出的【材质 / 贴图浏览器】对话框选择【位图】贴图，单击【确定】按钮，如图 7-94 所示。

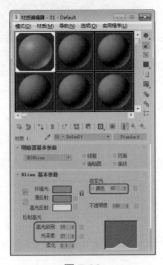

图 7-93

图 7-94

步骤 09 在弹出的【选择位图图像文件】对话框中选择配套资源中的 Maps\ 花瓶材质 1.jpg 素材图片，如图 7-95 所示。

步骤 10 单击【打开】按钮，在【坐标】卷展栏中【瓷砖】下方的【U】、【V】文本框中分别输入 2.7、2.0，按 Enter 键确认，如图 7-96 所示。

步骤 11 单击两次【转到父对象】按钮，在【混合基本参数】卷展栏中单击【材质 2】右侧的材质通道按钮，在【Blinn 基本参数】卷展栏中将【环境光】的 RGB 值设置为 91、243、238，在【自发光】选项组中的文本框中输入 45，按 Enter 键确认，并单击【在视口中显示标准贴图】按钮和【将材质指定给选定对象】按钮，如图 7-97 所示。

**步骤 12** 单击【转到父对象】按钮 ↖↓，在【混合基本参数】卷展栏中的【混合量】文本框中输入 40，按 Enter 键确认，如图 7-98 所示，设置完成后，将【材质编辑器】对话框进行关闭即可。

图 7-95

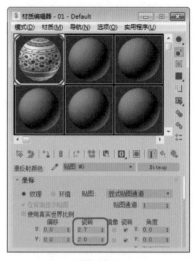

图 7-96

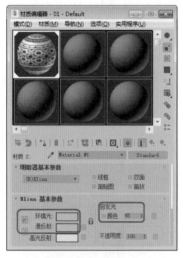

图 7-97

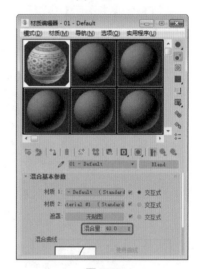

图 7-98

## 7.5.2 合成材质

合成材质最多可以合成 10 种材质。按照在卷展栏中列出的顺序，从上到下叠加材质。使用相加不透明度、相减不透明度来组合材质，或使用 Amount（数量）值来混合材质，效果如图 7-99 所示。

**步骤 01** 打开配套资源中的 CDROM\Scenes\Cha07\ 合成材质 .max 素材文件，按 M 键打开【材质编辑器】对话框，选择【瓷器】材质，单击【Standard】按钮，在打开的对话框中选择【合成】材质，如图 7-100 所示。

图 7-99

**步骤 02** 单击【确定】按钮，在打开的【替换材质】对话框中选择【将旧材质保存为子材质】
单选按钮，如图 7-101 所示，并单击【确定】按钮。

图 7-100

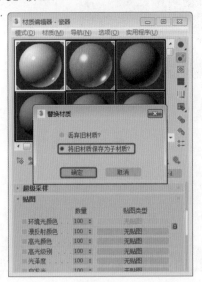

图 7-101

**步骤 03** 单击【材质 1】右侧的【无】按钮，在打开的对话框中选择【标准】材质，如图 7-102
所示，再单击【确定】按钮。

**步骤 04** 在【材质 1】层级面板中将【自发光】设为 80，展开【贴图】卷展栏，单击【漫反射
颜色】右侧的【无贴图】按钮，在打开的对话框中选择【位图】选项，如图 7-103 所示，
单击【确定】按钮。

图 7-102

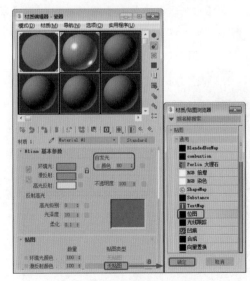

图 7-103

**步骤 05** 在打开的对话框中选择配套资源中的 CDROM\Maps\024.jpg 文件，单击【打开】按钮，
在【坐标】卷展栏中将【瓷砖】下的 U、V 分别设置为 1、1，如图 7-104 所示。

**步骤 06** 单击两次【转到父对象】 按钮，返回到合成材质面板，将【材质 1】的合成类型下
的数值设置为 6，如图 7-105 所示，最后对摄影机视图进行渲染。

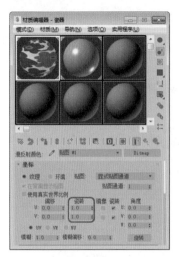

图 7-104

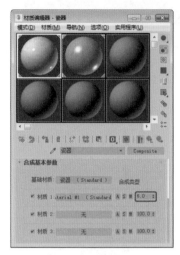

图 7-105

### 7.5.3 双面材质

使用双面材质可以向对象的前面和后面制定两个不同的材质。将对象法线相反的一面也进行渲染。使对象更加美观，本例制作的效果如图 7-106 所示。

> **步骤 01** 打开配套资源中的 CDROM\Scenes\Cha07\ 双面材质 .max 素材文件，如图 7-107 所示。

> **步骤 02** 按 M 键，弹出【材质编辑器】对话框，选择【灯罩】材质球，在【明暗器基本参数】卷展栏中勾选【双面】复选框，如图 7-108 所示。

图 7-106

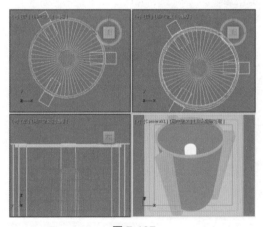

图 7-107

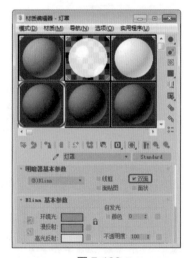

图 7-108

> **步骤 03** 在【Blinn 基本参数】卷展栏中将【自发光】设置为 80，单击【贴图】卷展栏中【漫反射颜色】右侧的【无贴图】按钮，在弹出的对话框中双击【位图】选项，再在弹出的对话框中选择配套资源中的 CDROM\Maps\8081.jpg 素材图片，如图 7-109 所示。

步骤 04　使用默认设置，单击【转到父对象】按钮，将材质指定给场景中的【Teapot001】对象，按 F9 键对摄影机视图进行渲染，效果如图 7-110 所示。

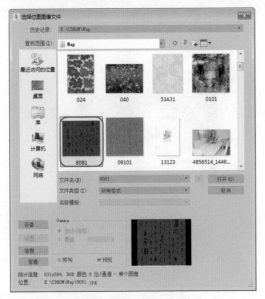

图 7-109

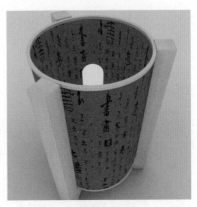

图 7-110

## 7.5.4　虫漆材质

　　虫漆材质是将一种材质叠加到另一种材质上的混合材质，其中叠加的材质成为【虫漆】材质，被叠加的材质称为基本材质。【虫漆】材质的颜色增加到基础材质的颜色上，通过参数控制颜色混合的程度，本例制作的效果如图 7-111 所示。

图 7-111

步骤 01　打开配套资源中的 CDROM\Scenes\Cha07\ 虫漆材质 .max 素材文件，如图 7-112 所示。

步骤 02　按 H 键打开【从场景中选择】对话框，在对话框中选择【花瓶】，如图 7-113 所示。

图 7-112

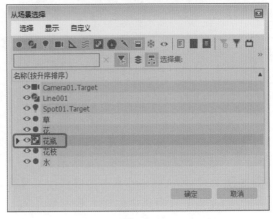

图 7-113

**步骤 03** 单击【确定】按钮，在工具栏中单击【材质编辑器】按钮，在弹出的【材质编辑器】对话框中选择一个新的材质样本球，然后单击【Standard】按钮，在弹出的【材质 / 贴图浏览器】对话框中选择【虫漆】选项，如图 7-114 所示。

**步骤 04** 单击【确定】按钮，这时会在材质编辑器中弹出【替换材质】对话框，在弹出的对话框中单击【确定】按钮，如图 7-115 所示。

图 7-114

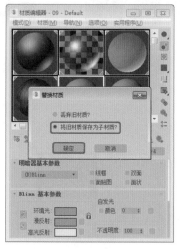

图 7-115

**步骤 05** 在【虫漆基本参数】卷展栏中单击【基础材质】右侧的材质通道按钮，如图 7-116 所示。

**步骤 06** 在【Blinn 基本参数】卷展栏中将【环境光】的 RGB 值设置为 94、188、205，在【自发光】选项组中的文本框中输入 40，在【高光级别】和【光泽度】的文本框中分别输入 10、20，按 Enter 键确认，如图 7-117 所示。

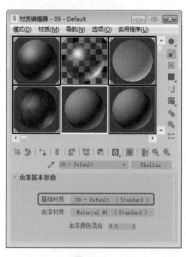

图 7-116

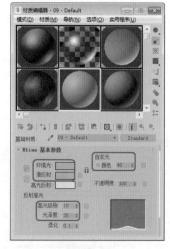

图 7-117

**步骤 07** 单击【转到父对象】按钮，在【虫漆基本参数】卷展栏中单击【虫漆材质】右侧的材质通道按钮，如图 7-118 所示。

**步骤 08** 在【Blinn 基本参数】卷展栏中将【环境光】的 RGB 值设置为 86、169、208，在【自发光】选项组中的文本框中输入 40，在【高光级别】和【光泽度】文本框中都输入 10，如图 7-119 所示。

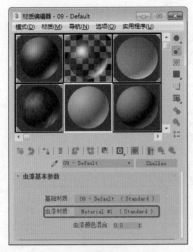

图 7-118

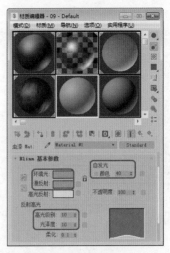

图 7-119

**步骤 09** 单击【转到父对象】按钮，在【虫漆颜色混合】文本框中输入 50，按 Enter 键确认，如图 7-120 所示，单击【将材质指定给选定对象】按钮，将【材质编辑器】对话框进行关闭即可。

**步骤 10** 至此，创建虫漆材质就设置完成了，按 F9 键进行快速渲染，效果如图 7-121 所示。

图 7-120

图 7-121

## 7.5.5 多维 / 子对象材质

创建多维 / 子材质是将多个材质组合为一种复合式材质，可以在一组不同的物体之间分配 ID 号，使用一个物体享有不同的多维 / 子材质，本例制作的效果如图 7-122 所示。下面我们将介绍如何创建多维 / 子对象材质。

**步骤 01** 打开配套资源中的 CDROM\Scenes\Cha07\ 多维 - 子对象材质 .max 素材文件，在视图中选择【牙膏盒】对象，进入【修改】命令面板，将当前选择集定义为【多边形】，如图 7-123 所示。

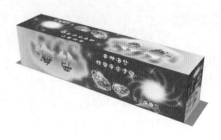

图 7-122

**步骤 02** 在【前】视图中选中多边形，在【曲面属性】卷展栏中将【设置 ID】的参数设置为 1，按 Enter 键确认，如图 7-124 所示。

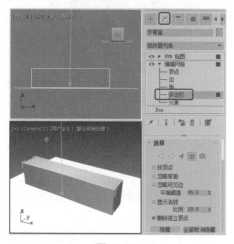

图 7-123　　　　　　　　　　　　　　　　图 7-124

**步骤 03** 将【前】视图变为【后】视图，选择长方体的多边形面，在【曲面属性】卷展栏中将【设置 ID】的参数设置为 2，按 Enter 键确认，如图 7-125 所示。

**步骤 04** 使用同样的方法设置其他面的 ID，按 M 键打开【材质编辑器】对话框，选择新的材质样本球并将其命名为【牙膏】，单击文本框右侧的【Standard】按钮，在弹出的对话框中选择【多维 / 子对象】选项，单击【确定】按钮，在弹出的【替换材质】对话框中单击【确定】按钮，如图 7-126 所示。

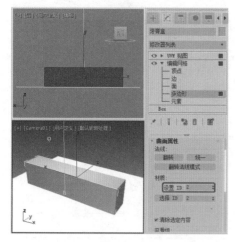

图 7-125　　　　　　　　　　　　　　　　图 7-126

**步骤 05** 在【多维 / 子对象基本参数】卷展栏中单击【设置数量】按钮，在弹出的对话框中将【材质数量】设置为 5，单击【确定】按钮，如图 7-127 所示。

**步骤 06** 单击 ID1 右侧的【子材质】按钮，在【Blinn 基本参数】卷展栏中将【自发光】选项区中的【颜色】设置为 30。在【贴图】卷展栏中单击【漫反射颜色】右侧的【无贴图】按钮，在弹出的对话框中双击【位图】选项，再在弹出的对话框中选择配套资源中的 CDROM\Maps\ 牙膏包装正面 .tif 贴图文件，单击【打开】按钮，如图 7-128 所示。

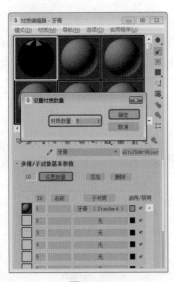

图 7-127　　　　　　　　　　　　　　　　图 7-128

**步骤 07** 进入位图贴图通道面板，使用默认设置，单击【转到父对象】按钮，将【漫反射颜色】通道中的贴图路径拖动至【凹凸】通道的【无】按钮，在弹出的对话框中选择【实例】单选按钮，单击【确定】按钮即可，如图 7-129 所示。

**步骤 08** 单击【转到父对象】按钮，返回到【多维 / 子对象材质】面板中，单击 ID2 右侧的【子材质】按钮，在弹出的对话框中选择【标准】选项，单击【确定】按钮，在【Blinn 基本参数】卷展栏中将【自发光】选项区中的颜色设置为 30，在【贴图】卷展栏中单击【漫反射颜色】右侧的【无贴图】按钮，在弹出的对话框中双击【位图】选项，再在弹出的对话框中选择配套资源中的 CDROM\Maps\ 牙膏包装背面 .tif 贴图文件，单击【打开】按钮，如图 7-130 所示。

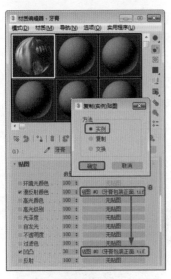

图 7-129　　　　　　　　　　　　　　　　图 7-130

**步骤 09** 单击【转到父对象】按钮，将【漫反射颜色】通道后的贴图路径拖动至【凹凸】通道后的【无】按钮上，在弹出的对话框中选择【实例】单选按钮，单击【确定】按钮，如图 7-131 所示。

**步骤 10** 单击【转到父对象】按钮，返回到【多维 / 子对象材质】面板中，单击 ID3 右侧的【无】按钮，在弹出的对话框中选择【标准】选项，单击【确定】按钮，在【Blinn 基本参数】卷展栏中将【自发光】选项区中的颜色设置为 30，在【贴图】卷展栏中单击【漫反射颜色】右侧的【无贴图】按钮，在弹出的对话框中双击【位图】选项，再在弹出的对话框中选择配套资源中的 CDROM\Maps\ 牙膏包装侧面 01.tif 贴图文件，单击【打开】按钮，如图 7-132 所示。

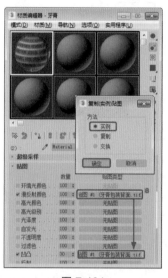

图 7-131

图 7-132

**步骤 11** 单击【转到父对象】按钮，将【漫反射颜色】通道后的贴图路径拖动至【凹凸】通道后的【无】按钮上，在弹出的对话框中选择【实例】单选按钮，单击【确定】按钮，如图 7-133 所示。

**步骤 12** 使用同样的方法设置其他 ID 材质，设置完成后返回到主材质面板，单击【将材质指定给选定对象】按钮将材质指定给包装盒，指定完成后渲染摄影机视图，效果如图 7-134 所示。

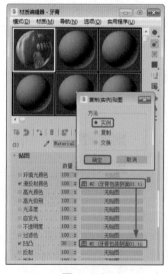

图 7-133

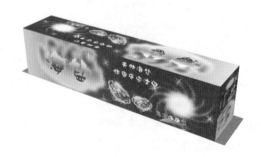

图 7-134

## 【实例】室内效果图中的玻璃表现

玻璃在日常生活中最为常见了，但你知道如何利用3ds
Max 制作出玻璃材质吗，下面将介绍室内玻璃效果材质的制
作，完成后的效果如图 7-135 所示。其中具体操作方法如下。

**步骤 01** 启动软件后打开配套资源中的 CDROM\Scenes\Cha07\
室内效果图中的玻璃表现 .max，如图 7-136 所示。

**步骤 02** 按 M 键，在弹出的对话框中选择第二个材质样本球
并将其命名为【玻璃】，将【明暗器的类型】设为
【Phong】，取消【环境光】和【漫反射】的锁定，将
【环境光】的颜色设为设为黑色，将【漫反射】颜色的RGB值设为234、241、255，
将【自发光】组中的【不透明度】设为20，将【高光级别】和【光泽度】分别设为0、
73，将【柔化】设为0.6，如图 7-137 所示。

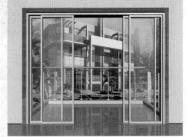

图 7-135

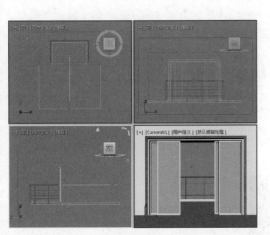

图 7-136

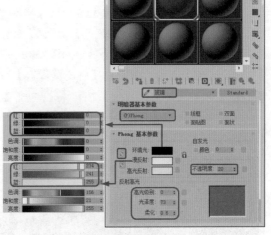

图 7-137

**步骤 03** 切换到【贴图】卷展栏中选择【反射】贴图后面的【无贴图】按钮，在弹出的【材质 /
贴图浏览器】对话框中选择【位图】选项，单击【确定】按钮，在打开的对话框中选
择配套资源中的 CDROM \Maps\Ref_21.jpg 文件，保存默认值，单击【转到父对象】按
钮，将【反射】值设为 10，单击【背景】按钮，如图 7-138 所示。

**步骤 04** 按 H 键，弹出【从场景中选择】对话框，选择所有的玻璃对象，并将创建的材质指定
给玻璃对象，对【摄影机】视图进行渲染，如图 7-139 所示。

## 提示

当场景中有很多对象时，如果单纯使用鼠标进行选择，会很容易选择错误，此时可以按H键，
也可以在工具选项栏中单击【按名称选择】按钮，在弹出的对话框中根据对场景对象的命名
可以选择相应的对象，这样可以大大提高工作效率和准确度。

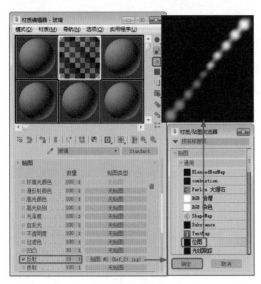

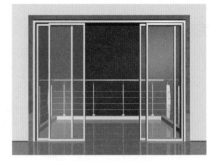

图 7-138

图 7-139

**步骤 05** 选择一个新的样本球并将其命名为【背景】，将【明暗器的类型】设为【Blinn】，在【Blinn 基本参数卷展栏】中将【自发光】组中的【颜色】值设为 100，在【贴图卷展栏】中，单击【漫反射颜色】后面的【无贴图】按钮，在弹出的【材质 / 贴图浏览器】对话框中，选择【位图】选项，单击【确定】按钮，在弹出的对话框中选择【别墅 024.JPG】文件，返回到【材质编辑器】中保持默认值，如图 7-140 所示。

**步骤 06** 单击【转到父对象】按钮，单击【将材质指定给选定对象】按钮，将创建好的贴图指定给【墙体 03】对象，激活【摄影机】视图进行渲染查看效果，如图 7-141 所示。

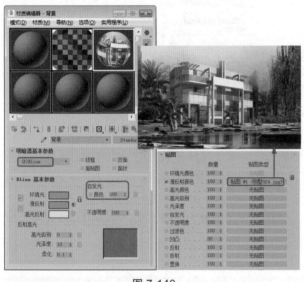

图 7-140

图 7-141

## 7.5.6　创建壳材质

外壳材质是指将两种材质指定到一个物体上，用户可以设置在视口和渲染时显示两种不同的材质，本例制作的效果如图 7-142 所示。下面将介绍如何创建壳材质。

**步骤 01** 打开配套资源中的 CDROM\Scenes\Cha07\ 创建壳材
质 .max 素材文件，如图 7-143 所示。

**步骤 02** 打开模型后，按 H 键打开【从场景中选择】对话框，
在对话框中选择【床垫】，如图 7-144 所示。

**步骤 03** 单击【确定】按钮，在工具栏中单击【材质编辑器】
按钮 🔲，在弹出的【材质编辑器】对话框中选择第五
个材质样本球，然后单击【Standard】按钮，在弹出的
【材质 / 贴图浏览器】对话框中选择【壳材质】，如图
7-145 所示。

图 7-142

**步骤 04** 单击【确定】按钮，这时将会弹出一个【替换材质】对话框，在弹出的【替换材质】
对话框中单击【确定】按钮，如图 7-146 所示。

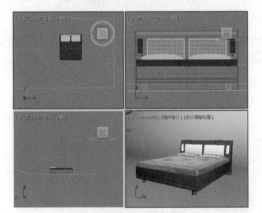

图 7-143

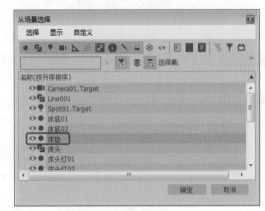

图 7-144

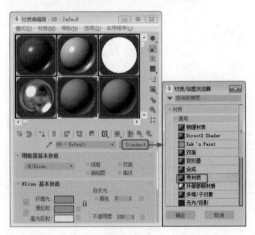

图 7-145

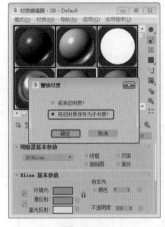

图 7-146

**步骤 05** 在【壳材质参数】卷展栏中单击【原始材质】下方的【08-Default（standard）】按钮，
如图 7-147 所示。

**步骤 06** 在【明暗器基本参数】卷展栏中将明暗器类型定义为【Phong】，在【Phong 基本参数】
卷展栏中将【环境光】的 RGB 值设置为 181、101、6，在【自发光】选项组中的文本
框中输入 80，在【高光级别】和【光泽度】文本框中分别输入 16、27，按 Enter 键确认，
如图 7-148 所示。

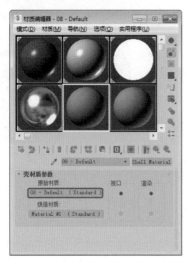

图 7-147

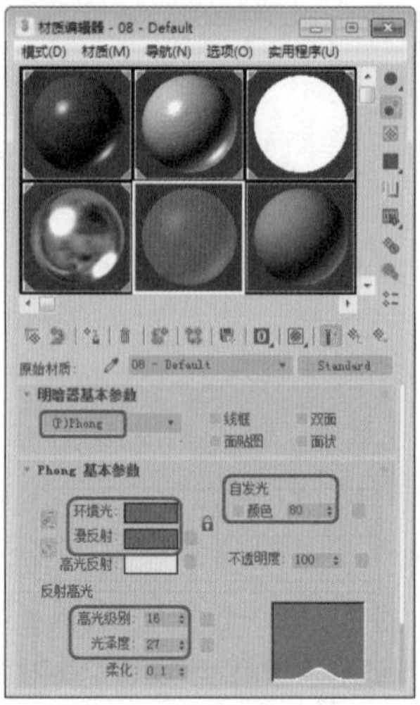

图 7-148

步骤 07 在【贴图】卷展栏中单击【漫反射颜色】右侧的【无贴图】按钮，在弹出的【材质 / 贴图浏览器】对话框选择【位图】选项，单击【确定】按钮，如图 7-149 所示。

步骤 08 在弹出的【选择位图图像文件】对话框中选择配套资源中的 \Maps\Dt16.jpg 素材文件，如图 7-150 所示。

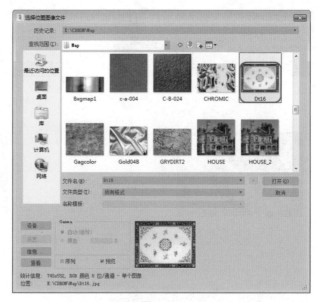

图 7-149

图 7-150

步骤 09 单击【打开】按钮，在【坐标】卷展栏中，在【瓷砖】下方的【V】文本框中输入 1.2，按 Enter 键确认，如图 7-151 所示。

步骤 10 单击【转到父对象】按钮，单击【将材质指定给选定对象】按钮和【在视口中显示标准贴图】按钮，再单击【转到父对象】按钮，在【壳材质】卷展栏中单击【烘焙材质】下方的【Material#4（Standard）】按钮，如图 7-152 所示。

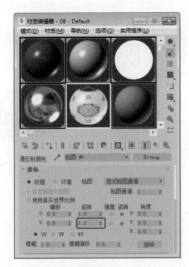

图 7-151

图 7-152

**步骤 11** 在【明暗器基本参数】卷展栏中将明暗器类型定义为【Phong】，在【Phong 基本参数】卷展栏中将【环境光】的 RGB 值设置为 181、101、6，在【自发光】选项组中的文本框中输入 80，在【高光级别】和【光泽度】文本框中分别输入 16、27，按 Enter 键确认，如图 7-153 所示。

**步骤 12** 在【贴图】卷展栏中单击【漫反射颜色】右侧的【无贴图】，在弹出的【材质 / 贴图浏览器】对话框中双击【位图】，如图 7-154 所示。

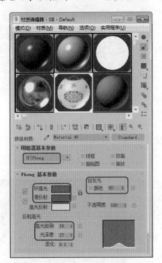

图 7-153

图 7-154

**步骤 13** 在弹出的【选择位图图像文件】对话框中选择配套资源中的 \Maps\024.jpg 素材图像，如图 7-155 所示。

**步骤 14** 单击【打开】按钮，保持默认设置，单击两次【转到父对象】按钮，在【视口】区域中勾选第二个单选按钮，并将其材质指定给【床垫】和【组 01】即可，如图 7-156 所示。

**步骤 15** 将【材质编辑器】对话框进行关闭，即可在视图中显示如图 7-157 所示的材质。

**步骤 16** 至此，创建壳材质就设置完成了，按 F9 键进行快速渲染，效果如图 7-158 所示。

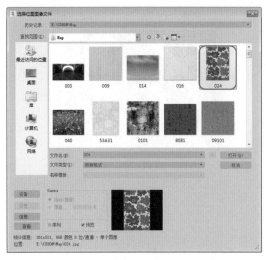

图 7-155

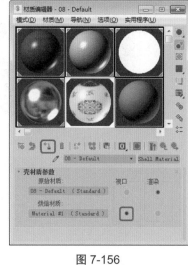

图 7-156

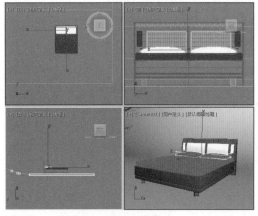

图 7-157

图 7-158

## 7.5.7 顶 / 底材质

顶 / 底材质是指两个材质分别位于顶部与底部，本例制作的效果如图 7-159 所示。接下来介绍创建顶 / 底材质的具体操作。

图 7-159

**步骤 01** 打开配套资源中的 CDROM\Scenes\Cha07\ 顶 - 底材质 .max 素材文件，打开的素材如图 7-160 所示。

**步骤 02** 按 H 键打开【从场景中选择】对话框，在对话框中选择【花瓶】，单击【确定】按钮，如图 7-161 所示。

**步骤 03** 在工具栏中单击【材质编辑器】按钮，在弹出的【材质编辑器】对话框中选择一个新的材质样本球并将其命名为【瓷器】，如图 7-162 所示。

**步骤 04** 然后单击【Standard】按钮，在弹出的【材质 / 贴图浏览器】对话框中选择【顶 / 底】，如图 7-163 所示。

图 7-160

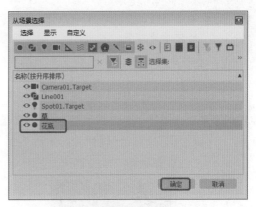

图 7-161

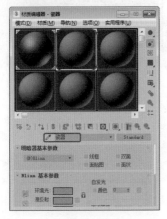

图 7-162

图 7-163

**步骤 05** 单击【确定】按钮，这时会在材质编辑器中弹出【替换材质】对话框，在弹出的【替换材质】对话框中单击【确定】按钮即可，如图 7-164 所示。

**步骤 06** 在【顶 / 底基本参数】卷展栏中单击【顶材质】右侧的材质通道按钮，在【Blinn 基本参数】卷展栏中将【环境光】的 RGB 值设置为 185、134、23，在【自发光】选项组中的文本框中输入 50，在【高光级别】和【光泽度】的文本框中分别输入 20、10，按 Enter 键确认，如图 7-165 所示。

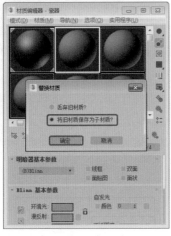

图 7-164

图 7-165

步骤 07 单击【转到父对象】按钮，在【顶/底基本参数】卷展栏中单击【底材质】右侧的材质通道按钮，在【Blinn 基本参数】卷展栏中将【环境光】设置为 124、88、57，在【自发光】选项组中的文本框中输入 50，在【高光级别】和【光泽度】的文本框中分别输入 20、10，按 Enter 键确认。单击【将材质指定给选定对象】和【在视口中显示标准贴图】按钮，如图 7-166 所示。

步骤 08 单击【转到父对象】按钮，在【顶/底基本参数】卷展栏中的【位置】文本框中输入 50，按 Enter 键确认，如图 7-167 所示。

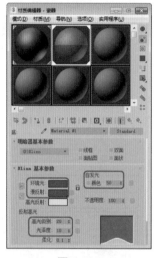

图 7-166

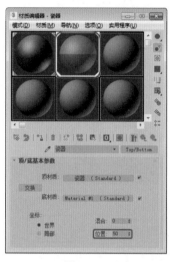

图 7-167

## 【实例】地面反射材质

在室内效果图中，最常用也最能体现效果的就是地面反射的设置，恰到好处的反射可以将室内建筑构件及场景映射出来，在视觉效果上使空间得以延伸，视野变得宽阔。地面反射材质的设置非常简单，首先在【漫反射颜色】通道中为其指定地面材质，然后在【反射】通道中添加平面镜，本例制作的效果如图 7-168 所示。

步骤 01 打开配套资源中的 CDROM\Scenes\Cha07\ 地面反射 .max 素材文件，如图 7-169 所示。

图 7-168

步骤 02 按 M 键打开【材质编辑器】，选择一个新的材质样本球，将其命名为【地板】，将明暗器类型设为【Phong】，在【Phong 基本参数】卷展栏中将【高光级别】、【光泽度】分别设为 40、20，如图 7-170 所示。

步骤 03 在【贴图】卷展栏中单击【漫反射颜色】右侧的【无贴图】按钮，在打开的对话框中双击【位图】选项，再在打开的对话框中选择配套资源中的 CDROM\Maps\A-A-048.jpg，单击【打开】按钮，如图 7-171 所示。

步骤 04 单击【转到父对象】按钮，返回上一层级面板，将【反射】设为 10，单击其右侧的【无贴图】按钮，在打开的对话框中双击【平面镜】选项，在【平面镜参数】卷展栏中勾选【应用于带 ID 的面】复选框，如图 7-172 所示。

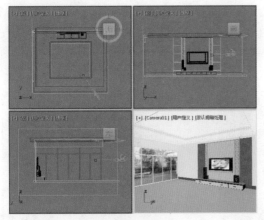

图 7-169

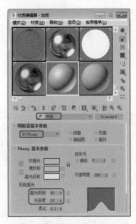

图 7-170

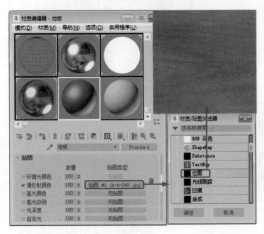

图 7-171

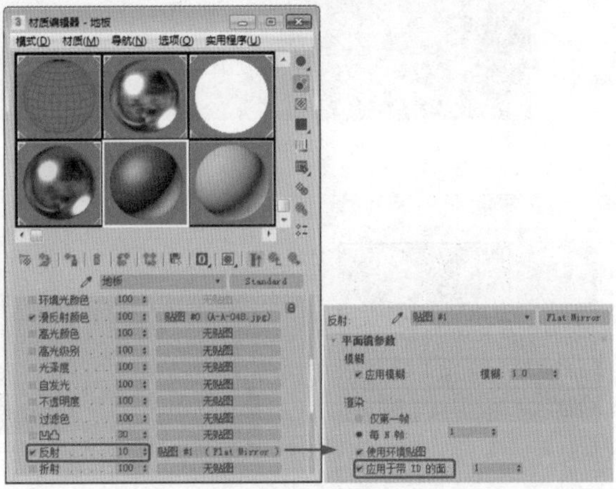

图 7-172

**步骤 05** 单击【转到父对象】按钮，返回上一层级面板，在场景中选择【地板】对象，单击
【材质编辑器】对话框中的【将材质指定给选定对象】按钮，将材质赋予场景中选择
的对象，最后对摄影机视图进行渲染。

## 【实例】为躺椅添加布料材质

本例将介绍布料材质的制作，完成后的效果如图
7-173 所示。

**步骤 01** 打开配套资源中的 CDROM\Scenes\Cha07\ 为躺椅
添加布料材质 .max 素材文件，如图 7-174 所示。

**步骤 02** 在场景中选择【躺椅垫】和【躺椅枕】对象，按
M 键打开【材质编辑器】对话框，选择一个新的
材质样本球，将其命名为【布料材质】，在【Blinn
基本参数】卷展栏中，将【自发光】设置为 50，
如图 7-175 所示。

图 7-173

**步骤 03** 在【贴图】卷展栏中单击【漫反射颜色】后面的【无贴图】按钮，在弹出的【材质 / 贴
图浏览器】对话框中选择【衰减】贴图，单击【确定】按钮，如图 7-176 所示。

187

**步骤 04** 在【衰减参数】卷展栏中设置【前】色块的 RGB 为 255、90、0，在【混合曲线】卷展栏中单击【添加点】按钮 🔳，在曲线上添加点，并使用【移动】工具 🔷 调整曲线，如图 7-177 所示。设置完成后，单击【转到父对象】按钮 🔳 和【将材质指定给选定对象】按钮 🔳，将材质指定给选定对象，然后按 F9 键渲染效果即可。

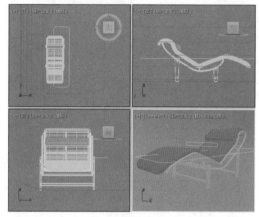

图 7-174

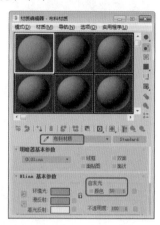

图 7-175

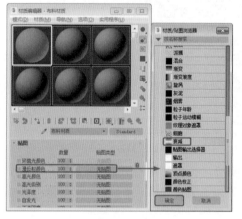

图 7-176

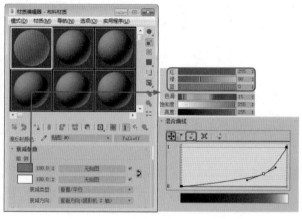

图 7-177

# 第 8 章

# VRay 灯光和摄影机

本章导读：

- 创建标准灯光
- 创建光度学灯光
- 使用摄影机

光线是画面视觉信息与视觉造型的基础，没有光便无法体现物体的形状与质感。摄影机好比人的眼睛，通过对摄影机的调整可以决定视图中物体的位置和尺寸，影响到场景对象的数量及创建方法。

## 8.1 创建标准灯光

不同种类的标准灯光对象可用不同的方法投影灯光，模拟不同种类的光源。与光度学灯光不同，标准灯光不具有基于物理的强度值。

### 8.1.1 创建目标聚光灯

本例介绍目标聚光灯的使用方法，完成后的效果如图 8-1 所示。聚光灯像闪光灯一样投影聚焦的光束，创建【目标聚光灯】的操作步骤如下。

步骤 01 按 Ctrl+O 组合键，在弹出的对话框中打开配套资源中的 CDROM\Scenes\Cha08\8-1.max 素材文件，如图 8-2 所示。

图 8-1

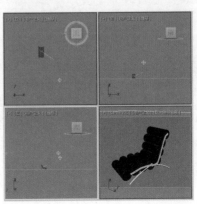

图 8-2

**步骤 02** 选择【创建】|【灯光】|【标准】|【目标聚光灯】工具，在【顶】视图中单击并拖动鼠标，拖动至适当位置处松开鼠标，即可创建目标聚光灯，如图 8-3 所示。

**步骤 03** 切换到【修改】命令面板，在【常规参数】卷展栏中勾选【阴影】区域中的【启用】复选框，将阴影模式定义为【光线跟踪阴影】。在【聚光灯参数】卷展栏中将【聚光区 / 光束】和【衰减区 / 区域】设置为 60 和 90，如图 8-4 所示。

图 8-3

图 8-4

**步骤 04** 在工具栏中单击【选择并移动】按钮，在其他视图中调整目标聚光灯的位置，如图 8-5 所示。

**步骤 05** 按 F9 键对【摄影机】视图进行渲染，并进行保存。渲染后的效果如图 8-6 所示。

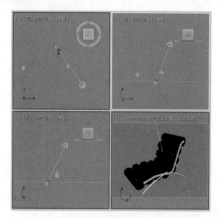

图 8-5

图 8-6

## 8.1.2 创建自由聚光灯

　　自由聚光灯没有目标对象，可以通过移动和旋转方法将其指向任何方向。本例制作完成后的效果如图 8-7 所示。创建【自由聚光灯】的操作步骤如下。

**步骤 01** 按 Ctrl+O 组合键，在弹出的对话框中打开配套资源中的 CDROM\Scenes\Cha08\8-2.max 素材文件，如图 8-8 所示。

图 8-7

**步骤 02** 选择【创建】|【灯光】|【标准】|【自由聚光灯】工具，在【顶】视图中单击即可创建自由聚光灯，如图 8-9 所示。

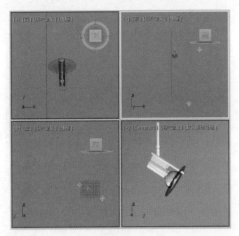

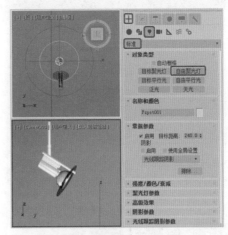

图 8-8  图 8-9

**步骤 03** 切换到【修改】命令面板，在【强度\颜色\衰减】卷展栏中将【倍增】设置为 0.5，在【大气和效果】卷展栏中单击【添加】按钮，在弹出的对话框中选择【体积光】，单击【确定】按钮，如图 8-10 所示。

**步骤 04** 选择【体积光】，单击【设置】按钮，在弹出的对话框中选择【环境】选项卡，在【大气】卷展栏在中选择【体积光】，其他设置使用默认设置，如图 8-11 所示。设置完成后关闭窗口。

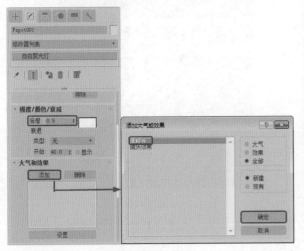

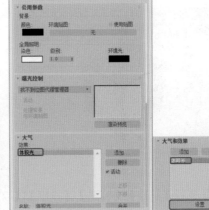

图 8-10  图 8-11

**步骤 05** 设置完成后，使用【选择并移动】和【选择并旋转】工具，在各个视图中调整自由聚光灯的位置，调整完成后的效果如图 8-12 所示。

**步骤 06** 激活【摄影机】视图，按 F9 键快速渲染，渲染完成后的效果如图 8-13 所示。

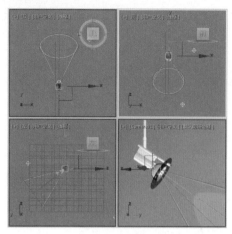

图 8-12

图 8-13

## 8.1.3 创建目标平行光

由于平行光线是平行的，所以平行光线呈圆形或矩形棱柱，而不是【圆锥体】。具体操作步骤如下，完成后的效果如图 8-14 所示。

**步骤 01** 按 Ctrl+O 组合键，在弹出的对话框中打开配套资源中的 CDROM\Scenes\Cha08\8-3.max 素材文件，如图 8-15 所示。

图 8-14

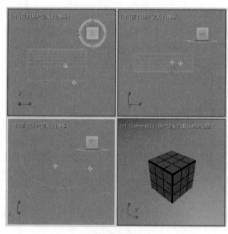

图 8-15

**步骤 02** 选择【创建】|【灯光】|【标准】|【目标平行光】工具，在【顶】视图中单击并拖动鼠标，拖动至适当位置处松开鼠标，即可创建目标平行光，如图 8-16 所示。

**步骤 03** 切换到【修改】命令面板，在【常规参数】卷展栏中勾选【阴影】区域中的【启用】复选框，将阴影模式定义为【光线跟踪阴影】。在【强度 / 颜色 / 衰减】卷展栏中将【倍增】设置为 0.3，在【平行光参数】卷展栏中将【聚光区 / 光束】和【衰减区 / 区域】分别设置为 300 和 400，如图 8-17 所示。

**步骤 04** 使用工具栏中的【选择并移动】按钮，在其他视图中调整目标平行光的位置，如图 8-18 所示。

**步骤 05** 激活【摄影机】视图，按 F9 键渲染，渲染完成后的效果如图 8-19 所示。

图 8-16

图 8-17

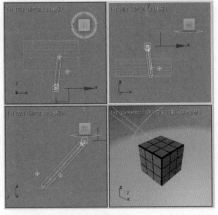

图 8-18

图 8-19

## 【实例】制作酒杯

本例将介绍酒杯的制作方法。完成后的效果如图 8-20 所示。

**步骤 01** 启动软件后，选择【创建】|【图形】|【样条线】|【线】工具，在【前】视图中依照图 8-21 所示创建一个酒杯对象的半剖面图形。

图 8-20

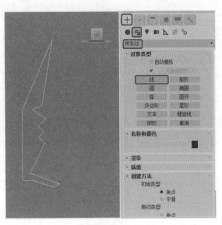

图 8-21

**步骤 02** 然后切换至【修改】面板中，将当前选择集定义为【顶点】，然后在【前】视图中对转换为点的模式进行调整，如图 8-22 所示。

**步骤 03** 选择修改器列表中的【车削】修改器，在【参数】卷展栏中，将【分段】设置为 16，在【方向】选项组中选择 Y 轴，在【对齐】选项组中单击【最小】按钮，如图 8-23 所示，此时已完成对酒杯对象的制作。

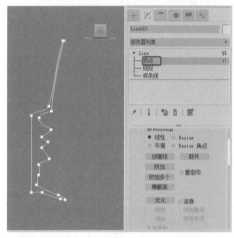

图 8-22        图 8-23

**步骤 04** 激活【顶】视图，选择【创建】|【几何体】|【标准基本体】|【球体】工具，然后在【顶】视图中创建一个【半径】为 4.0 的圆球。切换至【修改】命令面板中，选择【FFD 4×4×4】修改器，并将当前选择集定义为【控制点】，并使用【选择并移动】工具和【选择并均匀缩放】工具对该对象进行调整，调整后的效果如图 8-24 所示。将【控制点】选择集关闭。

**步骤 05** 选择调整后的球体对象，激活【左】视图，选择【镜像】工具，在打开的【镜像：屏幕坐标】对话框中，选择【镜像轴】区域的 Z 轴选项，将【偏移】设置为 -30，然后选择【克隆当前选择】区域中的【复制】单选按钮，单击【确定】按钮，调整至如图 8-25 所示位置处。

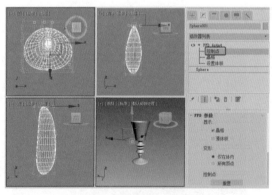 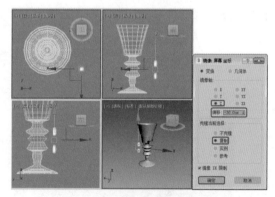

图 8-24        图 8-25

**步骤 06** 在编辑堆栈中重新回到位于顶层的【FFD 4×4×4】修改器层级。为镜像的对象添加【噪波】修改器，在【参数】卷展栏中，选择【分形】复选框，将【粗糙度】的参数设置为 0.4；在【强度】选项组中，将 X、Y、Z 的参数分别设置为 5、6、7，如图 8-26 所示。

**步骤 07** 选择【创建】|【几何体】|【球体】工具，然后在【顶】视图中创建一个【半径】为 3 的圆球对象，激活【前】视图，然后在【前】视图中将新建的圆球对象调整至第一个球体对象的正上方，效果如图 8-27 所示。

 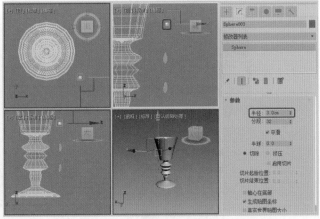

图 8-26                                    图 8-27

**步骤 08** 重新选择第一个球体对象，然后为该对象添加【编辑网格】修改器，选择【编辑几何体】卷展栏中的【附加】按钮，然后将其他两个球体对象进行连接。选择连接后的球体对象，选择【对齐】工具 ，然后在【顶】视图中选择酒杯对象，在打开的对话框中勾选【X 位置】、【Y 位置】和【Z 位置】，在【当前对象】和【目标对象】两个区域下都选择【中心】选项，单击【确定】按钮，如图 8-28 所示。

**步骤 09** 在【前】视图中选择酒杯对象，为酒杯对象添加【编辑网格】修改器，选择【编辑几何体】参数卷展栏中的【附加】，然后将 3 个球体对象进行连接，效果如图 8-29 所示。

 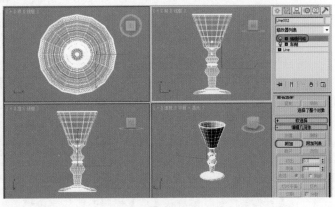

图 8-28                                    图 8-29

**步骤 10** 打开材质编辑器选择一个新样本球，并命名为【酒杯】。单击【Standard】按钮，在打开的【材质 / 贴图浏览器】中选择【光线跟踪】，单击【确定】按钮。在【光线跟踪基本参数】卷展栏中，将【透明度】的 RGB 值设置为 235、237、255，将【折射率】的参数设置为 1.5；在【反射高光】选项组中，将【高光级别】、【光泽度】、【柔化】的参数分别设置为 250、60、0.5。在【贴图】卷展栏中，单击【反射】右侧的【无】按钮，在【材质 / 贴图浏览器】对话框中选择【位图】贴图，单击【确定】按钮，在对话框中选择配套资源中的 CDROM \ Maps \ Ref.jpg 文件，返回到父级面板中。将【透明度】

的【数量】值设置为 60，同时单击右侧的【无】按钮，在【材质 / 贴图浏览器】对话框中选择【衰减】，单击【确定】按钮，在【衰减参数】卷展栏中的设置如图 8-30 所示，将其赋予酒杯对象。

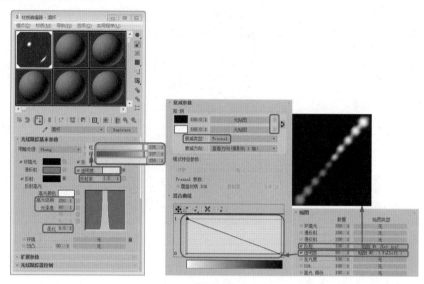

图 8-30

**步骤 11** 选择【创建】|【几何体】|【平面】工具，在【顶】视图中创建一个【长度】为 800，【宽度】为 1 000 的平面矩形，打开材质编辑器，选择第二个材质样本球，在【贴图】卷展栏中，单击【漫反射颜色】右侧的【无】按钮，并在打开的【材质 / 贴图浏览器】中将贴图方式定义为位图，单击【确定】按钮确认。在打开的对话框中选择配套资源中的 CDROM\Maps\009.jpg，然后单击【打开】按钮，在【坐标】卷展栏中将【瓷砖】下的 U 值设置为 20.0，V 值设置为 15.0，然后将材质指定给场景中的平面对象，指定完成后调整平面对象的位置，如图 8-31 所示。

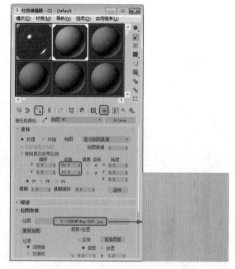

图 8-31

**步骤 12** 激活【顶】视图，选择【创建】|【摄像机】|【目标】按钮，然后在【顶】视图中创建一架摄影机，激活【透视】视图，然后按 C 键，将当前视图转换为【摄影机】视图，最后在场景中调整摄影机的位置，如图 8-32 所示。

**步骤 13** 选择【创建】|【灯光】|【标准】|【目标聚光灯】工具，在【顶】视图中创建灯光，在【常规参数】卷展栏中勾选【启用】复选框，在【强度 / 颜色 / 衰减】卷展栏中将【倍增】设置为 0.8，在【阴影参数】卷展栏中将颜色的 RGB 设置为 144、144、144，然后调整一下位置，如图 8-33 所示。

**步骤 14** 按数字 8 键，在弹出的【环境和效果】对话框中，将背景颜色设置为白色，如图 8-34 所示。

**步骤 15** 按 F9 键对【摄影机】视图进行渲染，然后进行保存即可。渲染后的效果如图 8-35 所示。

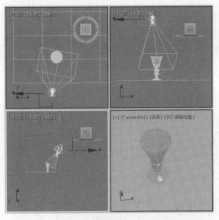

图 8-32

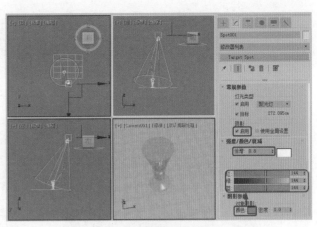

图 8-33

图 8-34

图 8-35

## 8.1.4 创建自由平行光

【自由平行光】没有目标对象。可以通过移动和旋转方法将其指向任何方向。本例创建的自由平行光效果如图 8-36 所示。创建【自由平行光】的操作步骤如下。

**步骤 01** 按 Ctrl+O 组合键，在弹出的对话框中打开配套资源中的 CDROM\Scenes\Cha08\8-4.max 素材文件，如图 8-37 所示。

**步骤 02** 选择【创建】|【灯光】|【标准】|【自由平行光】工具，在【顶】视图中单击即可创建自由平行光，如图 8-38 所示。

图 8-36

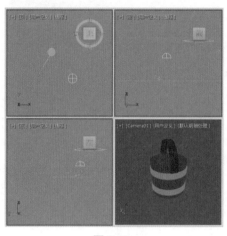 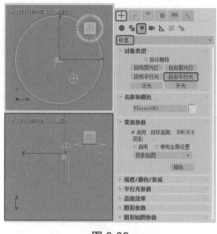

图 8-37　　　　　　　　　　　　　　　　　　图 8-38

**步骤 03** 切换到【修改】命令面板，打开【常规参数】
卷展栏，勾选【阴影】区域中的【启用】复选
框，将阴影模式定义为【阴影贴图】。在【强
度 / 颜色 / 衰减】卷展栏中将【倍增】设置为
1.0，在【阴影参数】卷展栏中，将【对象阴
影】区域中的【颜色】设置为 55、34、0，如
图 8-39 所示。

**步骤 04** 使用工具栏中的【选择并移动】按钮和【选择
并旋转】按钮，在其他视图中调整自由平行光
的位置，如图 8-40 所示。

**步骤 05** 激活【摄影机】视图，按 F9 键对其进行渲染，
并保存，效果如图 8-41 所示。

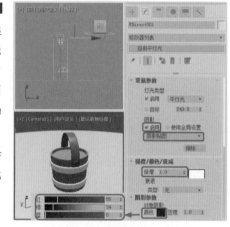

图 8-39

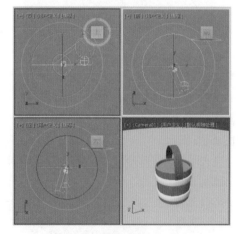

图 8-40

图 8-41

## 8.1.5  创建泛光灯

泛光灯可以投射阴影和投影。单个投射阴影的泛光灯等同于六个投射阴影的聚光灯，从中心指向外侧。本例创建的泛光灯效果如图 8-42 所示。创建【泛光】的操作步骤如下。

**步骤 01** 按 Ctrl+O 组合键，在弹出的对话框中打开配套资源中的 CDROM\Scenes\Cha08\8-5.max 素材文件，如图 8-43 所示。

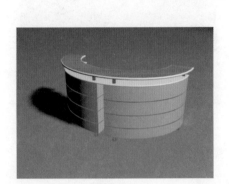

图 8-42

图 8-43

**步骤 02** 选择【创建】|【灯光】|【标准】|【泛光】工具，在【顶】视图中单击即可创建泛光灯，如图 8-44 所示。

**步骤 03** 切换到【修改】命令面板，在【强度 / 颜色 / 衰减】卷展栏中将【倍增】设置为 1，在【远距衰减】选项组中勾选【使用】复选框，如图 8-45 所示。

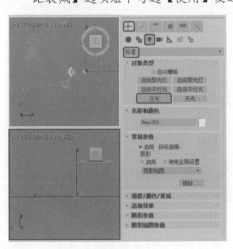

图 8-44

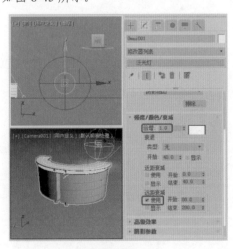

图 8-45

**步骤 04** 使用同样的方法，再次创建一个泛光灯，然后在其他视图中调整两个泛光灯的位置，如图 8-46 所示。

**步骤 05** 激活【摄影机】视图，按 F9 键对其进行渲染并保存，效果如图 8-47 所示。

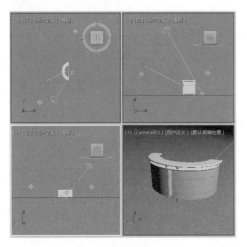

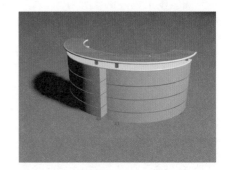

图 8-46　　　　　　　　　　　　　　　　　　图 8-47

## 8.1.6　创建天灯

　　天光能够模拟日光照射效果，创建【天光】的操作步骤如下，完成后的效果如图 8-48 所示。

**步骤 01**　按 Ctrl+O 组合键，在弹出的对话框中打开配套资源中的 CDROM\Scenes\Cha08\8-6.max 素材文件，选择【创建】|【灯光】|【标准】|【天光】工具，在【顶】视图中单击即可创建天光，如图 8-49 所示。

图 8-48　　　　　　　　　　　　　　　　　　图 8-49

**步骤 02**　切换到【修改】命令面板，在【天光参数】卷展栏中将【倍增】设置为 1.5，如图 8-50 所示。

**步骤 03**　激活【摄影机】视图，按 F9 键对其进行渲染并保存，效果如图 8-51 所示。

图 8-50

图 8-51

## 【实例】制作笔记本

本案例将介绍如何制作笔记本，效果如图 8-52 所示。

**步骤 01** 启动软件后，选择【创建】|【几何体】|【标准基本体】|【长方体】工具，在【顶】视图中创建长方体，将其命名为【笔记本皮 01】，在【参数】卷展栏中将【长度】设置为 220,【宽度】设置为 155,【高度】设置为 0.1，如图 8-53 所示。

**步骤 02** 切换至【修改】命令面板，在修改器列表中选择【UVW 贴图】修改器，在【参数】卷展栏中选择【长方体】单选按钮，在【对齐】选项组下单击【适配】按钮，如图 8-54 所示。

图 8-52

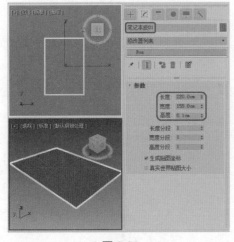

图 8-53

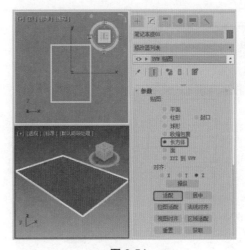

图 8-54

**步骤 03** 按 M 键，在弹出的对话框中选择一个材质样本球，将其命名为【书皮 01】，在【Blinn 基本参数】卷展栏中将【环境光】的 RGB 值设置为 22、56、94，将【自发光】设置为 50，将【高光级别】和【光泽度】分别设置为 54、25，如图 8-55 所示。

**步骤 04** 在【贴图】卷展栏中单击【漫反射颜色】右侧的【无贴图】按钮，在弹出的对话框中双击【位图】选项，再在弹出的对话框中选择配套资源中的 CDROM\Map\ 书皮 01.jpg 贴图文件，如图 8-56 所示。

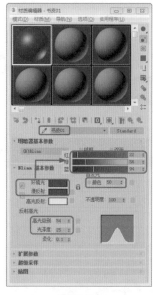

图 8-55

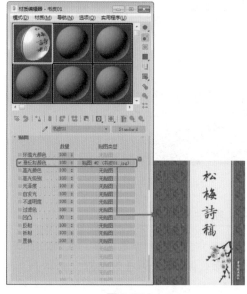

图 8-56

**步骤 05** 在【贴图】卷展栏中单击【凹凸】右侧的【无贴图】按钮，在弹出的对话框中双击【噪波】选项，在【坐标】卷展栏中将【瓷砖】下的 X、Y、Z 分别设置为 1.5、1.5、3，在【噪波】卷展栏中将【大小】设置为 1，将设置完成后的材质指定给选定对象即可，如图 8-57 所示。

**步骤 06** 激活【前】视图，在工具栏中单击【镜像】按钮，在弹出的对话框中选择【Y】单选按钮，将【偏移】设置为 -6，选择【复制】单选按钮，单击【确定】按钮，如图 8-58 所示。

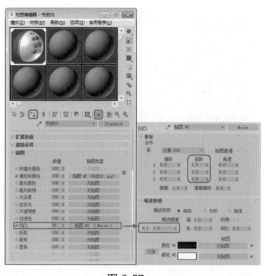

图 8-57

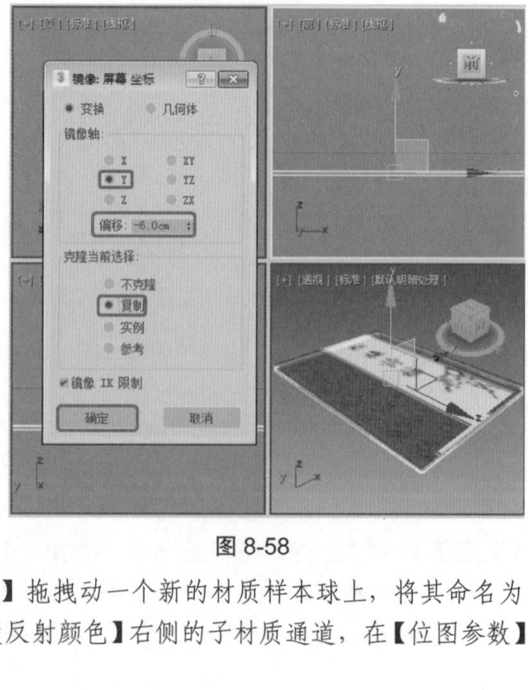

图 8-58

**步骤 07** 在【材质编辑器】对话框中将【书皮 01】拖拽动一个新的材质样本球上，将其命名为【书皮 02】，在【贴图】卷展栏中单击【漫反射颜色】右侧的子材质通道，在【位图参数】

卷展栏中单击【位图】右侧的按钮，在弹出的对话框中选择配套资源中的 CDROM\
Map\ 书皮 02.jpg 贴图文件，在【坐标】卷展栏中将【角度】下的【U】、【W】分别设
置为 −180、180，将材质指定给选定的对象即可，如图 8-59 所示。

**步骤 08** 选择【创建】|【几何体】|【标准基本体】|【长方体】工具，在【顶】视图中绘制一个【长度】、
【宽度】、【高度】分别为 220、155、5 的长方体，将其命名为【本】，如图 8-60 所示。

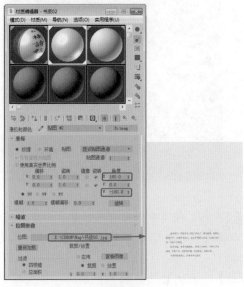

图 8-59

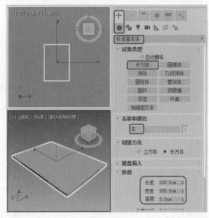

图 8-60

**步骤 09** 绘制完成后，在视图中调整其位置，在【材质编辑器】对话框中选择一个材质样本球，
将其命名为【本】，单击【高光反射】左侧的按钮，在弹出的对话框中单击【是】按钮，
将【环境光】的 RGB 值设置为 255、255、255，将【自发光】设置为 30，将设置完成
后的材质指定给选定对象即可，如图 8-61 所示。

**步骤 10** 选择【创建】|【图形】|【圆】工具，在【前】视图中绘制一个半径为 5.6 的圆，并将
其命名为【圆环】，如图 8-62 所示。

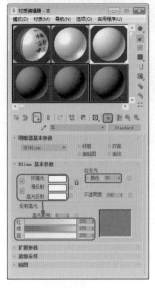

图 8-61

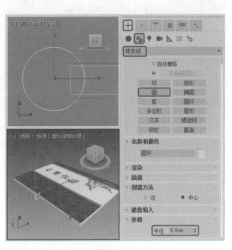

图 8-62

**步骤 11** 切换至【修改】命令面板中，在【渲染】卷展栏中勾选【在渲染中启用】和【在视口中启用】复选框，如图 8-63 所示。

**步骤 12** 在视图中调整圆环的位置，并对圆环进行复制，效果如图 8-64 所示。

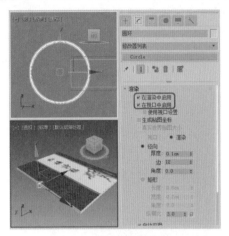

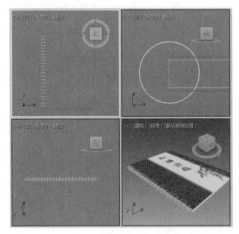

图 8-63

图 8-64

**步骤 13** 选中所有的圆环，将其颜色设置为【黑色】，再在视图中选择所有对象，在菜单栏中选择【组】|【组】命令，在弹出的对话框中将【组名】设置为【笔记本】，单击【确定】按钮，如图 8-65 所示。

**步骤 14** 使用【选择并旋转】工具和【选择并移动】工具对成组后的笔记本进行复制和调整，效果如图 8-66 所示。

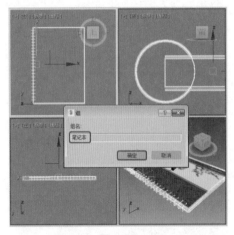

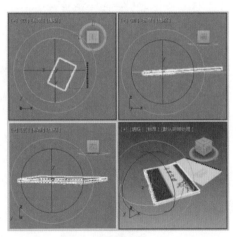

图 8-65

图 8-66

**步骤 15** 选择【创建】|【几何体】|【标准基本体】|【平面】工具，在【顶】视图中创建平面，切换到【修改】命令面板，在【参数】卷展栏中，将【长度】和【宽度】分别设置为 1 987、2 432，将【长度分段】、【宽度分段】都设置为 1，在视图中调整其位置，如图 8-67 所示。

**步骤 16** 在修改器列表中选择【壳】修改器，使用其默认参数即可，如图 8-68 所示。

**步骤 17** 继续选中该对象，右击，在弹出的快捷菜单中选择【对象属性】命令，打开【对象属性】对话框，在弹出的对话框中勾选【透明】复选框，单击【确定】按钮，如图 8-69 所示。

**步骤 18** 继续选中该对象，按 M 键打开【材质编辑器】对话框，在该对话框中选择一个材质样本球，将其命名为【地面】，单击【Standard】按钮，在弹出的对话框中选择【无光 / 投影】选项，单击【确定】按钮，将该材质指定给选定对象即可，如图 8-70 所示。

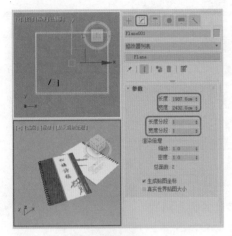

图 8-67

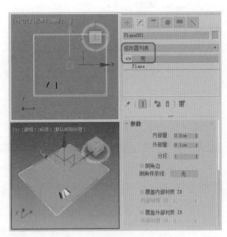

图 8-68

图 8-69

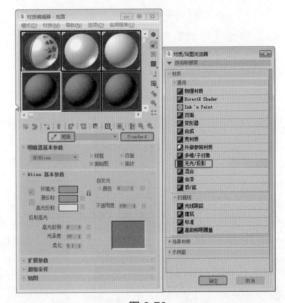

图 8-70

**步骤 19** 按 8 键弹出【环境和效果】对话框，在【公用参数】卷展栏中单击【无】按钮，在弹出的【材质 / 贴图浏览器】对话框中双击【位图】贴图，再在弹出的对话框中打开配套资源中的 CDROM\Map\ 课桌 .JPG 素材文件，如图 8-71 所示。

**步骤 20** 在【环境和效果】对话框中将环境贴图拖动至新的材质样本球上，在弹出的【实例（副本）贴图】对话框中选择【实例】单选按钮，单击【确定】按钮，如图 8-72 所示。

**步骤 21** 在【坐标】卷展栏中，将贴图设置为【屏幕】，激活【透视】视图，按 Alt+B 组合键，在弹出的对话框中选择【使用环境背景】单选按钮，设置完成后，单击【确定】按钮，显示背景后的效果如图 8-73 所示。

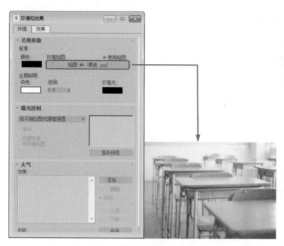

图 8-71

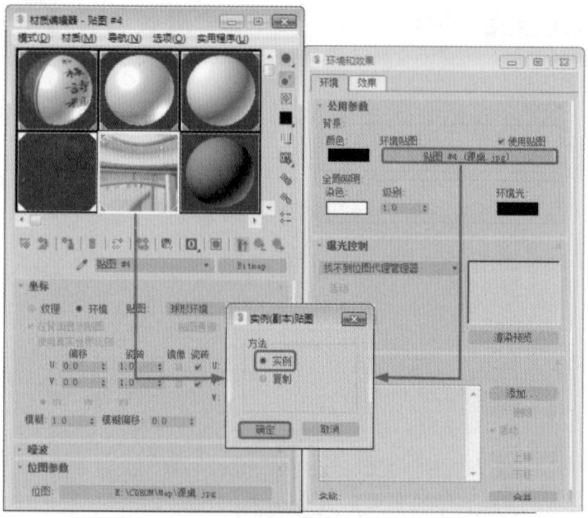

图 8-72

**步骤 22** 选择【创建】|【摄影机】|【目标】工具，在视图中创建摄影机，激活【透视】视图，按 C 键将其转换为摄影机视图，在其他视图中调整摄影机位置，效果如图 8-74 所示。

**步骤 23** 选择【创建】|【灯光】|【标准】|【泛光】工具，在【顶】视图中创建泛光灯，并在其他视图中调整灯光的位置，切换至【修改】命令面板，在【强度/颜色/衰减】卷展栏中将【倍增】设置为 0.35，如图 8-75 所示。

图 8-73

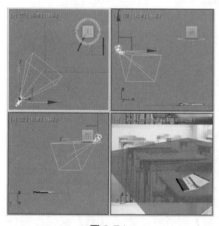

图 8-74

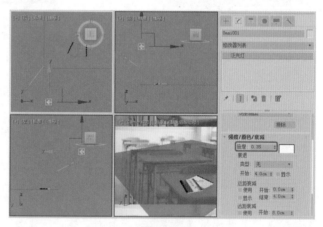

图 8-75

**步骤 24** 选择【创建】|【灯光】|【标准】|【天光】工具，在【顶】视图中创建天光，切换到【修改】命令面板，在【天光参数】卷展栏中勾选【投射阴影】复选框，如图 8-76 所示。

**步骤 25** 按 F9 键对【摄影机】视图进行渲染，并进行保存。渲染后的效果如图 8-77 所示。

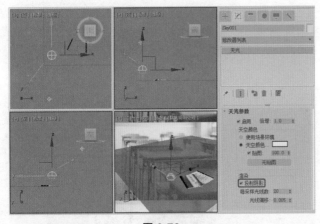

图 8-76 图 8-77

# 8.2 创建光度学灯光

光度学灯光使用光度学（光能）值，通过这些值可以更精确地定义灯光，就像在真实世界一样。

## 8.2.1 创建目标灯光

目标灯光具有可以用于指向灯光的目标子对象。本例创建的目标灯光效果如图 8-78 所示。创建目标灯光的操作步骤如下。

**步骤 01** 按 Ctrl+O 组合键，在弹出的对话框中打开配套资源中的 CDROM\Scenes\Cha08\8-7.max 素材文件，选择【创建】|【灯光】|【光度学】|【目标灯光】工具，此时会弹出如图 8-79 所示的【创建光度学灯光】对话框，单击【否】按钮。

**步骤 02** 在【前】视图中单击并拖动鼠标，拖动至适当位置处松开鼠标，即可创建目标灯光，如图 8-80 所示。

图 8-78

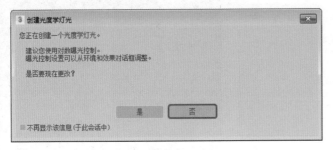

图 8-79

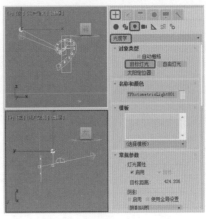

图 8-80

**步骤 03** 切换到【修改】命令面板，打开【强度/颜色/衰减】卷展栏，在【强度】选项组中 cd 下方的文本框中输入 1 500，如图 8-81 所示。

**步骤 04** 在工具栏中单击【选择并移动】按钮，在其他视图中调整目标灯光的位置，并按 F9 键进行渲染，效果如图 8-82 所示。

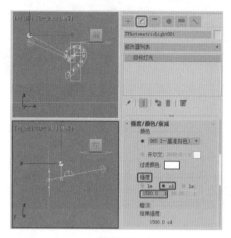

图 8-81

图 8-82

## 8.2.2 创建自由灯光

自由灯光不具备目标子对象。本例创建的自由灯光效果如图 8-83 所示。创建自由灯光的操作步骤如下。

**步骤 01** 按 Ctrl+O 组合键，在弹出的对话框中打开配套资源中的 CDROM\Scenes\Cha08\8-8.max 素材文件。选择【创建】|【灯光】|【光度学】|【自由灯光】工具，此时会弹出如图 8-84 所示的【创建光度学灯光】对话框，单击【否】按钮。

**步骤 02** 在【顶】视图中单击即可创建自由灯光，如图 8-85 所示。

图 8-83

图 8-84

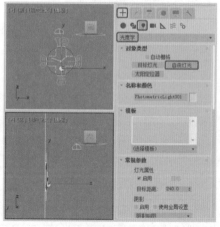

图 8-85

步骤 03 切换到【修改】命令面板，打开【强度/颜色/衰减】卷展栏，在【强度】选项组中 lm 下方的文本框中输入 5 000，然后在工具栏中单击【选择并移动】按钮，在其他视图中调整灯光的位置，如图 8-86 所示。

步骤 04 按 F9 键对【摄影机】视图进行渲染，效果如图 8-87 所示。

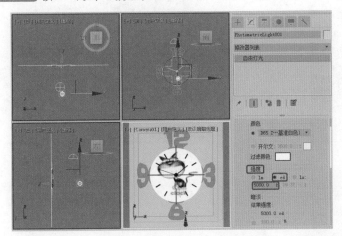

图 8-86

图 8-87

# 8.3 使用摄影机

摄影机从特定的观察点表现场景，用来模拟现实世界中的静止图像、运动图片或视频摄影机。多个摄影机可以提供相同场景的不同视图。

## 8.3.1 创建目标摄影机

目标摄影机用于查看目标对象周围的区域。它有摄影机、目标点两部分，可以很容易地单独进行控制调整。本例创建的目标摄影机效果如图 8-88 所示。创建目标摄影机的操作步骤如下。

步骤 01 按 Ctrl+O 组合键，在弹出的对话框中打开配套资源中的 CDROM\Scenes\Cha08\8-9.max 素材文件，如图 8-89 所示。

步骤 02 选择【创建】|【摄影机】|【目标】工具，在【顶】视图中单击并拖动鼠标，拖动至适当位置处松开鼠标，即可创建目标摄影机，如图 8-90 所示。

图 8-88

步骤 03 切换到【修改】命令面板，在【参数】卷展栏中将【镜头】设置为 20，激活【透视】视图，按 C 键将其转换为【摄影机】视图。在工具栏中单击【选择并移动】按钮，在其他视图中调整目标摄影机的位置，如图 8-91 所示。

步骤 04 按 F9 键对【摄影机】视图进行渲染并进行保存。渲染后的效果如图 8-92 所示。

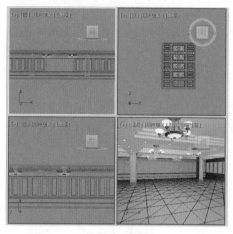

图 8-89

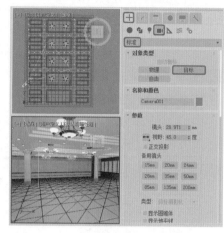

图 8-90

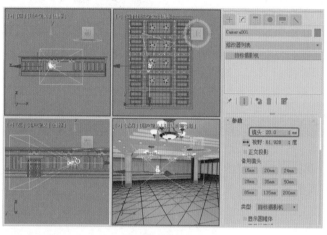

图 8-91

图 8-92

## 8.3.2 创建自由摄影机

自由摄影机用于观察所指定方向内的场景内容,它没有目标点。本例创建的自由摄影机效果如图 8-93 所示。创建自由摄影机的操作步骤如下。

步骤 01 按 Ctrl+O 组合键,在弹出的对话框中打开配套资源中的 CDROM\Scenes\Cha08\8-10.max 素材文件,如图 8-94 所示。

步骤 02 选择【创建】|【摄影机】|【自由】工具,在【前】视图中单击即可创建自由摄影机,如图 8-95 所示。

步骤 03 切换到【修改】命令面板,在【参数】卷展栏中将【镜头】设置为 15,激活【透视】视图,按 C 键将其转换为【摄影机】视图。在工具栏中单击【选择并移动】按钮和【选择并旋转】按钮,在其他视图中调整摄影机的位置,如图 8-96 所示。

图 8-93

步骤 04 按 F9 键对【摄影机】视图进行渲染并进行保存。渲染后的效果如图 8-97 所示。

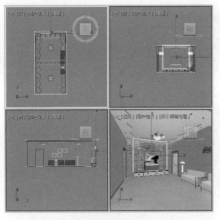

图 8-94

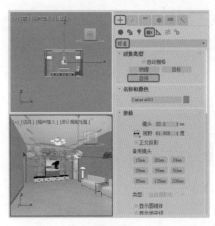

图 8-95

图 8-96

图 8-97

## 【实例】制作毛巾

本例将介绍如何制作毛巾，完成后的效果如图 8-98 所示。

**步骤 01** 激活【左】视图，选择【创建】|【图形】|【矩形】工具，在【左】
视图中创建一个【长度】和【宽度】分别为 230、11 的矩形，
将其命名为【支架】，如图 8-99 所示。

**步骤 02** 切换到【修改】命令面板，在修改器列表中选择【编辑样条线】
修改器，将当前选择集定义为【顶点】，在【几何体】卷展栏
中选择【优化】按钮，在【支架】的上方添加一个顶点，然后
调整顶点效果至如图 8-100 所示的形状。

图 8-98

**步骤 03** 在【修改器列表】中添加【挤出】修改器，在【参数】卷展栏
中将【数量】值设置为 230，如图 8-101 所示。

**步骤 04** 按 M 键打开【材质编辑器】，选择第一个材质样本球并将其命名为【支架】。在【明暗
器基本参数】卷展栏中选择【双面】复选框。在【Blinn 基本参数】卷展栏中，将锁定
的【环境光】和【漫反射】的 RGB 设置为 231、244、221，将【自发光】设置为 30，
将【不透明度】的值设置为 40，在【反射高光】区域下将【高光级别】和【光泽度】
分别设置为 35、0。设置完成后单击【将材质指定给选定对象】按钮，将设置好的材
质指定给场景中的【支架】对象，如图 8-102 所示。

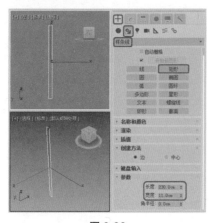
图 8-99

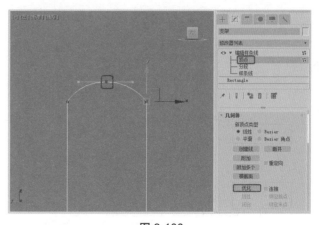
图 8-100

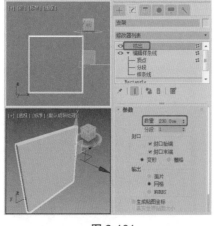
图 8-101

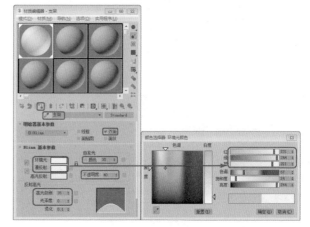
图 8-102

**步骤 05** 激活【前】视图，选择【创建】|【几何体】|【平面】工具，在【前】视图中创建一个平面，在【名称和颜色】卷展栏中将其命名为【毛巾】，在【参数】卷展栏中将【长度】、【宽度】、【长度分段】和【宽度分段】分别设置为450、200、150、15，如图 8-103 所示。

**步骤 06** 在修改器列表中选择【弯曲】修改器，在【参数】卷展栏中将【弯曲】区域下的【角度】和【方向】分别设置为180、90，选择【弯曲轴】区域下的【Y】单选按钮，在【限制】区域下勾选【限制效果】复选框，并将【上限】和【下限】的值分别设置为22、0，如图 8-104 所示。

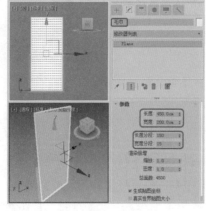
图 8-103

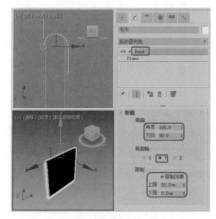
图 8-104

**步骤 07** 在修改器列表中选择【FFD 4×4×4】修改器，将当前选择集定义为【控制点】，使用【选择并移动】按钮调整点的位置，完成后的效果如图 8-105 所示。

**步骤 08** 在【修改器列表】中选择【编辑多边形】修改器，将当前选择集定义为【顶点】，使用【选择并移动】按钮调整点的位置，完成后的效果如图 8-106 所示。

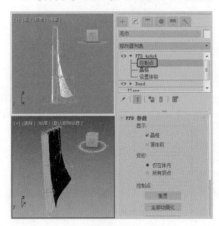

图 8-105

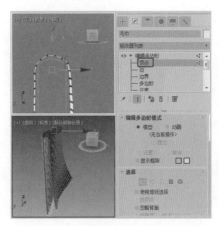

图 8-106

**步骤 09** 打开材质编辑器，选择第二个材质样本球并命名为【毛巾】。在【明暗器基本参数】卷展栏中选择【双面】复选框。在【Blinn 基本参数】卷展栏中，将锁定的【环境光】和【漫反射】的 RGB 值设置为 227、217、109，将【自发光】设置为 30。打开【贴图】卷展栏，单击【漫反射颜色】后面的灰色条形按钮，在打开的【材质 / 贴图浏览器】中选择【位图】贴图，单击【确定】按钮。在打开的对话框中选择配套资源中的 CDROM \ Map \ arch30-026-diffuse.jpg 文件，最后单击【打开】按钮，进入漫反射颜色通道面板，打开【位图参数】卷展栏，在【裁减 / 放置】区域中单击【查看图像】按钮，调整图像的大小，并勾选【应用】复选框，设置完成后，单击【转到父对象】按钮，返回父材质层级，单击【将材质指定给选定对象】按钮，将设置好的材质指定给场景中的【毛巾】对象，如图 8-107 所示。

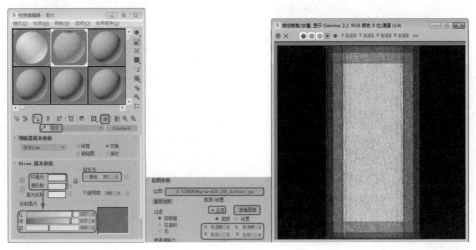

图 8-107

**步骤 10** 按数字 8 键，在弹出的【环境和效果】对话框中，将背景颜色设置为白色，然后对场景进行渲染，完成后的效果如图 8-108 所示。

**步骤 11** 激活【顶】视图，选择【创建】|【摄像机】|【目标】工具，在【顶】视图的左下角创建一架摄影机，然后激活【透视】视图，按 C 键，将其转换为【摄影机】视图。最后在其他视图中调整摄影机的位置，如图 8-109 所示。

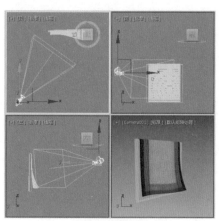

图 8-108　　　　　　　　　　　　　　　图 8-109

**步骤 12** 按数字 8 键，在弹出的【环境和效果】对话框中，将背景颜色的 RGB 设置为 53、53、53，如图 8-110 所示。

**步骤 13** 然后对场景进行渲染，渲染后的效果如图 8-111 所示。最后将场景文件进行保存。

图 8-110

图 8-111

# 第 9 章

# VRay 渲染

本章导读：

● 默认渲染器
● mental ray 渲染器
● V-Ray 渲染

在 3ds Max 2018 中，制作好的场景文件都需要进行渲染输出，本章将介绍渲染工具的设置和使用，以及文件的渲染输出类型等，从而掌握渲染出高品质效果的技术。

## 9.1 渲染设置

在菜单栏中选择【渲染】|【渲染设置】命令，或者在工具栏中单击【渲染设置】按钮 🔘，可以弹出【渲染设置】对话框，在该对话框中可以对渲染的输出路径、渲染范围和渲染尺寸等进行设置。

### 9.1.1 设置单帧渲染

单帧，就是对当前帧进行渲染。在制作动画时，我们可以通过渲染单帧来快速查看动画效果，设置单帧渲染的操作步骤如下。

**步骤 01** 打开配套资源中的 CDROM\Scenes\Cha09\9-1.max 素材文件，将时间滑块拖动至第 100 帧，如图 9-1 所示。

**步骤 02** 在工具栏中单击【渲染设置】按钮 🔘，弹出【渲染设置】对话框，选择【公用】选项卡，在【公用参数】卷展栏中选择【时间输出】选项组中的【单帧】单选按钮，如图 9-2 所示。

**步骤 03** 在【查看到渲染】下拉列表中选择【四单元菜单 4-Camera01】选项，然后单击【渲染】按钮，如图 9-3 所示。

**步骤 04** 这时，即可对第 100 帧进行渲染，渲染完成后的效果如图 9-4 所示。

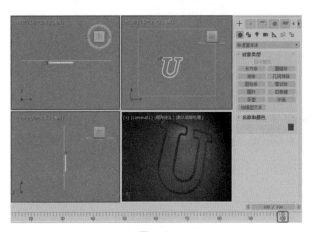

图 9-1

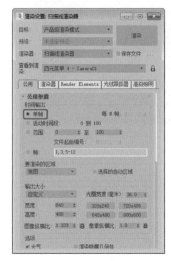

图 9-2

图 9-3

图 9-4

## 9.1.2 设置渲染输出路径

在渲染动画之前，首选需要对动画的输出路径，文件名和类型等进行设置。下面来介绍一下设置动画渲染输出路径的方法，具体的操作步骤如下。

**步骤 01** 打开配套资源中的 CDROM\Scenes\Cha09\9-1.max 素材文件，如图 9-5 所示。

**步骤 02** 在工具栏中单击【渲染设置】按钮，弹出【渲染设置】对话框，选择【公用】选项卡，在【公用参数】卷展栏中选择【时间输出】选项组中的【活动时间段】单选按钮，如图 9-6 所示。

**步骤 03** 在【渲染输出】选项组中单击【文件】按钮，如图 9-7 所示。

**步骤 04** 弹出【渲染输出文件】对话框，在该对话框中选择动画的输出路径，并设置【保存类型】为【AVI 文件（*.avi）】，设置【文件名】为【设置渲染输出路径】，如图 9-8 所示。

**步骤 05** 单击【保存】按钮，弹出【AVI 文件压缩设置】对话框，如图 9-9 所示。

**步骤 06** 单击【确定】按钮，返回到【渲染设置】对话框中，此时会在【文件】按钮的下方
显示出输出路径，如图 9-10 所示。在【查看到渲染】下拉列表中选择【四单元菜单
4-Camera01】选项，单击【渲染】按钮，即可对当前动画进行渲染。

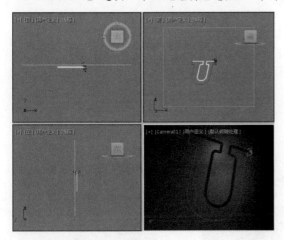

图 9-5

图 9-6

图 9-7

图 9-8

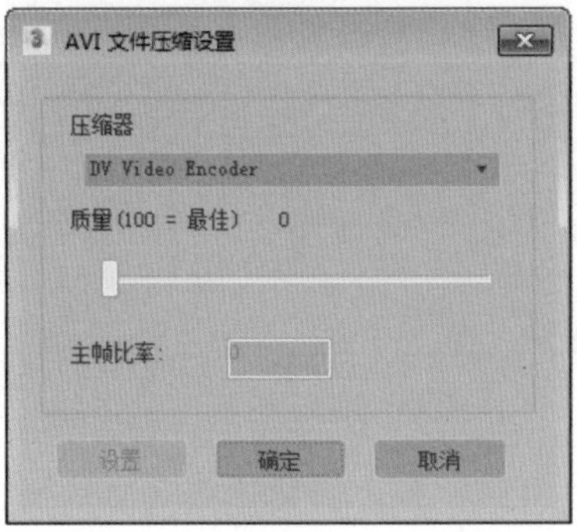

图 9-9

图 9-10

## 9.1.3 设置渲染范围

范围，就是指两个数字之间（包括这两个数）的所有帧。设置渲染范围的操作步骤如下。

**步骤 01** 打开配套资源中的 CDROM\Scenes\Cha09\9-1.max 素材文件，如图 9-11 所示。

**步骤 02** 在工具栏中单击【渲染设置】按钮 ，弹出【渲染设置】对话框，选择【公用】选项卡，在【公用参数】卷展栏中选择【时间输出】选项组中的【范围】单选按钮，将后面的范围设置为 0 至 53，如图 9-12 所示。

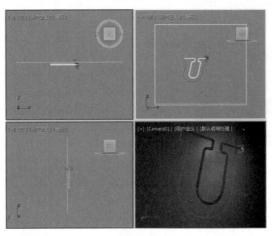

图 9-11                图 9-12

**步骤 03** 然后使用上一实例中讲到的方法为动画设置输出路径、类型和文件名，设置完成后即可在【渲染输出】选项组中显示出输出路径，如图 9-13 所示。

**步骤 04** 在【查看到渲染】下拉列表中选择【四单元菜单 4-Camera01】选项，单击【渲染】按钮，如图 9-14 所示，即可对当前动画进行渲染。

图 9-13                图 9-14

## 9.1.4 设置渲染尺寸

在渲染场景文件时，用户可以根据需要对渲染尺寸进行设置。设置渲染尺寸的操作步骤如下。

**步骤 01** 打开配套资源中的 CDROM\Scenes\Cha09\9-1.max 素材文件，在工具栏中单击【渲染设置】按钮 ，弹出【渲染设置】对话框，选择【公用】选项卡，在【公用参数】卷展栏中的【输出大小】选项组中单击【640×480】按钮，如图 9-15 所示。

**步骤 02** 将时间滑块拖动至第 100 帧处，然后单击对话框右下角的【渲染】按钮，渲染窗口即可以 640×480 大小显示，如图 9-16 所示。

图 9-15

图 9-16

## 9.1.5 指定渲染器

【指定渲染器】卷展栏用于设置指定给产品级或 V-Ray 类别的渲染器，指定渲染器的操作步骤如下。

**步骤 01** 打开配套资源中的 CDROM\Scenes\Cha09\9-1.max 素材文件，在工具栏中单击【渲染设置】按钮 ，弹出【渲染设置】对话框，选择【公用】选项卡，在【指定渲染器】卷展栏中单击【产品级】右侧的【选择渲染器】按钮 ，如图 9-17 所示。

**步骤 02** 弹出【选择渲染器】对话框，在弹出的对话框中选择【V-Ray Adv 3.60.03】渲染器，如图 9-18 所示。

图 9-17

图 9-18

**步骤 03** 单击【确定】按钮，然后在【指定渲染器】卷展栏中单击【保存为默认设置】按钮，如图 9-19 所示。

**步骤 04** 弹出【保存为默认设置】对话框，在该对话框中单击【确定】按钮即可，如图 9-20 所示。

图 9-19

图 9-20

# 9.2　VRay 渲染

VRay 渲染器（VRay rendering system）主要作为 3ds Max 的外挂插件而存在。它针对 3ds Max 具有良好的兼容性与协作渲染能力，拥有【光线跟踪】和【全局照明】渲染功能，用来代替 3ds Max 原有的【默认扫描线渲染器】，VRay 还包括了其他增强性能的特性。VRay 有两种类型的安装版本，一种是基本安装版本；另一种是高级安装版本。基本安装版本价格较低，具

图 9-21

备最基本的特征，主要使用对象是学生和业余爱好者；而高级安装版则增加了一些附加功能，主要面向专业人士。

基本安装版本包括以下功能：
- 真正的光影追踪反射和折射；
- 平滑的反射和折射；
- 半透明材质用于创建石蜡、大理石、磨砂玻璃；
- 面积阴影（软阴影），包括方形和球形发射器；
- 间接照明（也称全局光照明或全局光照），使用几种不同的算法，包括直接计算（强制性的）和辐射帖图；
- 采用准门特卡罗算法的运动模糊；
- 摄像机景深效果；
- 抗锯齿，包括固定的、简单的 2 级和自适应算法；
- 散焦功能；

● G 缓冲（包括 RGBA、材质／物体 ID 号、z. 缓冲及速率等）。

高级安装版本除了包含基本安装版本的所有功能外，还包括以下附加的功能：

● 基于抗锯齿的 G 缓冲；

● 光子贴图；

● 可再次使用的发光贴图（支持保存及导入），针对摄像机游历动画的增量采样；

● 可再次使用的焦散和全局光子贴图（支持保存及导入）；

● 具有解析采样功能的运动模糊；

● 支持真实的 HDRI 帖图，支持包括具有正确纹理坐标控制的【 *.hdr 】和【 *.rad 】格式的图像，直接映射图像，不需要进行裁减，也不会产生失真；

● 具有正确物理照明的自带面积光；

● 具有更高物理精度和快速计算的自带材质；

● 基于 TCP/IP 通信协议，可使用工作室所有电脑进行分布式渲染，也可以通过互联网连接；

● 支持不同的摄像机镜头类型，如鱼眼、球形、圆柱形以及立方体形摄像机等；

● 置换贴图，包括快速的 2D 位图算法和真实的 3D 置换贴图。

## 9.2.1 渲染参数的设置区域

下面将讲解渲染参数的设置区域。

步骤 01 继续【9.1.5 指定渲染器】的操作，指定 VRay 为当前渲染器后，切换至【V-Ray】选项卡，这里包括了 VRay 渲染器许可服务、产品信息以及渲染参数设置的 11 个卷展栏，如图 9-22 所示。

步骤 02 根据用户选择的图像采样器以及间接照明类型的不同，显示的渲染参数界面会有所不同。

图 9-22

## 9.2.2 VRay 渲染元素的设置

下面将讲解 VRay 渲染元素的设置。

步骤 01 在【渲染设置】对话框中，进入到【Render Elements】选项卡。

步骤 02 在【渲染元素】卷展栏中，勾选【激活元素】复选框，单击【添加】按钮，会弹出【渲染元素】对话框，其列表中列出了多种可用的 VRay 渲染元素，选择需要的选项，然后单击【确定】按钮完成设置如图 9-23 所示。

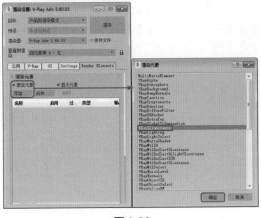

图 9-23

## 9.2.3 VRay 材质的调用

下面将讲解 VRay 材质的调用。

**步骤 01** 启动 3ds Max 2018，按 M 键，弹出【材质编辑器】对话框。

**步骤 02** 在【材质编辑器】对话框中单击【Standard】按钮，则会弹出【材质/贴图浏览器】对话框，选择【材质】选项中的【V-Ray】卷展栏，并在【V-Ray】卷展栏选择需要用的 VRay 材质，然后单击【确定】按钮，如图 9-24 所示。

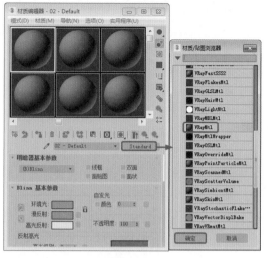

图 9-24

## 9.2.4 VRay 贴图的调用

继续 9.2.3 节的操作来讲解 VRay 贴图的调用。

**步骤 01** 在【材质编辑器】中单击任意一个贴图指定按钮。

**步骤 02** 在弹出的【材质/贴图浏览器】对话框中，选择需要的 VRay 贴图，然后单击【确定】按钮即可，如图 9-25 所示。

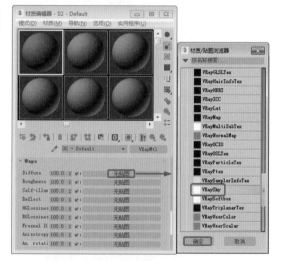

图 9-25

## 9.2.5 VRay 灯光的使用

下面将讲解 VRay 灯光的使用。

**步骤 01** 单击【创建】＋|【灯光】按钮。

**步骤 02** 在其下拉列表中选择【VRay】类型，即可进入 VRay 灯光的创建面板，如图 9-26 所示。

图 9-26

## 9.2.6　VRay 阴影的使用

下面将讲解 VRay 阴影的使用。

**步骤 01** 单击【创建】|【灯光】|【标准】|【目标聚光灯】按钮，展开【常规参数】卷展栏，勾选【阴影】选项组中的【启用】复选框，激活阴影的使用。

**步骤 02** 在阴影类型下拉列表中选择【VRayShadow】类型即可完成阴影的使用，如图 9-27 所示。

图 9-27

## 9.2.7　VRay 物体的创建

下面将讲解 VRay 物体的创建。

**步骤 01** 单击【创建】 ➕ |【几何体】按钮 ●。

**步骤 02** 在其下拉列表中选择 VRay 类型，即可进入 VRay 物体的创建面板，如图 9-28 所示。

图 9-28

## 9.2.8　VRay 置换修改器的使用

下面将讲解 VRay 置换修改器的使用。

**步骤 01** 选择场景中存在的几何体，然后切换至【修改】命令面板。

**步骤 02** 在【修改器列表】中选择【VRayDisplacementMod】修改器。此时该置换修改器就可以使用了，如图 9-29 所示。

图 9-29

## 9.2.9  VRay 大气效果的使用

下面将讲解 VRay 大气效果的使用。

**步骤 01** 在主键盘区按 8 键，弹出【环境和效果】对话框。

**步骤 02** 在【环境】选项卡中，展开【大气】卷展栏。

**步骤 03** 单击【添加】按钮，在弹出的【添加大气效果】对话框中，选择需要的 VRay 大气效果，单击【确定】按钮即可完成使用，如图 9-30 所示。

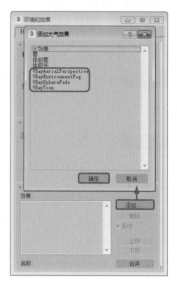

图 9-30

### 【实例】旱冰鞋

本案例将讲解如何利用 VRay 渲染器渲染旱冰鞋，渲染完成后的效果如图 9-31 所示。具体操作方法如下。

**步骤 01** 启动软件后，打开配套资源中的 CDROM\Scenes\Cha07\ 旱冰鞋 .max 素材文件，如图 9-32 所示。

图 9-31

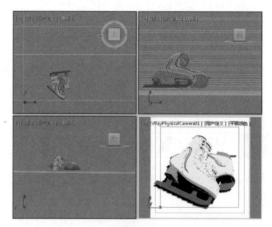

图 9-32

**步骤 02** 在【渲染设置】对话框，在【指定渲染器】卷展栏中，将【产品级】设为【V-Ray Adv 3.60.03】，如图 9-33 所示。

**步骤 03** 切换到【V-Ray】选项卡，在【Frame buffer】卷展栏中，取消勾选【Enable built-in frame buf】复选框，如图 9-34 所示。

**步骤 04** 切换到【Image filter】卷展栏中，将【ilter】设为【Catmull-Rom】，如图 9-35 所示。

**步骤 05** 在【Color mapping】卷展栏中，将【Type】设为【Exponential】，如图 9-36 所示。

**步骤 06** 切换到【GI】选项卡，在【Global illumination】选项卡，勾选【Enable GI】复选框，将【Interp samples】设置为 40，如图 9-37 所示。

**步骤 07** 设置完成后，单击【渲染】按钮，效果如图 9-38 所示。

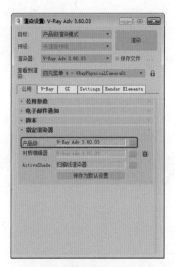

图 9-33

图 9-34

图 9-35

图 9-36

图 9-37

图 9-38

# 第 10 章

# 环境与效果

本章导读：

- 设置渲染环境
- 使用大气特效
- 使用效果面板

在渲染特效中，可以使用一些特殊的效果对场景进行加工和添色，来模拟现实中的视觉效果。

## 10.1 设置渲染环境

本节主要介绍环境和环境效果，通过对本节的学习，能够使用户对环境效果有一个简单的认识，并能掌握环境效果的基本应用。

### 10.1.1 设置渲染背景贴图

在三维创作中，无论是静止的建筑效果图还是运动的三维动画片，除了主体的精工细作外，还要用一些贴图来增加烘托效果，本例效果如图 10-1 所示。

图 10-1

**步骤 01** 新建场景文件，在菜单栏选择【渲染】|【环境】命令，在弹出的【环境和效果】对话框中单击【背景】选项组中的【无】按钮，在打开的【材质 / 贴图浏览器】对话框中双击【位图】贴图，然后在弹出的【选择位图图像文件】中选择配套资源中的 \Maps\11beijing.jpg 文件，如图 10-2 所示。

**步骤 02** 按 M 键，打开【材质编辑器】选择一个样本球，在【环境和效果】对话框中将刚刚加入的贴图拖至样本球上，弹出【实例（副本）贴图】对话框，保持默认值，单击【确定】按钮，在【坐标】卷展栏中，将【贴图】设为【屏幕】，如图 10-3 所示。

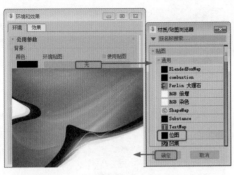
图 10-2

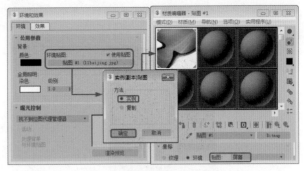
图 10-3

**步骤 03** 激活【透视】视图,在菜单栏执行【视图】|【视口配置】命令,弹出【视口配置】对话框,选择【背景】选项,并选择【使用环境背景】单选按钮,单击【确定】按钮,如图 10-4 所示。

**步骤 04** 激活【透视】视图,按 F9 进行渲染,效果如图 10- 所示。

图 10-4

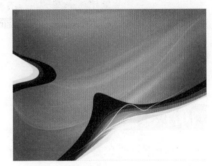
图 10-5

## 10.1.2 设置渲染背景颜色

在渲染的时候见到的背景色是默认的黑色,但有时渲染主体为深颜色的场景时,就需要适当更改背景颜色,本例设置渲染背景颜色效果如图 10-6 所示。

**步骤 01** 打开配套资源中的 CDROM\Scenes\Cha10\ 设置渲染背景颜色 .max 素材文件,对场景进行渲染,得到如图 10-7 所示的效果。

**步骤 02** 选择【渲染】|【环境】命令,或者按快捷键 8,系统会弹出如图 10-8 所示的【环境和效果】对话框。

**步骤 03** 在【公用参数】卷展栏中设置渲染环境的一般属性。单击【背景】选项组中【颜色】下方的颜色块,系统会弹出如图 10-9 所示的对话框,将颜色的 RGB 值设置为 147、147、147,然后单击【确定】按钮。

图 10-6

**步骤 04** 再次渲染,背景颜色便改变了,效果如图 10-10 所示。

图 10-7

图 10-8

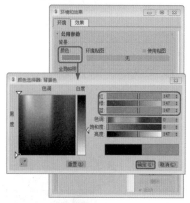

图 10-9

图 10-10

## 10.1.3 设置染色

系统默认染色是白色，如果此颜色不是白色，则为场景中的所有灯光（环境光除外）染色，染色效果如图 10-11 所示。

**步骤 01** 继续上一节的操作，按快捷键 8，打开【环境和效果】对话框，单击【全局照明】选项组中【染色】下的色块，在弹出的【颜色选择器】中设置颜色的 RGB 值为 255、255、0，如图 10-12 所示。

**步骤 02** 按 F9 键进行快速渲染，得到的效果如图 10-13 所示。

图 10-11

图 10-12

图 10-13

## 10.1.4 设置环境光

环境光是照亮整个场景的常规光线。这种光具有均匀的强度，并且属于均质漫反射。它不具有可辨别的光源和方向，效果如图 10-14 所示。

步骤 01 打开配套资源中的 CDROM\Scenes\Cha10\ 设置渲染背景颜色 .max 素材文件，选择【渲染】|【环境】命令，打开【环境和效果】对话框，单击【全局照明】选项组中【环境光】下的色块，在弹出的【颜色选择器】中设置颜色的 RGB 值为 255、0、245，如图 10-15 所示。

步骤 02 按 F9 键进行快速渲染，得到的效果如图 10-16 所示。

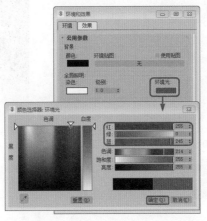

图 10-14　　　　　图 10-15　　　　　图 10-16

## 10.1.5 设置曝光

【曝光控制】是用于调整渲染的输出级别和颜色范围的插件组件，就像调整胶片曝光一样。此过程就是所谓的色调贴图。如果渲染使用光能传递并且处理高动态范围 (HDR) 图像，这些控制尤其有用。本例效果如图 10-17 所示。设置曝光的操作步骤如下。

步骤 01 打开配套资源中的 CDROM\Scenes\Cha10\ 设置渲染背景颜色 .max 素材文件，选择【渲染】|【环境】命令，打开【环境和效果】对话框，如图 10-18 所示。

步骤 02 单击【曝光控制】卷展栏中的【找不到位图代理管理器】右侧的下拉按钮，在列表框中选择【自动曝光控制】选项，如图 10-19 所示。

图 10-17　　　　　图 10-18　　　　　图 10-19

**步骤 03** 在【自动曝光控制参数】卷展栏中设置【亮度】为 30、曝光值为 2，并分别勾选【颜色校正】与【降低暗区饱和度级别】复选框，并将右侧色块的 RGB 值设为 255、38、38，如图 10-20 所示。

**步骤 04** 按 F9 进行快速渲染，效果如图 10-21 所示。

图 10-20

图 10-21

# 10.2　使用大气特效

在三维场景中，有时要用到一些特殊大气效果，如雾效果、火焰效果、体积光等，大气是用于创建照明效果（例如雾、火焰等）的插件组件。

## 10.2.1　使用雾效果

在大气特效中，雾是制造氛围的一种方法。雾可使对象随着与摄像机距离的增加逐渐衰减，或提供分层雾效果，使所有对象或部分对象被雾笼罩。本例制作效果如图 10-22 所示。

**步骤 01** 打开配套资源中的 CDROM\Scenes\Cha10\ 雾效果 .max 素材文件，如图 10-23 所示。

**步骤 02** 按快捷键 8，打开【环境和效果】对话框；单击【环境贴图】通道下的【无】按钮，在弹出的【材质/贴图浏览器】中选择【位图】贴图，在打开的对

图 10-22

话框中选择配套资源 \Maps\sqbj00.jpg 文件，单击【打开】按钮，如图 10-24 所示。

**步骤 03** 激活透视图，按【Alt+B】快捷键，在【背景】选项卡下，勾选【使用环境背景】复选框，单击【确定】按钮，如图 10-25 所示。

**步骤 04** 按【M】键打开【材质编辑器】对话框，在【环境和效果】对话框中将【环境贴图】拖动至材质球上，在弹出的对话框中单击【确定】按钮，在【坐标】卷展栏中选择【环境】单选按钮，将【贴图】设置为【屏幕】，如图 10-26 所示。

**步骤 05** 在【环境和效果】对话框中的【大气】卷展栏中，单击【添加】按钮，在弹出的【添加大气效果】对话中选择【雾】选项，单击【确定】按钮，即可将【雾】添加到大气效果列表中，如图 10-27 所示。

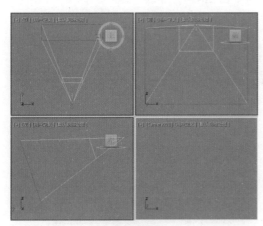

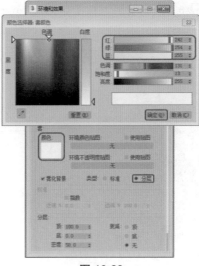

**步骤 06** 在【雾参数】卷展栏中，将【雾】区域下的【颜色】RGB 值设置为 242、254、255，并选择【分层】单选按钮，如图 10-28 所示。

图 10-23

图 10-24

图 10-25

图 10-26

图 10-27

图 10-28

**步骤07** 在【分层】区域下，将【顶】、【底】、【密度】分别设置为300、10、30，将【衰减】设置为【顶】；勾选【地平线噪波】复选框，可以增加场景的真实感，将【大小】、【角度】和【相位】分别设置为100、0、50，如图10-29所示。

**步骤08** 激活摄影机视图，按F9键进行渲染，效果如图10-30所示。

图 10-29

图 10-30

## 10.2.2 使用火焰效果

在三维动画中，火焰效果是为了烘托气氛经常要用到的效果之一。使用【火焰】可以生成动画的火焰、烟雾和爆炸效果。常见的火焰效果用法包括篝火、火炬、火球、烟云和星云，本例制作的效果如图10-31所示。

图 10-31

**步骤01** 打开配套资源中的 CDROM\Scenes\Cha10\ 火焰效果 .max 素材文件，选择【创建】➕|【辅助对象】|【大气装置】|【球体 Gizmo】按钮，在【顶】视图中创建球体 Gizmo；在修改器下，【球体 Gizmo 参数】卷展栏中勾选【半球】复选框，如图10-32所示。

**步骤02** 在【顶】视图中将【SphereGizmo002】移动至木头位置；再单击缩放工具栏中的【选择并均匀缩放】（快捷键R）按钮，对其进行不对称缩放，如图10-33所示。

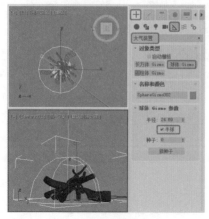

图 10-32

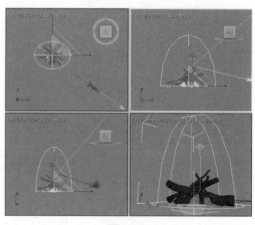

图 10-33

**步骤 03** 按快捷键 8，打开【环境和效果】对话框；在【大气】卷展栏下，单击【添加】按钮，在弹出的【添加大气效果】对话框中选择【火效果】选项，单击【确定】按钮，如图 10-34 所示。

**步骤 04** 在【环境和效果】对话框中，在【火效果参数】卷展栏中单击【拾取 Gizmo】按钮，在场景中拾取球体 Gizmo 对象，其相对应的名字将显示在右边的下拉列表中，如图 10-35 所示。

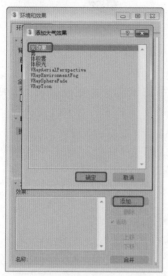

图 10-34

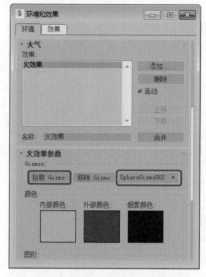

图 10-35

**步骤 05** 在【环境和效果】对话框中，在【颜色】选项区中将【内部颜色】的 RGB 值设置为 255、225、0；将【外部颜色】RGB 值设置为 225、0、0。在【图形】选项区中将【火焰类型】设置为【火舌】，将【拉伸】值设置为 1，将【火焰大小】、【密度】和【采样】分别设置为 25、40、20，如图 10-36 所示。

**步骤 06** 激活摄影机视图，按 F9 键进行渲染，效果如图 10-37 所示。

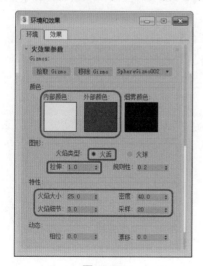

图 10-36

图 10-37

## 10.2.3 使用体积光效果

体积光是一种特殊的光线，体积光根据灯光与大气的相互作用提供灯光效果。用它可以制作出各种光束、光斑、光芒等效果，体积光效果如图 10-38 所示。

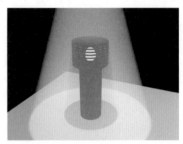

**步骤 01** 打开配套资源中的 CDROM\Scenes\Cha10\ 体积光 .max 素材文件，在【前】视图中创建一盏目标聚光灯，如图 10-39 所示。

**步骤 02** 切换到【修改】命令面板，在【常规参数】卷展栏中的【阴影】区域下勾选【启用】复选框，在【强度 /

图 10-38

颜色 / 衰减】卷展栏中将【倍增】设置为 0.3，将右侧色块的颜色值设置为 255、242、206，在【聚光灯参数】卷展栏中勾选【显示光锥】复选框，并将【聚光区 / 光束】的值设置为 35，将【衰减区 / 区域】的值设置为 37，如图 10-40 所示。

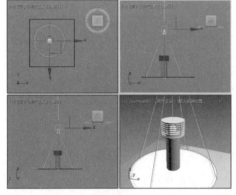

图 10-39

图 10-40

**步骤 03** 按快捷键 8，弹出【环境和效果】对话框，在【环境】选项卡中单击【大气】选项组区域下的【添加】按钮，在弹出的【添加大气效果】对话框中选择【体积光】选项，单击【确定】按钮，如图 10-41 所示。

**步骤 04** 返回到【环境和效果】对话框，在【体积光参数】卷展栏中单击【拾取灯光】按钮，在场景中选择创建的目标聚光灯，其相对应的名字将显示在右边的下拉列表中，如图 10-42 所示。

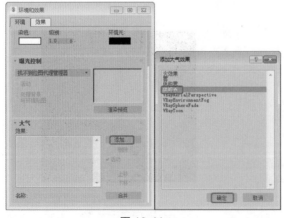

图 10-41

图 10-42

**步骤 05** 在【体积】选项组中将【密度】的值设置为 1，如图 10-43 所示。

**步骤 06** 激活摄影机视图，按 F9 键，进行快速渲染，得到的效果如图 10-44 所示。

图 10-43

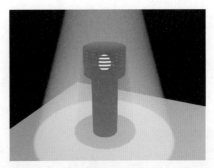

图 10-44

# 10.3 使用效果面板

在效果面板中共有 10 种效果：毛发和毛皮、镜头效果、模糊、亮度和对比度、色彩平衡、景深、文件输出、胶片颗粒、照明分析图像叠加和运动模糊。这里我们主要介绍其中的四种特效。

## 10.3.1 使用镜头效果

下面我们介绍镜头光晕效果的制作方法，本例用镜头光晕制作的效果如图 10-45 所示。

**步骤 01** 打开配套资源中的 CDROM\Scenes\Cha10\ 镜头效果 .max 素材文件，如图 10-46 所示。

**步骤 02** 选择【创建】➕ |【灯光】💡 |【标准】|【泛光】按钮，在【透视】视图中创建一盏泛光灯，如图 10-47 所示。

图 10-45

图 10-46

图 10-47

**步骤 03** 按快捷键 8，弹出【环境和效果】对话框；在【效果】选项卡中，单击【效果】卷展栏中的【添加】按钮，在弹出的【添加效果】对话框中选择【镜头效果】选项，单击【确定】按钮，如图 10-48 所示。

**步骤 04** 在【镜头效果参数】卷展栏中选择【光晕】，单击 > 按钮，则【光晕】特效将显示在右侧列表框中，在【镜头效果全局】卷展栏中单击【拾取灯光】按钮，单击场景中创建好的泛光灯，如图 10-49 所示。

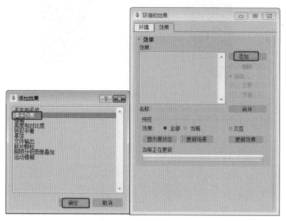

图 10-48                              图 10-49

**步骤 05** 在【光晕元素】卷展栏中，单击【径向颜色】区域下的【白色】色块，弹出【颜色选择器】对话框，将颜色的 RGB 值设置为 255、240、205，单击【确定】按钮，如图 10-50 所示。

**步骤 06** 在【镜头效果参数】卷展栏中选择【光环】选项，单击 > 按钮，则 Ring 特效将显示在右侧列表框中，在【光环元素】卷展栏中设置【大小】为 10，强度为 70，厚度为 20。单击【径向颜色】区域下的【白色】色块，在弹出的【颜色选择器】中设置颜色的 GRB 值为 225、254、215，单击【确定】按钮，如图 10-51 所示。

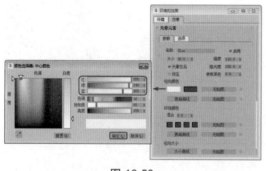
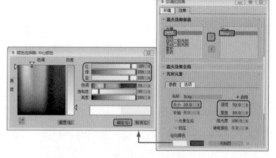

图 10-50                              图 10-51

**步骤 07** 在【镜头效果参数】卷展栏中选择【自动二级光斑】选项，单击 > 按钮，则 Auto Secondary 特效将显示在右侧列表框中，在【自动二级光斑元素】卷展栏中设置【最小】值为 0.1，【最大】值为 2，【数量】为 8，【强度】为 100，如图 10-52 所示。

**步骤 08** 关闭【环境和效果】对话框，激活【透视】视图，对【泛光】进行设置，按 F9 键进行渲染，得到的效果图如图 10-53 所示。

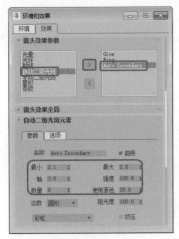

图 10-52　　　　　　　　　　　图 10-53

## 10.3.2　使用亮度和对比度

在渲染时经常会遇到渲染出来的图像比较暗，效果
并不理想，这时我们可以通过使用【亮度和对比度】效果
来调整图像。本例用亮度和对比度调整的效果如图 10-54
所示。

**步骤 01** 打开配套资源中的 CDROM\Scenes\Cha10\ 亮度和
对比度 .max 素材文件，效果如图 10-55 所示。

**步骤 02** 选择【渲染】|【效果】命令，弹出【环境和效果】
对话框，在【效果】选项卡中，单击【效果】卷
展栏中的【添加】按钮，在弹出的【添加效果】

图 10-54

对话框中选择【亮度和对比度】选项，单击【确定】按钮，如图 10-56 所示。

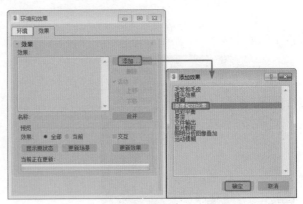

图 10-55　　　　　　　　　　　图 10-56

**步骤 03** 在【亮度和对比度参数】卷展栏中将【亮度】设置为 0.8，将【对比度】设置为 0.8，
如图 10-57 所示。

**步骤 04** 关闭【环境和效果】对话框，激活【透视】视图，按 F9 键进行快速渲染，效果如图
10-58 所示。

图 10-57　　　　　　　　　　　　　图 10-58

## 10.3.3　使用色彩平衡效果

使用色彩平衡效果，可以通过独立控制 RGB 通道中颜色的相加或相减。本例通过色彩平衡制作的效果如图 10-59 所示。

**步骤 01** 打开配套资源中的 CDROM\Scenes\Cha10\ 使用色彩平衡效果使用镜头效果 .max 素材文件，并对其进行渲染，效果如图 10-60 所示。

**步骤 02** 选择【渲染】|【效果】命令，弹出【环境和效果】对话框，在【效果】选项卡中，单击【效果】卷展栏中的【添加】按钮，在弹出的【添加效果】对话框中选择【色彩平衡】选项，单击【确定】按钮，如图 10-61 所示。

图 10-59

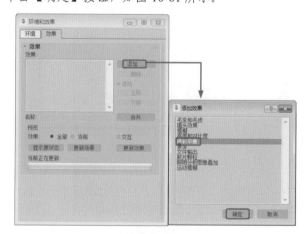

图 10-60　　　　　　　　　　　　　图 10-61

**步骤 03** 在【色彩平衡参数】卷展栏下，将色彩平衡值从上至下依次设置为 31、37、-36，并勾选【保持发光度】复选框，如图 10-62 所示。

**步骤 04** 关闭【环境和效果】对话框，激活【透视】视图，按 F9 键进行渲染，效果如图 10-63 所示。

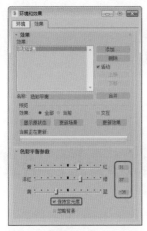

图 10-62

图 10-63

## 10.3.4 使用胶片颗粒效果

下面我们介绍胶片颗粒的制作方法。本例制作的效果如图 10-64 所示。

**步骤 01** 打开配套资源中的 CDROM\Scenes\Cha10\ 胶片颗粒效果 .max 素材文件，并对其进行渲染，效果如图 10-65 所示。

**步骤 02** 按快捷键 8，弹出【环境和效果】对话框，在【效果】选项卡中，单击【效果】卷展栏中的【添加】按钮，在弹出的【添加效果】对话框中选择【胶片颗粒】选项，单击【确定】按钮，如图 10-66 所示。

图 10-64

图 10-65

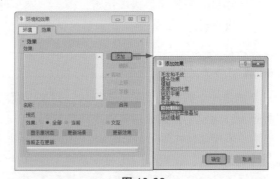

图 10-66

**步骤 03** 在【胶片颗粒参数】卷展栏中将【颗粒】值设置为 1.0，如图 10-67 所示。

**步骤 04** 关闭【环境和效果】对话框，激活【透视】视图，按 F9 键进行渲染，效果如图 10-68 所示。

图 10-67

图 10-68

# 第 11 章

# 粒子动画与视频后期处理

本章导读：

- 粒子系统
- 创建太阳耀斑效果

粒子系统是附加的建模工具。粒子系统能生成粒子子对象，从而达到模拟雪、雨、灰尘等效果的目的，主要用于动画中。本章将对粒子系统进行详细介绍，其次讲解了视频后期处理。

## 11.1 粒子系统

3ds Max 中的粒子系统可以模仿雪、雨、水滴、星空等高密度粒子对象。通过对粒子对象进行设置，可以表现一些动态效果。本节将详细介绍粒子系统的相关内容。

### 11.1.1 粒子系统面板

粒子系统是一个相对独立的造型系统，用来创建雨、雪、灰尘、泡沫、火花、气流等，它还可以将造型作为粒子，例如用来表现成群的蚂蚁、热带鱼、吹散的蒲公英等动画效果。粒子系统主要用于表现动态的效果，与时间、速度的关系非常紧密，一般用于动画制作。

选择【创建】|【几何体】|【粒子系统】选项，在【对象类型】卷展栏中包括了多种粒子类型，如图 11-1 所示。

粒子系统除了自身特性外，还有一些共同的属性。

图 11-1

- 【发射器】：用于发射粒子，所有的粒子都由它喷出，它的位置、面积和方向决定了粒子发射时的位置、面积和方向，在视图中不被选中时显示为橘红色，不可以被渲染。
- 【计时】：控制粒子的时间参数，包括粒子产生和消失的时间，粒子存在的时间，粒子的流动速度以及加速度。
- 【粒子参数】：控制粒子的大小、速度，不同类型的粒子系统设置也不同。
- 【渲染特性】：用来控制粒子在视图中和渲染时分别表现出的形态。由于粒子显示不一，所以通常以简单的点、线或交叉来显示，而且数目也只用于操作观察之用，不用设置过多；对于渲染效果，它会按真实指定的粒子类型和数目进行着色计算。

## 11.1.2 创建喷射粒子系统

【喷射】粒子系统可以模拟水滴下落的效果，如下雨、喷泉和瀑布等。创建【喷射】粒子系统的操作步骤如下，完成后的效果如图 11-2 所示。

图 11-2

**步骤 01** 启动软件后，选择【创建】|【几何体】|【粒子系统】|【喷射】工具，在【顶】视图中创建喷射粒子系统，如图 11-3 所示。

**步骤 02** 进入【修改】命令面板，打开【参数】卷展栏，在【粒子】选项组中将【视口计数】和【渲染计数】都设置为 10 000，将【水滴大小】和【速度】分别设置为 1、15，在【计时】选项组中将【开始】和【寿命】分别设置为 -50、400，在【发射器】选项组中将【宽度】和【长度】都设置为 400。在视图中调整其位置，效果如图 11-4 所示。

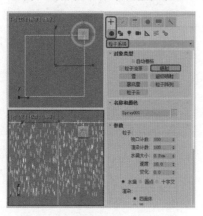

图 11-3

图 11-4

**步骤 03** 在菜单栏中选择【渲染】|【环境】命令，如图 11-5 所示。

**步骤 04** 弹出【环境和效果】对话框，在【公用参数】卷展栏中单击【背景】选项组下的【无】按钮，如图 11-6 所示。

**步骤 05** 弹出【材质 / 贴图浏览器】对话框，在该对话框中选择【位图】贴图，单击【确定】按钮，在弹出的【选择位图图像文件】对话框中选择配套资源中的 CDROM\Maps\ps003.jpg，单击【打开】按钮，如图 11-7 所示。

**步骤 06** 返回到【环境和效果】对话框中，直接将该对话框关闭即可。然后在视图中选择创建的喷射粒子系统，右击，在弹出的快捷菜单中选择【对象属性】选项，如图 11-8 所示。

**步骤 07** 弹出【对象属性】对话框，选择【常规】选项卡，在【运动模糊】选项组中选择【图像】单选按钮，将【倍增】设置为 1.8，单击【确定】按钮，如图 11-9 所示。

**步骤 08** 按 M 键打开【材质编辑器】对话框，选择一个新的材质样本球，在【Blinn 基本参数】卷展栏中将【环境光】和【漫反射】的 RGB 值设置为 225、225、225，勾选【自发光】选项组中的【颜色】复选框，并将其 RGB 值设置为 240、240、240，在【反射高光】选项组中将【高光级别】和【光泽度】都设置为 0，如图 11-10 所示。

图 11-5

图 11-6

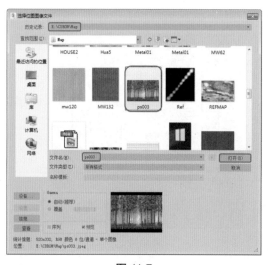

图 11-7

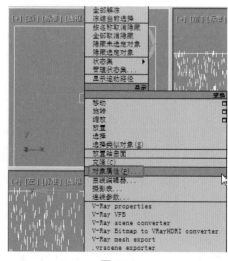

图 11-8

图 11-9

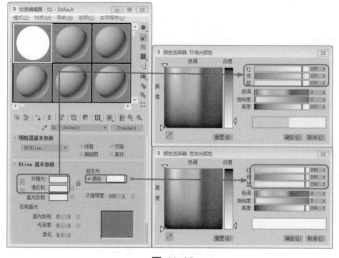

图 11-10

**步骤 09** 打开【扩展参数】卷展栏，在【衰减】选项中选择【外】单选按钮，并将数量设置为 100，然后单击【将材质指定给选定对象】按钮，如图 11-11 所示。

**步骤 10** 按 8 键打开【环境和效果】对话框，选择【环境】选项卡，将【环境贴图】拖动至【材质编辑器】中的一个空白材质球上，在弹出的对话框中单击【确定】按钮，如图 11-12 所示。

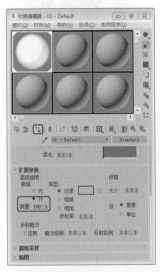
图 11-11

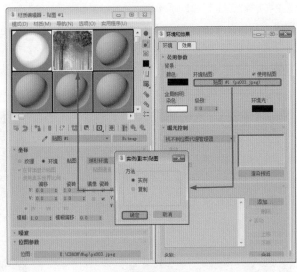
图 11-12

**步骤 11** 在【坐标】卷展栏中选择【环境】单选按钮，将【贴图】设置为【屏幕】，将【瓷砖】下的【U】设置为 0.9，如图 11-13 所示。

**步骤 12** 激活【透视】视图，按 F10 键打开【渲染设置：默认扫描线渲染器】对话框，在公用参数卷展栏中选择【活动时间段】单选按钮，在【渲染输出】选项组中单击【文件】按钮，在弹出的对话框中设置文件名和保存类形以及保存路径，单击【保存】按钮，然后再在打开的对话框中单击【确定】按钮。设置完成后，单击【渲染】按钮，渲染完成后的效果如图 11-14 所示。然后对场景进行保存。

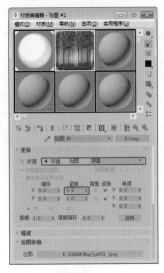
图 11-13

图 11-14

### 11.1.3　创建雪粒子系统

【雪】粒子系统可以模拟飞舞的雪花或者纸屑等效果，与【喷射】粒子系统不同的是，它还具有一些附加参数，控制雪花的旋转效果，而且渲染参数也不同。创建【雪】粒子系统的操作步骤如下，完成后的效果如图 11-15 所示。

图 11-15

**步骤 01** 按 Ctrl+O 组合键打开配套资源中的 CDROM\Scenes\Cha11\ 创建雪粒子系统 .max 素材文件，如图 11-16 所示。

**步骤 02** 选择【创建】|【几何体】|【粒子系统】|【雪】工具，在【顶】 视图中创建【雪】粒子系统，如图 11-17 所示。

图 11-16

图 11-17

**步骤 03** 切换到【修改】命令面板，在【参数】卷展栏中，将【粒子】选项组中的【视口计数】、【渲染计数】、【雪花大小】和【速度】分别设置为 2 000、2 000、1、5，选择【渲染】选项组中的【面】单选按钮，将【计时】选项组中的【开始】和【寿命】分别设置为 -100、300。将【发射器】选项组中的【宽度】和【长度】都设置为 400，并在视图中调整其位置，如图 11-18 所示。

**步骤 04** 按 M 键打开【材质编辑器】对话框，在该对话框中选择【01-Default】材质，并单击【将材质指定给选定对象】按钮，将材质指定给【雪】粒子系统，如图 11-19 所示。

图 11-18

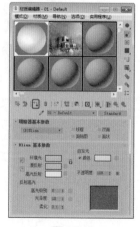

图 11-19

步骤 05 激活【透视】视图，按 F10 键打开【渲染设置：默认扫描线渲染器】对话框，在公用参数卷展栏中选择【活动时间段】单选按钮，在【渲染输出】选项组中单击【文件】按钮，在弹出的对话框中设置文件名和保存类形以及保存路径，单击【保存】按钮，然后再在打开的对话框中单击【确定】按钮。设置完成后，单击【渲染】按钮。渲染完成后的效果如图 11-20 所示。然后对场景进行保存。

图 11-20

## 11.1.4　创建超级喷射粒子系统

　　【超级喷射】粒子系统可以喷射出可控制的水滴状粒子，它与简单的【喷射】粒子系统相似，但是其功能更为强大。创建【超级喷射】粒子系统的操作步骤如下，完成后的效果如图 11-21 所示。

步骤 01 按 Ctrl+O 组合键打开配套资源中的 CDROM\Scenes\Cha11\ 创建超级喷射粒子系统 .max 素材文件，如图 11-22 所示。

步骤 02 在场景中选择【喷头】以外的所有的对象，并将其隐藏，如图 11-23 所示。

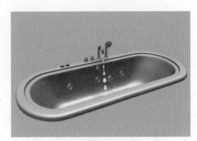

图 11-21

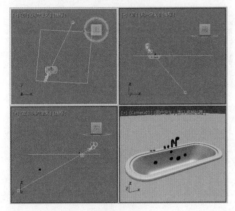

图 11-22

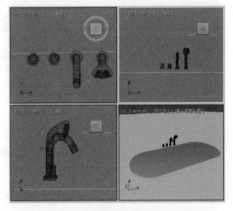

图 11-23

步骤 03 激活【顶】视图，选择【创建】|【几何体】|【粒子系统】|【超级喷射】工具，在【顶】视图中创建一个超级喷射粒子系统，如图 11-24 所示。

步骤 04 切换【修改】命令面板，在【基本参数】卷展栏中将【轴偏离】和【平面偏离】下的【扩散】分别设为 2 和 180，在【显示图标】区域下将【图标大小】设为 4，在【视口显示】区域下选中【网格】单选按钮，如图 11-25 所示。

步骤 05 在【粒子生成】卷展栏中选中【粒子】数量区域下的【使用总数】单选按钮，将它下面的数值设为 300。在【粒子运动】区域下的【速度】设为 2，在【粒子计时】区域下将【发射开始】、【发射停止】、【寿命】分别设为 -20、160、100，在【粒子大小】区域下将【大小】、【变化】、【增长耗时】、【衰减耗时】分别设置为 2、20、6、30，如图 11-26 所示。

步骤 06　在【粒子类型】卷展栏中选择【变形球粒子】单选按钮，如图 11-27 所示。

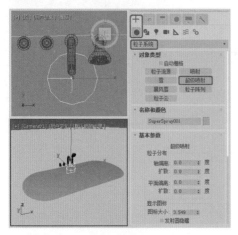

图 11-24

图 11-25

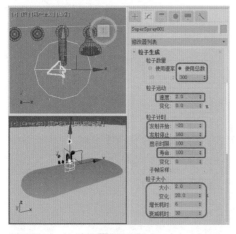

图 11-26

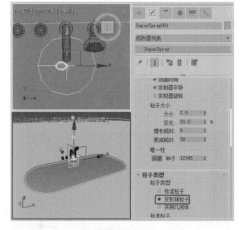

图 11-27

步骤 07　确认粒子对象处于选择状态，在工具栏中选择【选择并旋转】工具，在视图中沿 X 轴将粒子系统旋转 165°，然后选择【选择并移动】工具，对其进行调整，如图 11-28 所示。

步骤 08　按 M 键打开【材质编辑器】对话框，选择一个样本球，在【明暗器基本参数】卷展栏中将阴影模式设为【金属】，在【反射高光】区域下将【高光级别】和【光泽度】分别设为 34 和 76，如图 11-29 所示。

步骤 09　在【贴图】卷展栏，单击【反射】通道后面的【无贴图】按钮，在打开的【材质/贴图浏览器】对话框中选择【位图】并双击，在打开的对话框中选择配套资源中的 CDROM\Maps\水材质 .JPG 文件，进入【反射】通道的位图层，在【坐标】卷展栏中将【模糊偏移】设为 0.001，在【位图参数】卷展栏中勾选【应用】复选框，将 U、V、W、H 分别设为 0.225、0.209、0.402、0.791。单击【转到父对象】按钮，单击【折射】通道后面的【无贴图】按钮，在打开的【材质/贴图浏览器】对话框中选择【光线跟踪】贴图，然后单击【确定】按钮，使用默认参数，最后单击【将材质制定给选定对象】按钮，如图 11-30 所示。

**步骤 10** 将所有隐藏的对象显示，按 F10 键在打开的对话框中，单击【时间输出】区域下的【活
动时间段】按钮，在【输出大小】区域下设置渲染尺寸为 640×480，单击【渲染输出】
区域下的【文件】按钮，在弹出的对话框中设置文件名、保存路径及保存类型，完成
后效果如图 11-31 所示。

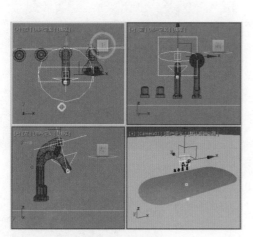

图 11-28

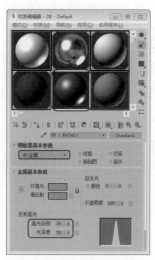

图 11-29

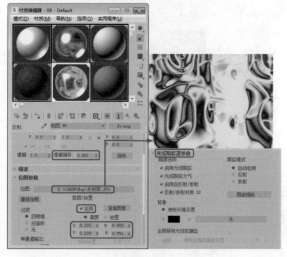

图 11-30

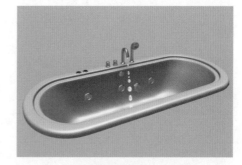

图 11-31

## 【实例】创建星空效果

【粒子云】粒子系统会限制一个空间，在空间内部产生粒
子效果。创建【粒子云】粒子系统的操作步骤如下，完成后的
效果如图 11-32 所示。

**步骤 01** 按 Ctrl+O 组合键打开配套资源中的 CDROM\Scenes\
Cha11\创建星空效果 .max 素材文件，如图 11-33 所示。

图 11-32

**步骤 02** 选择【创建】|【几何体】|【粒子系统】|【粒子云】工具，在【顶】视图中创建【粒子云】粒子系统，如图 11-34 所示。

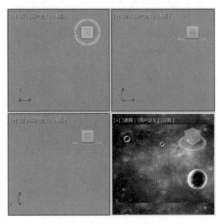

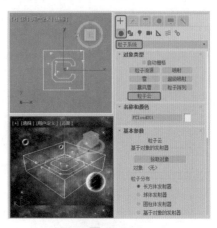

图 11-33　　　　　　　　　　　　　　　图 11-34

**步骤 03** 切换到【修改】命令面板，打开【基本参数】卷展栏，在【显示图标】选项组中将【半径/长度】设置为 200，将【宽度】设置为 245，将【高度】设置为 1，如图 11-35 所示。

**步骤 04** 打开【粒子生成】卷展栏，在【粒子计时】选项组中将【发射开始】和【发射停止】分别设置为 -20 和 100，在【粒子大小】选项组中将【大小】设置为 1.5，如图 11-36 所示。

**步骤 05** 打开【粒子类型】卷展栏，在【标准粒子】选项组中选择【恒定】单选按钮，并在视图中对【粒子云】粒子系统进行调整，如图 11-37 所示。

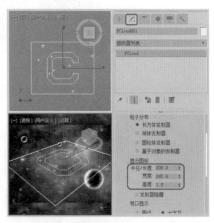

图 11-35

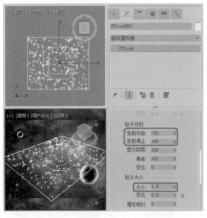

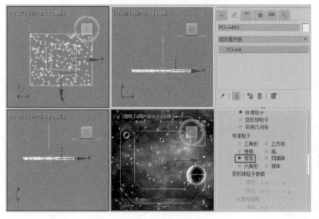

图 11-36　　　　　　　　　　　　　　　图 11-37

**步骤 06** 按 M 键打开【材质编辑器】对话框，在该对话框中选择【01-Default】材质，并单击【将材质指定给选定对象】按钮，将材质指定给【粒子云】粒子系统，如图 11-38 所示。

**步骤 07** 激活【透视】视图，按 F10 键打开【渲染设置：默认扫描线渲染器】对话框，在公用

参数卷展栏中选择【活动时间段】单选按钮，在【渲染输出】选项组中单击【文件】
按钮，在弹出的对话框中设置文件名和保存类形以及保存路径，单击【保存】按钮，
然后再在打开的对话框中单击【确定】按钮。设置完成后，单击【渲染】按钮即可。
渲染完成后的效果如图11-39所示。然后对场景进行保存。

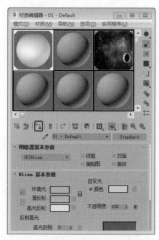

图 11-38

图 11-39

# 11.2 应用视频后期处理

在视频后期处理中，可以加入多种类型的项目，包括当前场景、图像、动画、过滤器和合
成器等，主要目的有两个：一是将场景、图像和动画组合连接在一起，层层覆盖以产生组合的
图像效果，分段连接产生剪辑影片的作用；二是对组合和连接加入特殊处理，如对图像进行发
光处理，在两个影片衔接时进行淡入淡出处理等。

## 11.2.1 为对象添加镜头效果光晕

镜头效果光晕是最为常见的过滤器，它可对物体表面进行灼烧处理，产生一层光晕，从而
达到发光的效果。

**步骤 01** 按 Ctrl+O 组合键打开配套资源中的 CDROM\Scenes\ Cha11\ 为对象添加镜头效果光晕
.max 素材文件，在场景中选择【Loft01】模型，右击，在弹出的快捷菜单中选择【对
象属性】命令，在弹出的【对象属性】对话框中设置【G 缓冲区】选项组中的【对象
ID】为 1，单击【确定】按钮，如图 11-40 所示。

**步骤 02** 在菜单栏中选择【渲染】|【视频后期处理】命令，在弹出的【视频后期处理】窗口中
单击工具栏中的【添加场景事件】按钮，弹出【添加场景事件】对话框，在【视图】
选项组中选择【透视】，单击【确定】按钮，如图 11-41 所示。

**步骤 03** 添加场景事件后，单击【添加图像过滤事件】按钮，弹出【添加图像过滤事件】对
话框，在【过滤器插件】选项组中选择【镜头效果光晕】事件，单击【确定】按钮，
如图 11-42 所示。

**步骤 04** 在序列窗格中双击【镜头效果光晕】事件，在弹出的【编辑过滤事件】对话框中单击【设
置】按钮，如图 11-43 所示。

图 11-40

图 11-41

图 11-42

图 11-43

**步骤 05** 打开【镜头效果光晕】对话框，选中【VP 排列】和【预览】按钮，在【属性】选项卡中设置【对象 ID】为 1，在【过滤】选项组中选择【周界 Alpha】选项，如图 11-44 所示。

**步骤 06** 在【首选项】选项卡中的【效果】选项组中设置【大小】为 2，在【颜色】选项组中选择【用户】单选按钮，设置颜色的 RGB 值为 0、185、67，设置【强度】为 60，单击【确定】按钮，如图 11-45 所示。

图 11-44

图 11-45

## 11.2.2 执行镜头效果光晕特效

下面我们对刚才创建的镜头效果光晕进行输出渲染。完成后的效果如图 11-46 所示。

**步骤 01** 继续上一节的操作，在【视频后期处理】对话框中单击【添加图像输出事件】按钮 ，在弹出的【添加图像输出事件】对话框中单击【图像文件】区域下的【文件】按钮，如图 11-47 所示。

**步骤 02** 弹出【为视频后期处理输出选择图像文件】对话框，设置【文件名】为【虞美人】，设置【保存类型】为 TIF 图像文件（*.tif），如图 11-48 所示。

图 11-46

图 11-47

图 11-48

**步骤 03** 单击【保存】按钮，弹出【TIF 图像控制】对话框，如图 11-49 所示。

**步骤 04** 单击两次【确定】按钮，返回到【视频后期处理】对话框，如图 11-50 所示。即可添加图像输出效果。

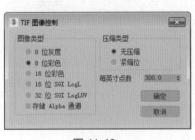

图 11-49

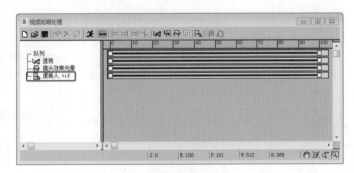

图 11-50

**步骤 05** 单击【执行序列】按钮 ，弹出【执行视频后期处理】对话框，选择【时间输出】中的【单个】单选按钮，在【输出大小】选项组中将输出大小设置为 1024×778，单击【渲染】按钮，对序列进行渲染，如图 11-51 所示。渲染后的效果如图 11-52 所示。

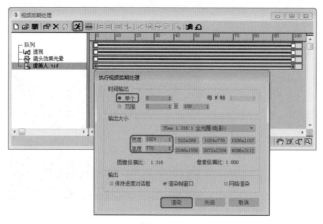

图 11-51

图 11-52

## 11.2.3 使用星空渲染场景

产生星空背景,这种星空可以按照地球周围真实的星空数据库计算,必须对摄影机视图才能产生作用。完成后的效果如图 11-53 所示。

**步骤 01** 按 Ctrl+O 组合键打开配套资源中的 CDROM\ Scenes\ Cha11\ 使用星空渲染场景 .max 素材文件,选择【渲染】|【视频后期处理】命令,打开【视频后期处理】对话框,单击【添加图像过滤事件】按钮 ,在弹出的【添加图像过滤事件】对话框中选择【星空】事件,单击【确定】按钮,如图 11-54 所示。

图 11-53

**步骤 02** 在序列窗格双击【星空】事件,在弹出的【编辑过滤事件】对话框中单击【设置】按钮,如图 11-55 所示。

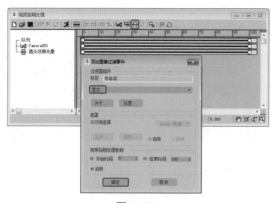

图 11-54

图 11-55

**步骤 03** 在弹出的【星星控制】对话框中将【星星大小(像素)】的值设置为 2,将【运动模糊】选项组中的【数量】设置为 100,单击【确定】按钮,如图 11-56 所示。

**步骤 04** 再次单击【确定】按钮,返回到【视频后期处理】对话框,单击【执行序列】按钮 ,如图 11-57 所示。

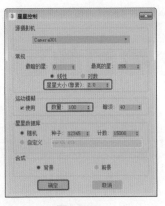 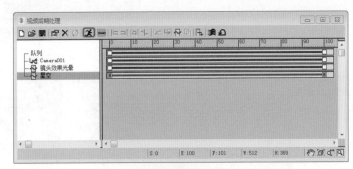

图 11-56 　　　　　　　　　　图 11-57

**步骤 05** 在弹出的【执行视频后期处理】对话框中，在【时间输出】区域下选择【单个】单选按钮，将【输出大小】的【宽度】设置为 1 024,【高度】设置为 778，单击【渲染】按钮，如图 11-58 所示。渲染后的效果如图 11-59 所示。

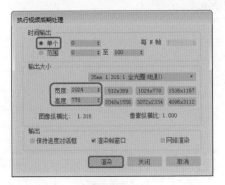 

图 11-58 　　　　　　　　　　图 11-59

## 11.2.4　设置交叉衰减

将两个图像在时间上作衰减处理，从背景图像向前景图像过滤，最后完全转化为前景图像。它没有参数设置，直接指定即可，转化的速度取决于时间段的长度。完成后的效果如图 11-60 所示。

图 11-60

**步骤 01** 按 Ctrl+O 组合键打开配套资源中的 CDROM\Scenes\Cha11\ 设置交叉衰减 .max 素材文件，选择【渲染】|【视频后期处理】命令，打开【视频后期处理】对话框，即可显示素材，如图 11-61 所示。

**步骤 02** 单击【添加图像输出事件】按钮，在弹出的【添加图像输出事件】对话框中单击【文件】按钮，弹出【为视频后期处理输出选择图像文件】对话框，为其设置保存路径，在【保存类型】下拉列表框中选择【AVI 文件（*.avi）】选项，并设置文件名为【设置交叉衰减】，单击【保存】按钮，如图 11-62 所示。

**步骤 03** 弹出【AVI 文件压缩设置】对话框，使用默认值，单击【确定】按钮，如图 11-63 所示。

**步骤 04** 再次单击【确定】按钮，选择 2 个图像输入事件，单击【添加图像层事件】按钮，如图 11-64 所示。

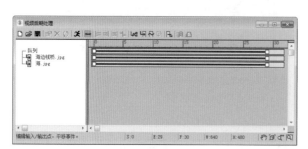

图 11-61

图 11-62

图 11-63

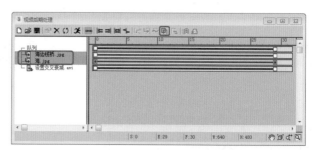

图 11-64

**步骤 05** 弹出【添加图像层事件】对话框，在【层插件】选项组中的【视频后期处理变换过滤器】列表框中选择【交叉衰减变换】选项，单击【确定】按钮，返回到【视频后期处理】对话框，如图 11-65 所示。

**步骤 06** 在【视频后期处理】对话框中，单击【执行序列】按钮 ✖，弹出【执行视频后期处理】对话框，在【时间输出】选项组中选择【范围】单选按钮，在右侧的文本框中输入 0、15，在【输出大小】选项组中将【宽度】设置为 640，【高度】设置为 480，然后单击【渲染】按钮，如图 11-66 所示。渲染后的效果如图 11-67 所示。

图 11-65

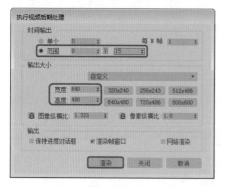

图 11-66

图 11-67

## 11.2.5　保存序列

这一节介绍保存序列的方法。

**步骤 01** 继续上一节的操作，选择【渲染】|【视频后期处理】命令，弹出【视频后期处理】对话框，单击【保存序列】按钮，如图 11-68 所示。

**步骤 02** 弹出【保存序列】对话框，选择相应的文件路径，设置【文件名】为【保存序列】，如图 11-69 所示。单击【保存】按钮，即可保存序列。

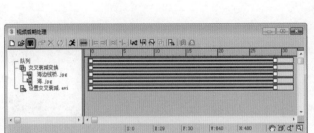

图 11-68　　　　　　　　　　　　　　图 11-69

## 11.2.6　打开序列

下面我们介绍打开序列的方法。

**步骤 01** 重置一个 3ds Max 场景，选择菜单栏中的【渲染】|【视频后期处理】命令，如图 11-70 所示。

**步骤 02** 弹出视频后期处理对话框，单击【打开序列】按钮，如图 11-71 所示。

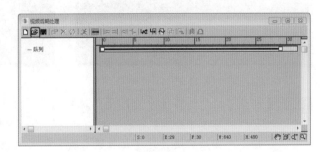

图 11-70　　　　　　　　　　　　　　图 11-71

**步骤 03** 弹出【打开序列】对话框，选择相应的素材序列，如图 11-72 所示。

**步骤 04** 单击【打开】按钮，即可打开序列，如图 11-73 所示。

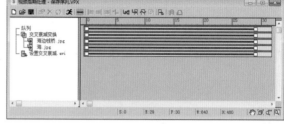

图 11-72　　　　　　　　　　　　图 11-73

## 【实例】创建太阳耀斑效果

本例将介绍如何创建太阳耀斑效果，效果如图 11-74 所示。该例通过为辅助对象添加【火效果】来制作太阳，然后将泛光灯光源作为产生镜头光斑的物体，最后通过【视频后期处理】对话框中的【镜头效果光斑】特效过滤器来产生耀斑效果。

图 11-74

**步骤 01** 按 Ctrl+O 组合键打开配套资源中的 CDROM\Scenes\Cha11\ 创建太阳耀斑效果 .max 素材文件，如图 11-75 示。

**步骤 02** 选择【创建】|【辅助对象】|【大气装置】|【球体 Gizmo】工具，在【顶】视图中创建一个【半径】为 200 的球体线框，如图 11-76 所示。

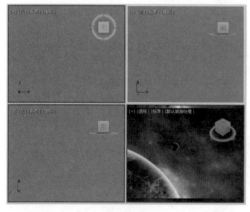

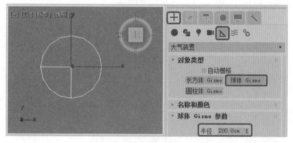

图 11-75　　　　　　　　　　　　图 11-76

**步骤 03** 在菜单栏中选择【渲染】|【环境】命令，打开【环境和效果】对话框，在【大气】卷展栏中单击【添加】按钮，在打开的对话框中选择【火效果】，单击【确定】按钮，添加一个火焰效果。在【火效果参数】卷展栏中单击【拾取 Gizmo】按钮，并在视图中选择球体线框，其他参数使用默认设置即可，如图 11-77 所示。

**步骤 04** 选择【创建】|【灯光】|【标准】|【泛光灯】工具，在【顶】视图中的球体线框中心处单击创建泛光灯对象，如图 11-78 所示。

图 11-77

图 11-78

**步骤 05** 选择【创建】|【摄影机】|【目标】工具，在【顶】视图中创建一架摄影机，在【参数】卷展栏中将【镜头】设置为 40，激活【透视】视图，按 C 键将该视图转换为【摄影机】视图，然后在其他视图中调整摄影机的位置，如图 11-79 所示。

**步骤 06** 在菜单栏中选择【渲染】|【视频后期处理】命令，打开【视频后期处理】对话框，单击【添加场景事件】按钮，添加一个场景事件，在打开的对话框中使用默认的摄影机视图，单击【确定】按钮，如图 11-80 所示。

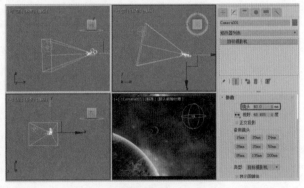

图 11-79

图 11-80

**步骤 07** 再单击【添加图像过滤事件】按钮，添加一个图像过滤事件，在打开的对话框中选择过滤器列表中的【镜头效果光斑】过滤器，单击【确定】按钮，如图 11-81 所示。

**步骤 08** 在事件列表中双击【镜头效果光斑】过滤器，在打开的对话框中单击【设置】按钮，进入【镜头效果光斑】控制面板，单击【预览】和【VP 队列】按钮，在【镜头光斑属性】区域下单击【节点源】按钮，在打开的对话框中选择【Omni001】对象，单击【确定】按钮，将泛光灯作为发光源。单击【首选项】选项卡，参照图 11-82 所示进行勾选。

**步骤 09** 单击【光晕】选项卡，将【径向颜色】左侧色标 RGB 值设置为 255、255、108。确定第二个色标在 93 的位置处，并将其 RGB 值设置为 45、1、27。将最右侧的色标 RGB 值设置为 0、0、0，如图 11-83 所示。

**步骤 10** 单击【射线】选项卡，将【径向颜色】两侧色标的 RGB 值都设置为 255、255、108，如图 11-84 所示。最后单击面板底端的【确定】按钮，退回到【视频后期处理】对话框中。

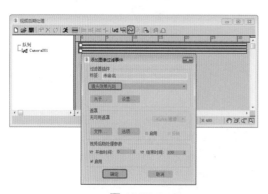

图 11-81

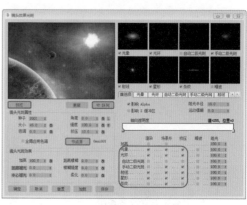

图 11-82

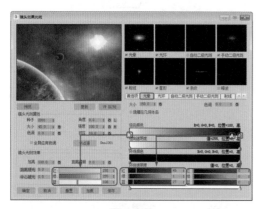

图 11-83

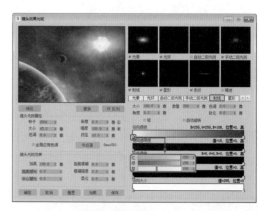

图 11-84

步骤 11 单击【添加图像输出事件】按钮，在打开的对话框中单击【文件】按钮，在弹出的对话框中，设置文件输出的路径和名称，然后单击【保存】按钮，如图 11-85 所示。

步骤 12 单击【执行序列】按钮，在打开的对话框中选择【时间输出】区域中的【单个】单选按钮，在【输出大小】区域中将【宽度】和【高度】设置为 800×600，然后单击【渲染】按钮进行渲染，如图 11-86 所示。

步骤 13 渲染完成后将效果保存，并将场景文件保存。渲染后的效果如图 11-87 所示。

图 11-85

图 11-86

图 11-87

# 第 12 章

# 广告标版动画的制作与表现

**本章导读：**

- 创建字体、材质
- 设置动画
- 设置光晕、光斑特效

本章通过介绍标版动画的制作，为大家提供一个制作思路和方法，其中涉及到标志的制作、字体动画的设置、摄影机和灯光动画的设置以及背景和材质动画的设置。另外，还有发光特效的设置。通过本章的练习可以为读者奠定一个坚实的动画学习基础，本例制作的效果如图 12-1 所示。

图 12-1

## 12.1 创建字体、材质

下面我们为大家介绍字体的创建和材质的基本操作。字体的创建和材质的设置都比较简单，但是标志的制作相对复杂一些，关键在于创意要有一个好的思路。

### 12.1.1 创建标志

标志是产品或企业重要的象征，在本例中也制作了一个简单的标志，下面开始介绍标志的制作。

步骤 01　运行软件后，选择【创建】|【图形】|【样条线】|【文本】工具，在【前】视图中单击鼠标创建文本，在【参数】卷展栏中将【字体】定义为【华文中宋】，【大小】设置为100，在文本输入框中输入字母【M】，然后将它命名为【标志001】，如图12-2所示。

步骤 02　在工具栏中右击【选择并均匀缩放】按钮，在弹出的【缩放变换输入】对话框中将【绝对：局部】区域的【Y】轴设置为88，如图12-3所示。

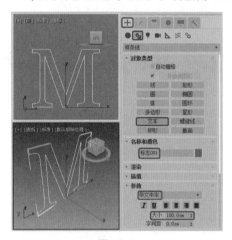

图 12-2　　　　　　　　　　　　　　　　图 12-3

步骤 03　选择【修改】命令面板，在【修改器列表】中选择【编辑样条线】修改器，将当前选择集定义为【顶点】，调整一下顶点的位置，如图12-4所示。

步骤 04　选择【创建】|【图形】|【样条线】|【矩形】工具，在【前】视图字母的位置创建一个矩形，在【参数】卷展栏中将【长度】和【宽度】分别设置为60、80。选择【修改】按钮，进入修改面板，在【修改器列表】中选择【编辑样条线】修改器，将当前选择集定义为【顶点】，在【几何体】卷展栏中单击【优化】按钮，在矩形上分别添加顶点并调整它们的位置，效果如图12-5所示。

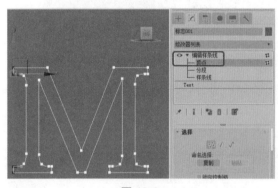

图 12-4　　　　　　　　　　　　　　　　图 12-5

步骤 05　调整完成后，再在【几何体】卷展栏中单击【附加】按钮在视图中选择字母对象将它们附加在一起，并将其命名为【标志】，如图12-6所示。

步骤 06　在修改器列表中选择【倒角】修改器，在【倒角值】卷展栏中，将【起始轮廓】设置为 -0.5；将【级别1】下的【高度】、【轮廓】都设置为1；勾选【级别2】复选框，将【高度】设置为5；勾选【级别3】复选框，将【高度】、【轮廓】分别设置为1、-1.5，如图12-7所示。

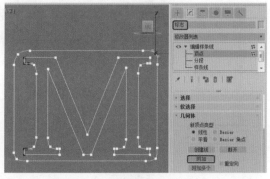

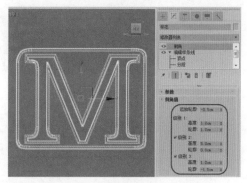

图 12-6                           图 12-7

## 12.1.2 创建主标题、副标题

在标版动画中都有文本标题，选择字体也是很关键的，下面介绍字体的编辑和设置。

**步骤 01** 选择【创建】|【图形】|【样条线】|【文本】工具，在【前】视图单击鼠标创建文本，在【参数】卷展栏中将字体定义为【黑体】，将【大小】设置为65，【字间距】设置为15，在文本输入框中输入文字【科惠软件】，并将它命名为【主标题】，如图 12-8 所示。

**步骤 02** 切换至【修改】命令面板，在修改器列表中选择【倒角】修改器，在【参数】卷展栏中勾选【避免线相交】复选框，在【倒角值】卷展栏中，将【起始轮廓】设置为1.5；将【级别 1】下的【高度】、【轮廓】都设置为1.5；勾选【级别 2】复选框，将【高度】设置为10；勾选【级别 3】复选框，将【高度】、【轮廓】分别设置为1.5、−2.5，如图 12-9 所示。

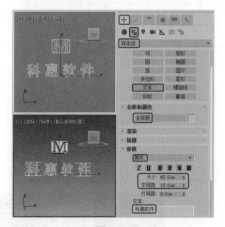

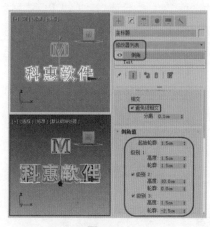

图 12-8                           图 12-9

**步骤 03** 选择【创建】|【图形】|【样条线】|【文本】工具，在【前】视图单击鼠标创建文本，在【参数】卷展栏中将字体定义为【黑体】，将【大小】设置为30，【字间距】设置为10，在文本输入框中输入文字【卓越·未来】，然后将它命名为【副标题】，如图 12-10 所示。

**步骤 04** 切换至【修改】命令面板，在修改器列表中选择【倒角】修改器，在【参数】卷展栏中勾选【避免线相交】复选框，在【倒角值】卷展栏中，将【起始轮廓】设置为0；将【级别 1】下的【高度】、【轮廓】都设置为1；勾选【级别 2】复选框，将【高度】设置为5；勾选【级别 3】复选框，将【高度】、【轮廓】分别设置为1、−1，如图 12-11 所示。

图 12-10                                     图 12-11

## 12.1.3  设置材质

材质选择直接决定着输出效果好坏，合理使用材质会制作出较好效果。

步骤 01  按 M 键打开【材质编辑器】对话框，在该对话框中选择第一个材质样本球，在【明暗器基本参数】卷展栏中将阴影模式定义为【金属】，在【金属基本参数】卷展栏中将【环境光】的 RGB 值都设置为 0，将【漫反射】的 RGB 值设置为 255，将【反射高光】区域的【高光级别】、【光泽度】分别设置为 220、100。打开【贴图】卷展栏，单击【反射】右侧的贴图按钮，打开【材质 / 贴图浏览器】选择【位图】贴图，单击【确定】按钮，选择配套资源中的 CDROM\Maps\Metals.jpg 文件，单击【打开】按钮，如图 12-12 所示。

步骤 02  单击【将材质指定给选定对象】按钮将该材质指定给场景中的标题和标志对象，激活【透视】视图，按 F9 键进行渲染，查看效果如图 12-13 所示。

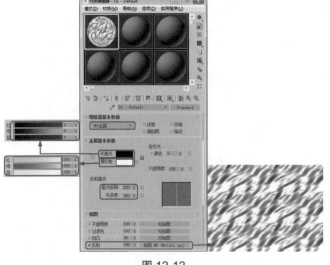

图 12-12                                     图 12-13

## 12.2 设置动画

很多人学习 3ds Max 是因为它可以轻松地制作动画，可以让我们的想象在计算机上实现。从技术角度上来讲，动画是计算机图形学中极其重要的部分，对于初学者来说则是最吸引人的部分，而用计算机来描述真实世界中繁复的运动形式，无疑也是对动画师的一种挑战。

### 12.2.1 设置字体、标志动画

本节介绍字体、标志的旋转动画，它不是由单个对象进行旋转而是多个对象一起旋转最后合成一个对象，在下面的操作中介绍动画的设置。

**步骤 01** 在窗口右下方的动画控制区单击【时间配置】按钮 ，打开【时间配置】对话框，将【动画】区域的【结束时间】设置为 200，单击【确定】按钮，如图 12-14 所示。

**步骤 02** 在【左】视图中选择【标志】和【主标题】对象，按住 Shift 键沿 X 轴向右进行移动复制，在弹出的【克隆选项】对话框中选择【实例】选项，将【副本数】设置为 10，单击【确定】按钮，如图 12-15 所示。

图 12-14

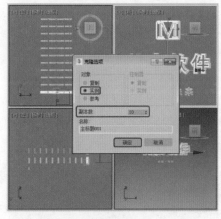

图 12-15

**步骤 03** 在【顶】视图中选择所有【主标题】和【标志】对象，将时间滑块调至 95 帧的位置，打开【自动关键点】按钮，在工具栏中右击【选择并旋转】按钮打开【旋转变换输入】对话框，将【偏移：屏幕】区域的 X 轴设置为 -360，然后将 0 帧处的关键点调至 20 帧的位置，这样对象将在第 20 帧时开始旋转，如图 12-16 所示。

**步骤 04** 选择复制的 10 个【主标题】对象，将时间滑块调至 110 帧的位置，在工具栏中选择【对齐】工具，然后在视图中选择第一个【主标题】对象，在弹出的对话框中勾选【对齐位置】区域的【X 位置】、【Y 位置】和【Z 位置】三个复选框，选择【当前对象】和【目标对象】区域的【中心】选项，单击【确定】按钮，关闭【自动关键点】按钮，将 0 帧处的关键点调至 95 帧的位置，如图 12-17 所示。使用同样的方法对 10 个【标志】对象进行对齐。

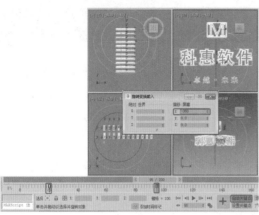

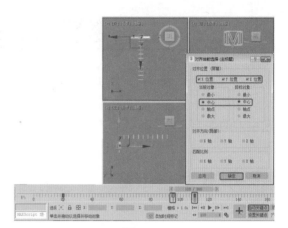

图 12-16                    图 12-17

## 12.2.2 创建摄影机并设置动画

在制作动画或效果图时有效地使用摄影机可以对整个动画或图像效果的影响非常大。摄影机角度、焦距、视图以及摄影机本身的移动对任何动画设计以及静态图像的制作都非常重要。

**步骤 01** 选择【创建】|【摄影机】|【目标】工具，在【顶】视图创建一架目标摄影机，在【参数】卷展栏中将【镜头】设置为 43.456，然后激活【透视】视图，按下 C 键将【透视】视图转换为【摄影机】视图，在各个视图中调整摄影机的位置，如图 12-18 所示。

**步骤 02** 在【顶】视图选择【摄影机】对象，在工具栏中右击【选择并旋转】按钮打开【旋转变换输入】对话框，将【偏移：屏幕】区域的 X 轴设置为 -90，将摄影机沿 X 轴旋转 -90 度，如图 12-19 所示。

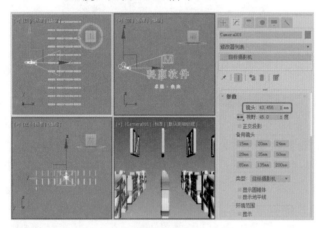
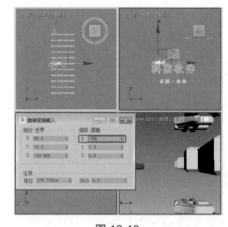

图 12-18                    图 12-19

**步骤 03** 然后为摄影机设置动画，为了便于观察摄影机的运动路径，选择 ▣【显示】按钮，进入【显示】命令面板在【显示属性】卷展栏中选择【轨迹】复选框。将时间滑块调至 50 帧的位置，打开【自动关键点】按钮，在【顶】视图将摄影机沿 X 轴向左移动，如图 12-20 所示。

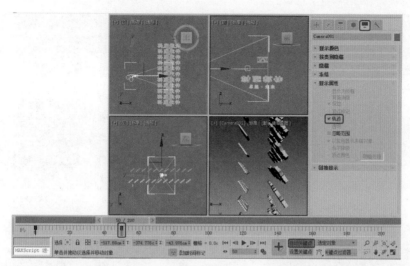

图 12-20

**步骤 04** 再将时间滑块调至 120 帧的位置，
将摄影机向右下方移动，然后在
工具栏中右击【选择并旋转】按
钮，在打开的【旋转变换输入】
对话框中将【偏移：屏幕】区域
的 Y 轴设置为 90，然后关闭自
动关键点按钮，如图 12-21 所示。

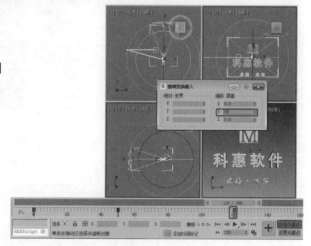

图 12-21

## 12.2.3 创建灯光并设置动画

灯光很显然是用来照亮场景中的对象，如果再为灯光设置动画会丰富对象本身的质感表现，
也会增强动画本身的动感效果。

**步骤 01** 选择【创建】【灯光】【泛光】工具，在【顶】视图如图 12-22 所示的位置创建一盏泛光灯，
在【强度 / 颜色 / 衰减】卷展栏中将【倍增】值设置为 0.8，在【前】视图中调整它的
位置。

**步骤 02** 选择【泛光】工具，在【顶】视图如图 12-23 所示的位置创建第二盏泛光灯，在【强度
/ 颜色 / 衰减】卷展栏中将【倍增】值设置为 0.5，在【前】视图调整它的位置。

**步骤 03** 再选择【泛光】工具，在【顶】视图如图 12-24 所示的位置创建第三盏泛光灯，在【强
度 / 颜色 / 衰减】卷展栏中将【倍增】值设置为 0.3，在【前】视图调整它的位置。

**步骤 04** 在【顶】视图如图 12-25 所示的位置创建第四盏泛光灯，在【强度 / 颜色 / 衰减】卷展
栏中将【倍增】值设置为 0.8。

图 12-22

图 12-23

图 12-24

图 12-25

步骤 05 将时间滑块调至 200 帧的位置，打开自动关键点按钮，如图 12-26 所示沿着箭头的方向分别调整灯光的位置，然后关闭自动关键点按钮。

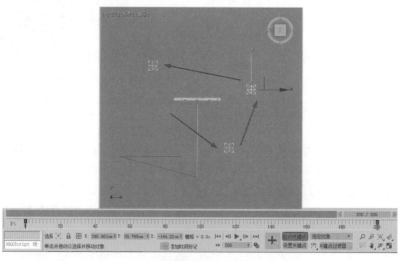

图 12-26

## 12.2.4 绘制直线并设置动画

本小节的制作相对于前面的制作就简单多了，它只是为了丰富画面，起着辅助的作用。

**步骤 01** 选择【创建】|【图形】|【样条线】|【线】工具，在【顶】视图绘制一条直线，然后在【渲染】卷展栏中勾选【在渲染中启用】和【在视口中启用】复选框，将【径向】下的【厚度】设置为 1，并将它命名为【线 001】，如图 12-27 所示。

**步骤 02** 选择【线 001】对象并右击，在打开的快捷菜单中选择【对象属性】命令，打开【对象属性】对话框将【G- 缓冲区】区域的【对象 ID】设置为 1，单击【确定】按钮，如图 12-28 所示。

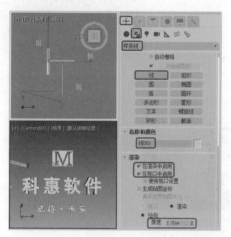

图 12-27

图 12-28

**步骤 03** 按住 Shift 键复制多条直线对象并对它们进行不规则排列，然后选择所有直线对象，在菜单栏中选择【组】|【成组】命令打开【组】对话框将【组名】命名为【线 001】，单击【确定】按钮，如图 12-29 所示。

**步骤 04** 然后再对成组后的【线 001】对象进行复制并调整它们的位置，如图 12-30 所示。

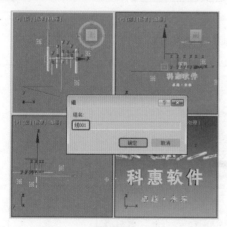

图 12-29

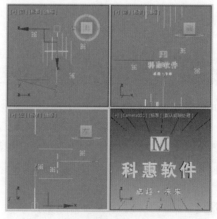

图 12-30

**步骤 05** 在【左】视图选择直线对象，将时间滑块调至 120 帧的位置，打开【自动关键点】按钮，在【顶】视图将直线对象沿 Y 轴向下移动移到摄影机镜头的外面，再将第 0 帧处的关键点调至 100 帧的位置，如图 12-31 所示。

**步骤 06** 将时间滑块调至 140 帧的位置，在【前】视图选择上方的直线对象将其沿 Y 轴向下移动，移到摄影机的镜头外面，再选择下方的直线将其沿 Y 轴向上移动，移到摄影机的外面，然后关闭自动关键点按钮，将第 0 帧处的关键点调至 120 帧的位置，如图 12-32 所示。

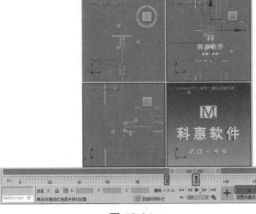

图 12-31               图 12-32

**步骤 07** 在场景中选择所有直线对象，按
M 键打开【材质编辑器】对话框，
在该对话框中选择第二个材质样
本球，将其命名为【线材质】，在
【明暗器基本参数】卷展栏中将阴
影模式定义为【金属】，在【金
属基本参数】卷展栏中将【环境
光】和【漫反射】的 RGB 值设置
为 255、255、255，将【自发光】
区域下的【颜色】设置为 100，将
【反射高光】区域的【高光级别】
和【光泽度】都设置为 0，如图

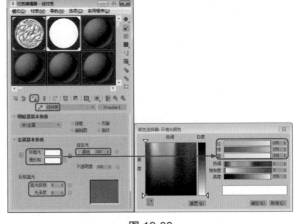

图 12-33

12-33 所示。单击【将材质指定给选定对象】按钮将该材质指定给场景中的选择对象。

## 12.2.5 设置背景、材质动画

作为动画来说如果没有一个好的背景来
衬托，那么它就会失去它本身带来的动感力，
背景除了使用静态图片外，还可以为背景图
片设置简单的动态效果，在下面的操作中将
介绍背景动画的设置。

**步骤 01** 按 8 键打开【环境和效果】对话框，
在【背景】区域中单击【环境贴图】
下的【无】按钮，在打开的【材质 /
贴图浏览器】中选择【位图】贴图，
单击【确定】按钮，选择配套资源
CDROM\Maps\ 背景图 .jpg 文件，单
击【打开】按钮，如图 12-34 所示。

**步骤 02** 在【环境和效果】对话框中，选择

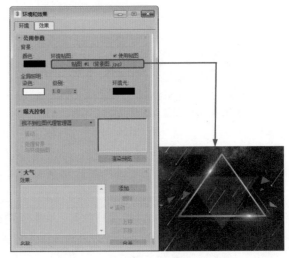

图 12-34

【环境贴图】按钮将它拖动至【材质编辑器】中的一个新的材质样本球上，在弹出的对
话框中选择【实例】选项，单击【确定】按钮，如图 12-35 所示。

**步骤 03** 关闭【环境和效果】对话框，在【材质编辑器】对话框中，在【坐标】卷展栏中将【环
境】设置为屏幕，在【位图参数】卷展栏中勾选【裁剪 / 放置】区域的【应用】复选框，
单击【查看图像】按钮在打开的【指定裁剪 / 放置】对话框中调整它的裁剪区域，如
图 12-36 所示。

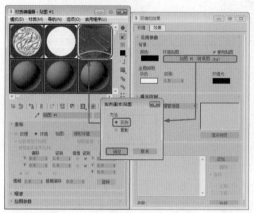

图 12-35

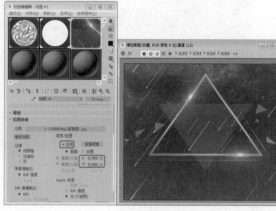

图 12-36

**步骤 04** 将时间滑块调至 200 帧的位置，打开【自动关键点】按钮，调整裁剪区域的位置，如
图 12-37 所示。

**步骤 05** 选择第一个材质样本球，将时间滑块调至 200 帧的位置，在【坐标】卷展栏中将【偏移】
下的 U、V 都设置为 2，关闭自动关键点按钮，如图 12-38 所示。

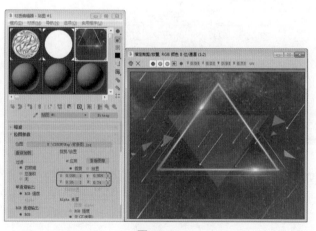

图 12-37

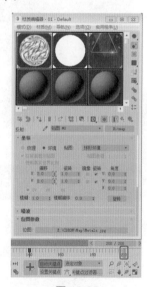

图 12-38

## 12.2.6 创建点辅助对象并设置动画

辅助工具是一系列起到辅助制作功能的特殊物体，它们本身不能进行渲染，但却起着举足
轻重的作用。

**步骤 01** 选择【创建】|【辅助对象】|【点】工具，在【前】视图如图 12-39 所示的位置创建一个点辅助对象。

**步骤 02** 按住 Shift 键对点对象进行移动复制，复制多个点辅助对象，如图 12-40 所示。

图 12-39                                    图 12-40

**步骤 03** 将时间滑块调至 175 帧的位置，打开【自动关键点】按钮，在【顶】视图选择所有点辅助对象将其沿 Y 轴向下移动，移到摄影机的镜头外面，然后关闭【自动关键点】按钮，将第 0 帧处的关键点调至 140 帧的位置，如图 12-41 所示。

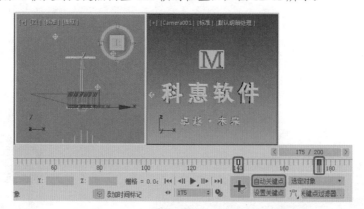

图 12-41

# 12.3 设置光晕、光斑特效

光晕特效是一个很有用的镜头特效过滤器，它可以对物体表面进行灼烧处理，产生一层光晕效果，从而使物体更鲜艳。光斑特效则是一个很复杂的过滤器，但是它可以制作出丰富绚丽的光斑效果。

## 12.3.1 添加事件

为当前序列加入一个当前场景项目，渲染的视图可以从当前屏幕中使用的几种标准视图中选择，对于摄影机视图，不出现在当前屏幕上的也可以选择，这样，我们可以使用多台摄影机在不同的角度拍摄，然后组合在一起。

**步骤 01** 在菜单栏中选择【渲染】|【视频后期处理】命令，打开【视频后期处理】对话框，单击【添加场景事件】按钮，打开【添加场景事件】对话框，在【视图】区域选择默认的摄影机视图，单击【确定】按钮，如图 12-42 所示。

**步骤 02** 单击【添加图像过滤事件】按钮，打开【添加图像过滤事件】对话框，在【过滤器插件】区域选择【镜头效果光晕】事件，单击【确定】按钮，如图 12-43 所示。

图 12-42

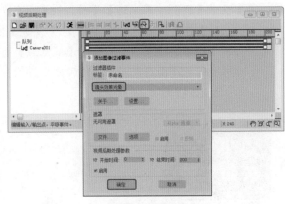

图 12-43

**步骤 03** 使用同样的方法再添加一个【镜头效果光斑】事件，如图 12-44 所示。

**步骤 04** 单击【添加图像输出事件】按钮，打开【添加图像输出事件】对话框，单击【文件】按钮，在打开的对话框中设置路径和文件名，将保存格式定义为【.avi】格式，单击【保存】按钮，在打开的对话框中保存默认设置，单击【确定】按钮，返回【添加图像输出事件】对话框，再单击【确定】按钮，返回到【视频后期处理】对话框中，如图 12-45 所示。

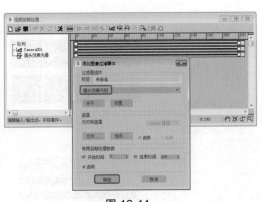

图 12-44

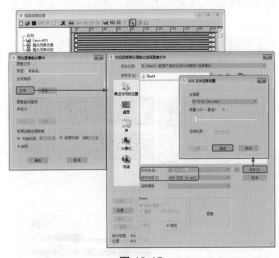

图 12-45

## 12.3.2 设置光晕、光斑事件并输出动画

光晕、光斑特效类似于一些后期合成软件中的特效，很多特殊效果都可以用它来制作，只是制作效率比较低，如果有机会学习后期合成软件，会发现这些工作拿到后期合成软件里去作几乎是瞬间的事。

**步骤 01** 在【视频后期处理】对话框中双击【镜头效果光晕】事件，在打开的对话框中单击【设置】按钮，进入【镜头效果光晕】控制面板，分别单击【VP 队列】和【预览】按钮，在【属性】面板中将【对象 ID】设置为 1。进入【首选项】面板将【效果】区域的【大小】设置为 0.1，在【颜色】区域选择【渐变】选项，单击【确定】按钮返回【视频后期处理】对话框，如图 12-46 所示。

**步骤 02** 双击【镜头效果光斑】事件，在打开的对话框中单击【设置】按钮，进入【镜头效果光斑】控制面板，分别单击【VP 队列】和【预览】按钮，在【镜头光斑属性】区域中将【挤压】设置为 0，单击【节点源】按钮在打开的【选择光斑对象】对话框中选择所有的点辅助对象，单击【确定】按钮，在【首选项】面板中勾选相应的特效复选框，如图 12-47 所示。

图 12-46

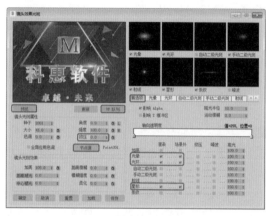

图 12-47

**步骤 03** 进入【光晕】面板，将【大小】设置为 15，将【径向颜色】轴上色标的 RGB 值都设置为 255，如图 12-48 所示。

**步骤 04** 进入【光环】命令面板，将【大小】设置为 10，【厚度】设置为 2，将【径向颜色】轴上色标的 RGB 值都设置为 255，如图 12-49 所示。

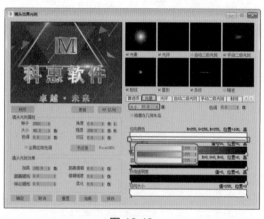

图 12-48

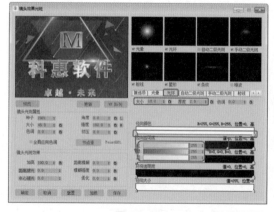

图 12-49

**步骤 05** 进入【星形】命令面板，将【大小】、【角度】、【数量】和【宽度】分别设置为 35、10、8、10，将【锐化】、【锥化】分别设置为 9、2.5，将【径向颜色】轴上色标的 RGB 值设置为 255。设置完成后，单击【确定】按钮，如图 12-50 所示。

**步骤 06** 返回【视频后期处理】对话框，选择【镜
头效果光斑】事件，将该事件的开始位
置调至 140 帧的位置，如图 12-51 所示。

**步骤 07** 单击【执行序列】按钮，打开【执行视
频后期处理】对话框，选择【时间输出】
区域的【范围】选项，将【输出大小】
定义为 320 × 240，然后单击【渲染】按
钮输出动画，如图 12-52 所示。

图 12-50

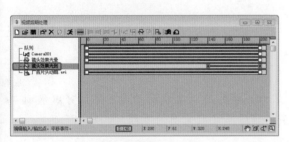

图 12-51

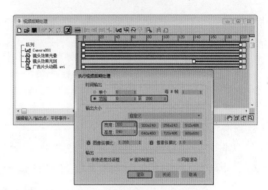

图 12-52

# 第 13 章

# VRay 室内效果图设计与制作

本章导读：

**重点知识**
- 客厅、餐厅的建模
- 设置材质
- 客、餐厅灯光的制作

本章将介绍如何制作如图 13-1 所示的家装效果图。通过本章的学习，不仅可以使读者对前面所学的知识进行巩固，还可以使读者了解制作家装效果图的流程。

图 13-1

## 13.1　系统参数的设置

**步骤 01**　新建一个空白场景，在菜单栏中选择【文件】|【导入】|【导入】命令，如图 13-2 所示。

**步骤 02**　在弹出的对话框中选择配套资源中的 CDROM\Scenes\Cha15\ 客餐厅 .DWG 素材文件，如图 13-3 所示。

**步骤 03**　单击【打开】按钮，在弹出的对话框中勾选【几何体选项】选项组中的【焊接附近顶点】复选框，如图 13-4 所示。

**步骤 04**　单击【确定】按钮，按 Ctrl+A 组合键，选中所有对象，在菜单栏中单击【组】按钮，在弹出的下拉列表中选择【组】命令，如图 13-5 所示。

**步骤 05** 在弹出的对话框中将【组名】设置为【图纸】，单击【确定】按钮，在成组后的对象上右击，在弹出的快捷菜单中选择【冻结当前选择】命令，如图 13-6 所示。

**步骤 06** 在菜单栏中单击【自定义】按钮，在弹出的下拉列表中选择【自定义用户界面】命令，如图 13-7 所示。

图 13-2

图 13-3

图 13-4

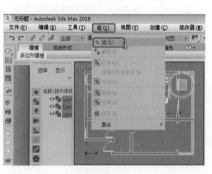
图 13-5

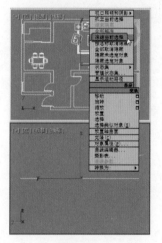
图 13-6

图 13-7

**步骤 07** 在弹出的对话框中选择【颜色】选项卡，将【元素】定义为【几何体】，在其下方的列表框中选择【冻结】选项，将其【颜色】的 RGB 值设置为 245、136、154，如图 13-8 所示。

**步骤 08** 设置完成后，单击【立即应用颜色】按钮，然后将该对话框关闭即可。再在菜单栏中单击【自定义】按钮，在弹出的下拉列表中选择【单位设置】命令，如图 13-9 所示。

**步骤 09** 在弹出的对话框中单击【公制】单选按钮，将其下方的选项设置为【毫米】，单击【系统单位设置】按钮，在弹出的对话框中将【单位】设置为【毫米】，如图 13-10 所示。

**步骤 10** 设置完成后，单击两次【确定】按钮完成设置，打开 2.5 维捕捉开关，右击该按钮，在弹出的对话框中选择【捕捉】选项卡，仅勾选【顶点】复选框，将其他复选框都取消勾选，如图 13-11 所示。

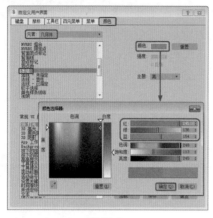

图 13-8

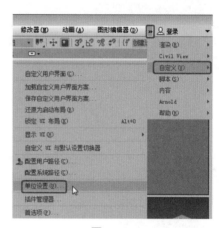

图 13-9

图 13-10

图 13-11

**步骤 11** 再在该对话框中选择【选项】选项卡，在【百分比】选项组中勾选【捕捉到冻结对象】复选框，在【平移】选项组中勾选【启用轴约束】复选框，如图 13-12 所示。

图 13-12

# 13.2  客厅、餐厅的建模

在制作室内框架之前，首先要导入 CAD 图纸，然后使用线工具绘制墙体轮廓，再通过为线添加挤出等修改器来对框架进行调整，其具体操作步骤如下。

**步骤 01** 设置完成后，将该对话框关闭，选择【创建】➕|【图形】|【线】工具，在【顶】视图中绘制墙体封闭图形，将其命名为【墙体】，如图 13-13 所示。

**步骤 02** 按 S 键关闭捕捉开关，确认该对象处于选中状态，切换至【修改】命令面板中，在修改器下拉列表中选择【挤出】修改器，在【参数】卷展栏中将【数量】设置为2 700，如图 13-14 所示。

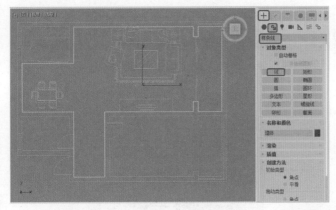
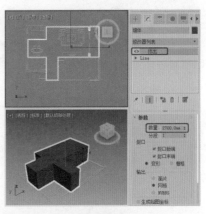

图 13-13　　　　　　　　　　　　　　　　图 13-14

**步骤 03** 继续选中该对象，右击，在弹出的快捷菜单中选择【转换为】|【转换为可编辑多边形】命令，如图 13-15 所示。

**步骤 04** 将当前选择集定义为【元素】，在视图中选择整个元素，在【编辑元素】卷展栏中单击【翻转】按钮，如图 13-16 所示。

**步骤 05** 翻转完成后，关闭当前选择集，再在该对象上右击，在弹出的快捷菜单中选择【对象属性】命令，如图 13-17 所示。

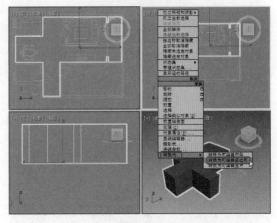

图 13-15

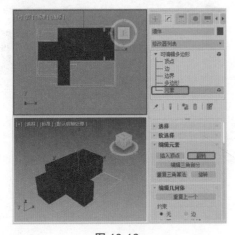
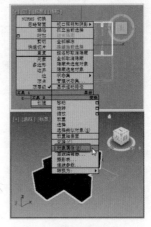

图 13-16　　　　　　　　　　　图 13-17

**步骤 06** 在弹出的对话框中选择【常规】选项卡，在【显示属性】选项组中单击【按层】按钮，勾选【背面消隐】复选框，如图 13-18 所示。

**步骤 07** 设置完成后，单击【确定】按钮，按 S 键打开捕捉开关，选择【创建】|【图形】|【矩形】工具，在【左】视图中捕捉顶点绘制一个矩形，如图 13-19 所示。

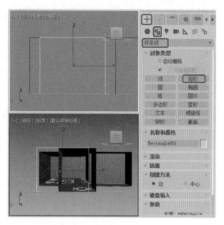

图 13-18                                           图 13-19

**步骤 08** 确认该对象处于选中状态，右击，在弹出的快捷菜单中选择【转换为】|【转换为可编辑多边形】命令，如图 13-20 所示。

**步骤 09** 使用【选择并移动】  工具在视图中调整该对象的位置，调整后的效果如图 13-21 所示。

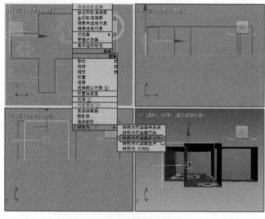

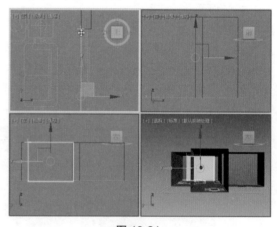

图 13-20                                           图 13-21

**步骤 10** 继续选中该对象，按 Alt+Q 组合键将其孤立显示，切换至【修改】 命令面板中，将当前选择集定义为【边】，在视图中选择如图 13-22 所示的两条边。

**步骤 11** 在【编辑边】卷展栏中单击【连接】右侧的【设置】按钮 ，将【分段】设置为 1，如图 13-23 所示。

**步骤 12** 设置完成后，单击【确定】按钮 ，将当前选择集定义为【多边形】，在视图中选择如图 13-24 所示的多边形。

**步骤 13** 在【编辑多边形】卷展栏中单击【挤出】右侧的【设置】按钮，将【高度】设置为 −240，如图 13-25 所示。

**步骤 14** 设置完成后，单击【确定】按钮 ，将当前选择集定义为【顶点】，在视图中选择要进行移动的顶点，右击【选择并移动】工具 ，在弹出的对话框中将【绝对：世界】下的【Z】设置为 2 200，如图 13-26 所示。

**步骤 15** 调整完成后，关闭该对话框，将当前选择集定义为【多边形】，在【顶】视图中选择如图 13-27 所示的多边形。

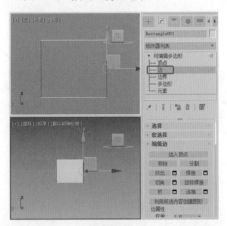

图 13-22

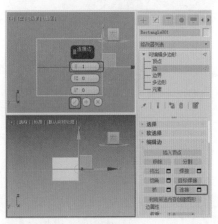

图 13-23

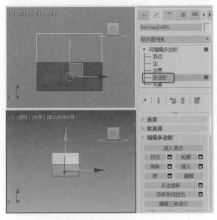

图 13-24

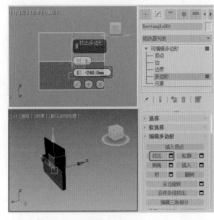

图 13-25

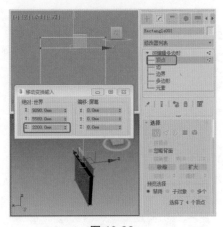

图 13-26

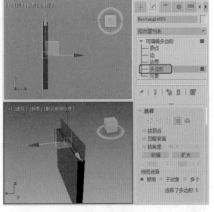

图 13-27

**步骤 16** 在【编辑多边形】卷展栏中单击【挤出】右侧的【设置】按钮□，将【高度】设置为 -500，如图 13-28 所示。

**步骤 17** 设置完成后，单击【确定】按钮⊘，再在视图中选择如图 13-29 所示的多边形。

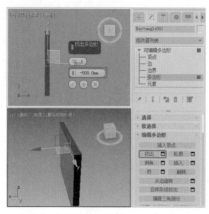

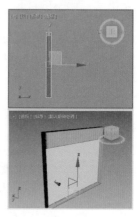

图 13-28　　　　　　　　　　　　　　　　　图 13-29

步骤 18　按 Delete 键将选中的多边形删除，然后再在视图中选择如图 13-30 所示的多边形。

步骤 19　在【编辑几何体】卷展栏中单击【分离】按钮，在弹出的对话框中将其命名为【推拉门】，如图 13-31 所示。

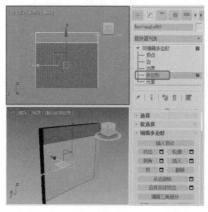

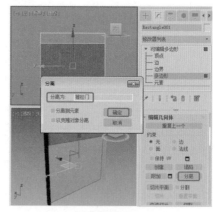

图 13-30　　　　　　　　　　　　　　　　　图 13-31

步骤 20　设置完成后，单击【确定】按钮，关闭当前选择集，在视图中选择分离后的对象，将当前选择集定义为【边】，在视图中选择如图 13-32 所示的边。

步骤 21　在【编辑边】卷展栏中单击【连接】右侧的【设置】按钮，将【分段】设置为 3，如图 13-33 所示。

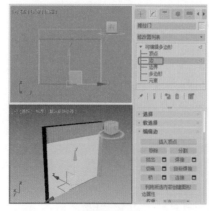

图 13-32　　　　　　　　　　　　　　　　　图 13-33

**步骤 22** 设置完成后，单击【确定】按钮，确认连接后的边处于选中状态，在【编辑边】卷展栏中单击【切角】右侧的【设置】按钮，将【边切角量】设置为30，如图13-34所示。

**步骤 23** 设置完成后，单击【确定】按钮，在【右】视图中选择左右两侧的边，在【编辑边】卷展栏中单击【切角】右侧的【设置】按钮，将【边切角量】设置为60，如图13-35所示。

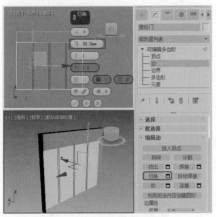
图 13-34

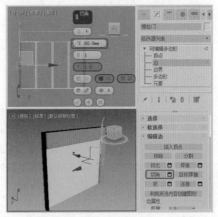
图 13-35

**步骤 24** 设置完成后，单击【确定】按钮，使用同样的方法将上下的边进行切角，并将【边切角量】设置为60，如图13-36所示。

**步骤 25** 将当前选择集定义为【多边形】，在视图中选择如图13-37所示的四个多边形，在【编辑多边形】卷展栏中单击【挤出】右侧的【设置】按钮，将【高度】设置为-60，如图13-37所示。

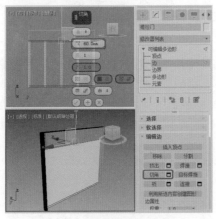
图 13-36

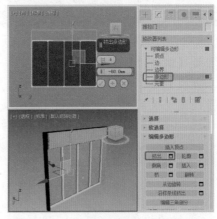
图 13-37

**步骤 26** 设置完成后，单击【确定】按钮，按 Delete 键将选中的四个多边形删除，关闭当前选择集，如图13-38所示。

**步骤 27** 单击按钮退出孤立模式，在视图中选择【墙体】对象，在【编辑几何体】卷展栏中单击【附加】按钮，在视图中拾取【Rectangle001】对象，如图13-39所示。

**步骤 28** 附加完成后，使用【选择并移动】工具在视图中调整【推拉门】对象的位置，调整后的效果如图13-40所示。

**步骤 29** 在视图中选择【墙体】，按【Alt+Q】组合键将其孤立显示，切换至【修改】 命令面板中，将当前选择集定义为【边】，选择如图 13-41 所示的三条边。

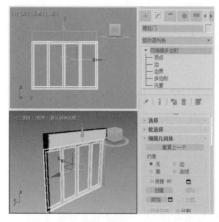
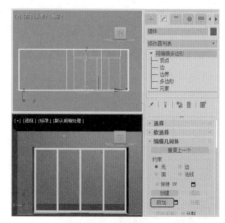

图 13-38　　　　　　　　　　　　图 13-39

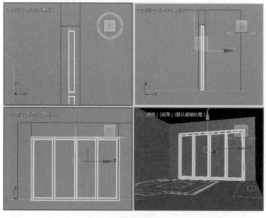
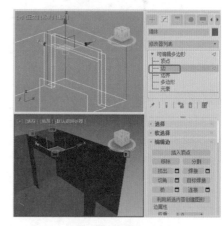

图 13-40　　　　　　　　　　　　图 13-41

**步骤 30** 在【编辑边】卷展栏中单击【连接】右侧的【设置】按钮，将【分段】设置为 2，如图 13-42 所示。

**步骤 31** 设置完成后，单击【确定】按钮，将当前选择集定义为【多边形】，在视图中选择如图 13-43 所示的多边形，为了方便观察，这里更改一下墙体的颜色。

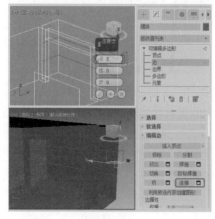
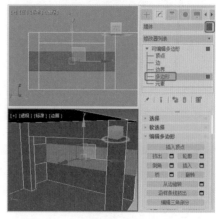

图 13-42　　　　　　　　　　　　图 13-43

**步骤 32** 在【编辑多边形】卷展栏中单击【挤出】右侧的【设置】按钮 ◻ ，将【高度】设置为 -240，如图 13-44 所示。

## 提示

为了方便观察，在此为【墙体】对象指定一个较浅的颜色。

**步骤 33** 设置完成后，单击【应用并继续】按钮 ⊕ ，使用同样的方法将其他多边形进行挤出，将多余的多边形删除，删除后的效果如图 13-45 所示。

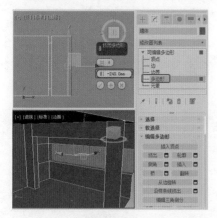

图 13-44

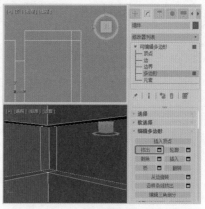

图 13-45

**步骤 34** 设置完成后，单击【确定】按钮 ⊘ ，在视图中选择如图 13-46 所示的多边形。

**步骤 35** 按 Delete 键将选中的多边形删除，删除后的效果如图 13-47 所示。

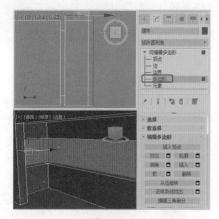

图 13-46

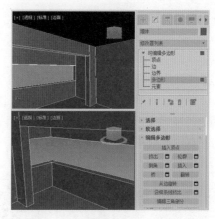

图 13-47

**步骤 36** 将当前选择集定义为【顶点】，在【前】视图中选择如图 13-48 所示的顶点，右击【选择并移动】工具 ✛ ，在弹出的对话框中将【绝对：世界】选项组中的【Z】设置为 600，如图 13-48 所示。

**步骤 37** 再在【前】视图中选择如图 13-49 所示的顶点，在【移动变换输入】对话框中的【绝对：世界】选项组中将【Z】设置为 2 400，如图 13-49 所示。

**步骤 38** 设置完成后，关闭当前选择集，关闭【移动变换输入】对话框，选择【创建】 ✛ |【图形】 ◔ |【矩形】工具，在【左】视图中绘制一个矩形，在【参数】卷展栏中将【长度】、【宽度】分别设置为 1 800、4 290，如图 13-50 所示。

**步骤 39** 使用【选择并移动】工具在视图中调整该对象的位置，调整后的效果如图 13-51 所示。

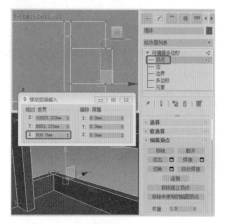
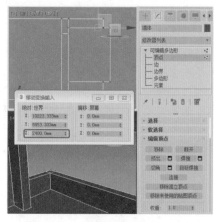

图 13-48　　　　　　　　　　　　　　　　图 13-49

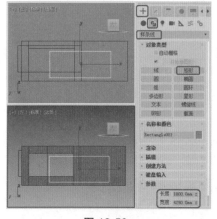
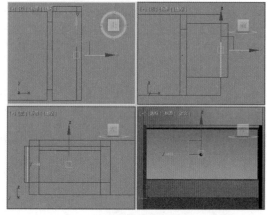

图 13-50　　　　　　　　　　　　　　　　图 13-51

**步骤 40** 继续选中该矩形，右击，在弹出的快捷菜单中选择【转换为】|【转换为可编辑多边形】命令，如图 13-52 所示。

**步骤 41** 切换至【修改】命令面板中，将当前选择集定义为【边】，在【左】视图中选择左右两侧的边，在【编辑边】卷展栏中单击【连接】右侧的【设置】按钮，将【分段】设置为 2，如图 13-53 所示。

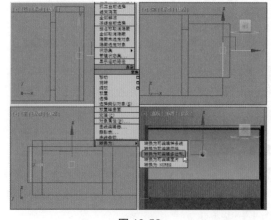
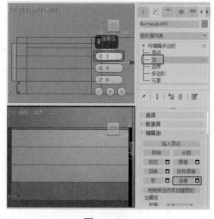

图 13-52　　　　　　　　　　　　　　　　图 13-53

**步骤 42** 设置完成后，单击【确定】按钮☑，使用【选择并移动】工具选择如图 13-54 所示的边，右击【选择并移动】工具✛，在弹出的对话框中将【绝对：世界】选项组中的【Z】设置为 2 360，如图 13-54 所示。

**步骤 43** 再在视图中选择如图 13-55 所示的边，在【移动变换输入】对话框中的【绝对：世界】选项组中将【Z】设置为 640，如图 13-55 所示。

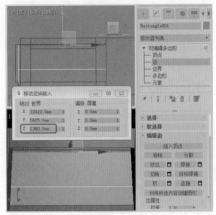

图 13-54

图 13-55

**步骤 44** 关闭【移动变换输入】对话框，在视图中按住 Ctrl 键在【左】视图中选择上下的边，如图 13-56 所示。

**步骤 45** 在【编辑边】卷展栏中单击【连接】右侧的【设置】按钮▢，将【分段】设置为 2，如图 13-57 所示。

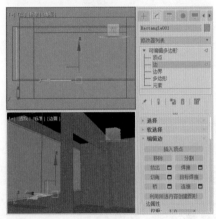

图 13-56

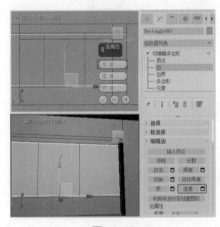

图 13-57

**步骤 46** 设置完成后，单击【确定】按钮☑，按住 Alt 键减去右侧选中的边，右击【选择并移动】工具✛，在弹出的对话框中将【绝对：世界】选项组中的【Y】设置为 7 730，如图 13-58 所示。

**步骤 47** 在视图中选择右侧的边，在【移动变换输入】对话框中的【绝对：世界】选项组中将【Y】设置为 3 520，如图 13-59 所示。

**步骤 48** 调整完成后，关闭【移动变换输入】对话框，将当前选择集定义为【多边形】，在【左】视图中选择如图 13-60 所示的多边形，在【编辑多边形】卷展栏中单击【挤出】右侧的【设置】按钮▢，将【高度】设置为 -80，如图 13-60 所示。

**步骤 49** 设置完成后，单击【确定】按钮，继续选中该多边形，按 Delete 键将选中的多边形删除，效果如图 13-61 所示。

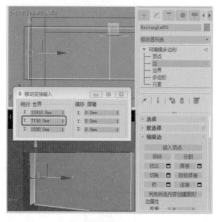
图 13-58

图 13-59

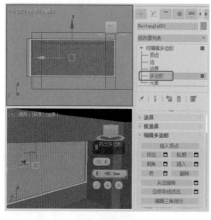
图 13-60

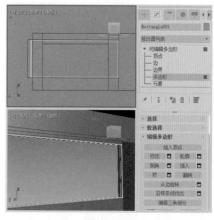
图 13-61

**步骤 50** 选择【创建】|【图形】|【矩形】工具，在【左】视图中创建一个矩形，在【参数】卷展栏中将【长度】、【宽度】分别设置为 1 720、1 052.5，如图 13-62 所示。

**步骤 51** 使用【选择并移动】工具在视图中调整该矩形的位置，调整后的效果如图 13-63 所示。

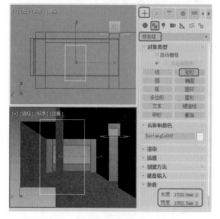
图 13-62

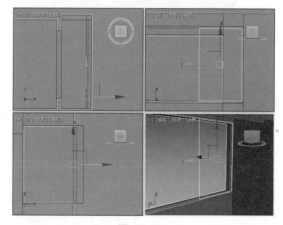
图 13-63

**步骤 52** 在修改器下拉列表中选择【挤出】修改器，在【参数】卷展栏中将【数量】设置为
-40，如图 13-64 所示。

**步骤 53** 继续选中该对象，右击，在弹出的快捷菜单中选择【转换为】|【转换为可编辑多边形】
命令，如图 13-65 所示。

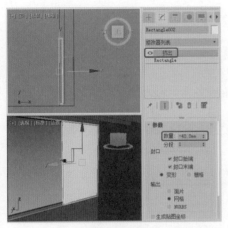

图 13-64

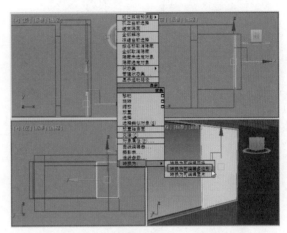

图 13-65

**步骤 54** 切换至【修改】 命令面板中，将当前选择集定义为【边】，在【左】视图中选择如
图 13-66 所示的边。

**步骤 55** 在【编辑边】卷展栏中单击【连接】右侧的【设置】按钮，将【分段】设置为 2，
如图 13-67 所示。

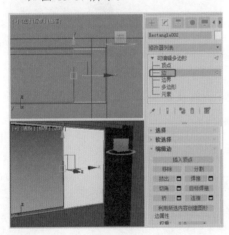

图 13-66

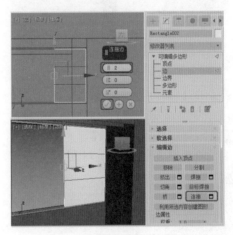

图 13-67

**步骤 56** 按住 Alt 键减去下方选择的直线，右击【选择并移动】工具，在弹出的对话框中将
【绝对：世界】下的【Z】设置为 2 320，如图 13-68 所示。

**步骤 57** 在视图中选择如图 13-69 所示的直线，在【移动变换输入】对话框中将【绝对：世界】
下的【Z】设置为 680，如图 13-69 所示。

**步骤 58** 调整完成后，根据相同的方法将上下直线进行连接，并调整连接后的线段的位置，效
果如图 13-70 所示。

**步骤 59** 将当前选择集定义为【多边形】，在【左】视图中选择如图 13-71 所示的多边形。

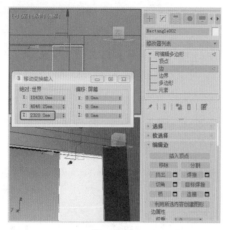

图 13-68

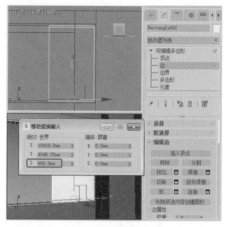

图 13-69

图 13-70

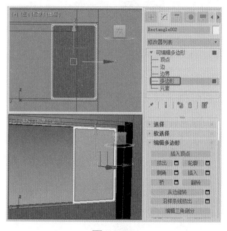

图 13-71

**步骤 60** 在【编辑多边形】卷展栏中单击【挤出】右侧的【设置】按钮 ⬚，将【高度】设置为 −40，如图 13-72 所示。

**步骤 61** 设置完成后，单击【确定】按钮 ✅，确认该多边形处于选中状态，按住 Ctrl 键在【右】视图中选择如图 13-73 所示的多边形，按 Delete 键将其删除，效果如图 13-73 所示。

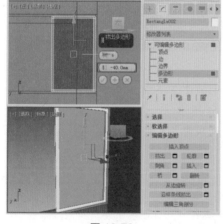

图 13-72

图 13-73

步骤 62 关闭当前选择集，继续选中该对象，使用【选择并移动】工具在【左】视图中按住 Shift 键沿 X 轴向左移动，在弹出的对话框中单击【复制】单选按钮，将【副本数】设置为 3，如图 13-74 所示。

步骤 63 设置完成后，单击【确定】按钮，在视图中调整克隆对象的位置，调整后的效果如图 13-75 所示。

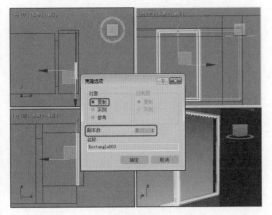
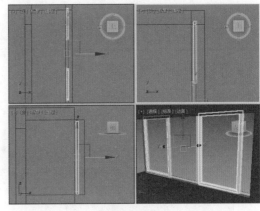

图 13-74                                    图 13-75

步骤 64 退出孤立模式，使用同样的方法制作另一侧的窗框，并在视图中调整窗框的位置，如图 13-76 所示。

步骤 65 在视图中选中所有窗框，在菜单栏中单击【组】按钮，在弹出的下拉列表中选择【组】命令，在弹出的对话框中将【组名】设置为【窗框】，如图 13-77 所示。

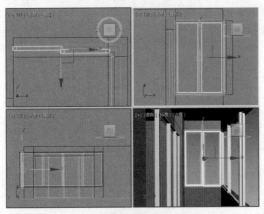

图 13-76                                    图 13-77

步骤 66 设置完成后，单击【确定】按钮，在视图中选择【墙体】对象，切换至【修改】 命令面板中，将当前选择集定义为【边】，根据前面所介绍的方法，创建四条边，在视图中创建如图 13-78 所示的边。

步骤 67 在【编辑边】卷展栏中单击【连接】右侧的【设置】按钮，将【分段】设置为 1，如图 13-79 所示。

步骤 68 设置完成后，单击【确定】按钮，再在视图中选择如图 13-80 所示的边。

步骤 69 在【编辑边】卷展栏中单击【连接】右侧的【设置】按钮，将【分段】设置为 1，设置完成后，单击【确定】按钮，将当前选择集定义为【顶点】，在视图中选择如图 13-81 所示的顶点。

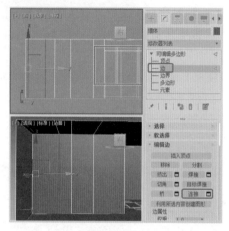

图 13-78

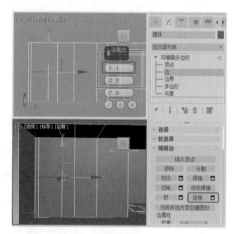

图 13-79

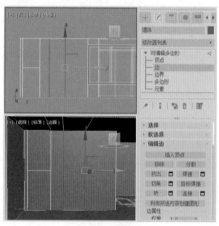

图 13-80

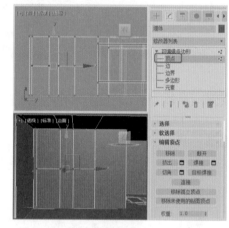

图 13-81

**步骤 70** 在工具栏中右击【选择并移动】工具 ✛，在弹出的对话框中将【绝对：世界】下的【Z】设置为 2 000，如图 13-82 所示。

**步骤 71** 调整完成后，关闭该对话框，将当前选择集定义为【多边形】，在视图中选择如图 13-83 所示的多边形。

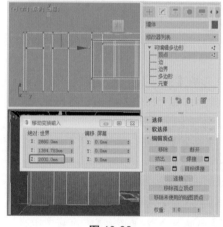

图 13-82

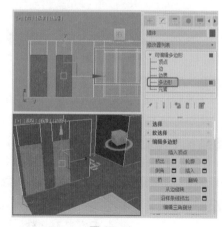

图 13-83

**步骤 72** 在【编辑多边形】卷展栏中单击【挤出】右侧的【设置】按钮◻，将【高度】设置为 −240，如图 13-84 所示。

**步骤 73** 设置完成后，单击【确定】按钮✅，按住 Ctrl 键在视图中选择如图 13-85 所示的多边形。

图 13-84

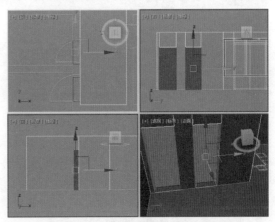

图 13-85

**步骤 74** 按 Delete 键将选中的多边形删除，删除后的效果如图 13-86 所示。

**步骤 75** 关闭当前选择集，选择【创建】➕|【图形】|【矩形】工具，在【顶】视图中绘制一个矩形，在【参数】卷展栏中将【长度】、【宽度】分别设置为 256、79，如图 13-87 所示。

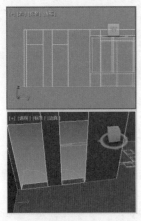

图 13-86

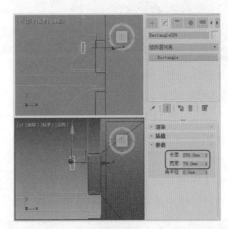

图 13-87

**步骤 76** 继续选中该对象，切换至【修改】命令面板中，在修改器下拉列表中选择【编辑样条线】修改器，将当前选择集定义为【顶点】，按【Ctrl+A】组合键选中所有顶点，右击，在弹出的快捷菜单中选择【角点】命令，如图 13-88 所示。

**步骤 77** 在【几何体】卷展栏中单击【优化】按钮，在视图中对矩形进行优化，并调整优化后的顶点，效果如图 13-89 所示。

**步骤 78** 选择【创建】➕|【图形】|【线】工具，在【左】视图中捕捉门洞顶点绘制一条样条线，将其命名为【门框 01】，如图 13-90 所示。

**步骤 79** 切换至【修改】命令面板中，在修改器下拉列表中选择【倒角剖面】修改器，在【参数】卷展栏中选择【经典】单选按钮，单击【拾取剖面】按钮，在视图中拾取前面所绘制的矩形作为剖面对象，如图 13-91 所示。

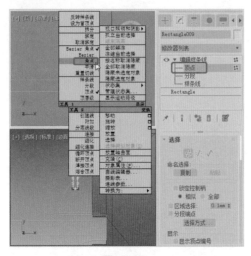

图 13-88

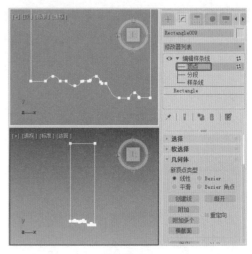

图 13-89

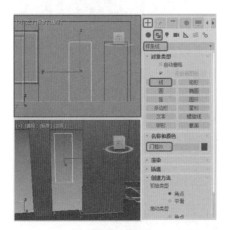

图 13-90

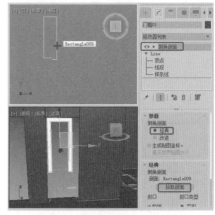

图 13-91

**步骤 80** 在视图中使用【选择并移动】工具 ✛ 在视图中调整门框的位置，调整后的效果如图 13-92 所示。

**步骤 81** 使用【选择并移动】工具在【顶】视图中按住 Shift 键沿【Y】轴向下进行移动，在弹出的对话框中单击【复制】单选按钮，如图 13-93 所示。

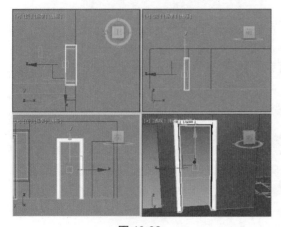

图 13-92

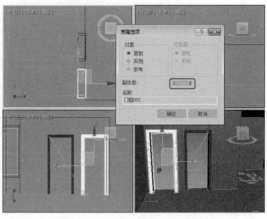

图 13-93

**步骤 82** 设置完成后，单击【确定】按钮。在视图中调整
该对象的位置，切换至【修改】 命令面板中，
在修改器下拉列表中选择【编辑多边形】修改
器，将当前选择集定义为【顶点】，在视图调整
顶点的位置，效果如图 13-94 所示。调整完成
后，关闭当前选择集即可。

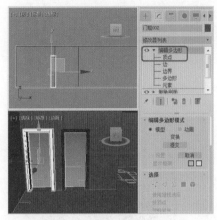

图 13-94

# 13.3 电视墙的制作

室内框架制作完成后，接下来将介绍如何制作电视背景墙，其具体操作步骤如下。

**步骤 01** 选择【创建】 |【几何体】 |【平面】工具，在【前】视图中捕捉顶点绘制一个平面，
如图 13-95 所示。

**步骤 02** 继续选中该对象，切换至【修改】 命令面板中，将其命名为【电视墙】，在【参数】
卷展栏中将【长度】、【宽度】、【长度分段】、【宽度分段】分别设置为 2 380、4 150、5、
8，在视图中调整该对象的位置，效果如图 13-96 所示。

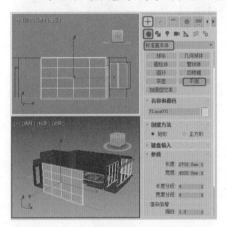

图 13-95

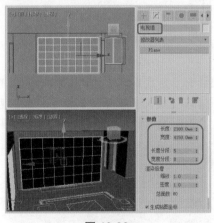

图 13-96

**步骤 03** 再在该对象上右击，在弹出的快捷菜单中选择【转换为】|【转换为可编辑多边形】命令，
如图 13-97 所示。

**步骤 04** 将当前选择集定义为【元素】，在视图中选择整个元素，在【编辑元素】卷展栏中单击
【翻转】按钮，如图 13-98 所示。

**步骤 05** 翻转完成后，将当前选择集定义为【边】，在视图中选中如图 13-99 所示的边。

**步骤 06** 在【编辑边】卷展栏中单击【切角】右侧的【设置】按钮 ，将【边切角量】设置为 5，
如图 13-100 所示。

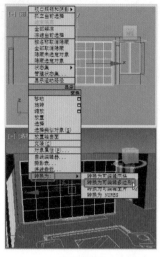

图 13-97

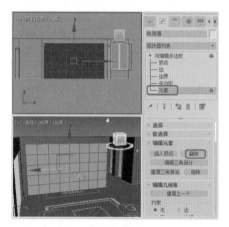

图 13-98

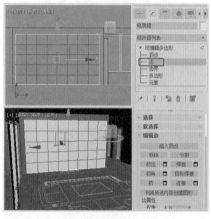

图 13-99

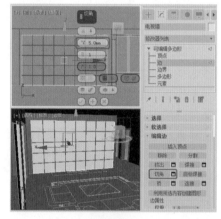

图 13-100

**步骤 07** 将当前选择集定义为【多边形】，在视图中按住 Ctrl 键选择如图 13-101 所示的多边形。

**步骤 08** 在【编辑多边形】卷展栏中单击【倒角】右侧的【设置】按钮，将【高度】设置为 10，将【轮廓】设置为 0，如图 13-102 所示。

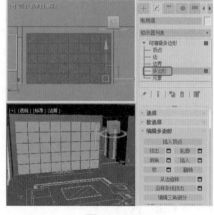

图 13-101

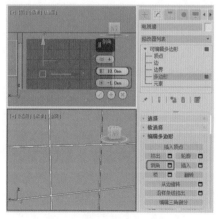

图 13-102

**步骤 09** 单击【应用并继续】按钮 ，然后再将【高度】设置为 5，将【轮廓】设置为 −5，如
7-103 所示。

**步骤 10** 设置完成后，单击【确定】按钮 ，关闭当前选择集，选择【创建】|【图形】|【矩形】
工具，在【顶】视图中捕捉顶点绘制一个矩形，在【参数】卷展栏中将【长度】、【宽度】
分别设置为 136、175，在视图中调整其位置，如图 13-104 所示。

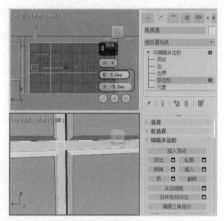

图 13-103

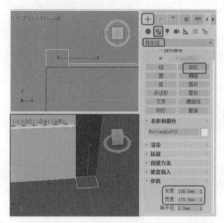

图 13-104

**步骤 11** 确定该对象处于选中状态，切换至【修改】命令面板中，在修改器下拉列表中选择【编
辑样条线】修改器，将当前选择集定义为【顶点】，按 Ctrl+A 组合键选中所有顶点，
右击，在弹出的快捷菜单中选择【角点】命令，如图 13-105 所示。

**步骤 12** 在【几何体】卷展栏中单击【优化】按钮，在视图中对矩形进行优化，使用【选择并
移动】工具 对顶点进行调整，效果如图 13-106 所示。

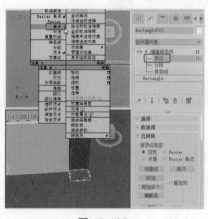

图 13-105

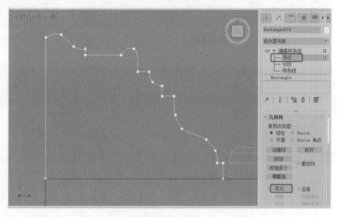

图 13-106

**步骤 13** 关闭当前选择集，选择【创建】 |【图形】 |【线】工具，在【前】视图中捕捉电
视墙的轮廓绘制一条样条线，将其命名为【电视装饰线】，如图 13-107 所示。

**步骤 14** 继续选中该对象，切换至【修改】 命令面板中，在修改器下拉列表中选择【倒角剖
面】修改器，在【参数】卷展栏中选择【经典】单选按钮，单击【拾取剖面】按钮，
在【顶】视图中拾取前面所调整的矩形，如图 13-108 所示。

**步骤 15** 确认该对象处于选中状态，激活【顶】视图，在工具栏中单击【镜像】按钮，在弹出
的对话框中单击【Y】单选按钮，如图 13-109 所示。

步骤 16 单击【确定】按钮，在视图中调整该对象的位置。切换至【修改】 命令面板中，在修改器下拉列表中选择【编辑多边形】修改器，将当前选择集定义为【顶点】，在视图中调整顶点的位置，效果如图 13-110 所示。调整完成后，关闭当前选择集即可。

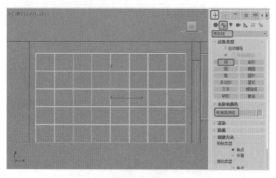

图 13-107　　　　　　　　　　　　　　图 13-108

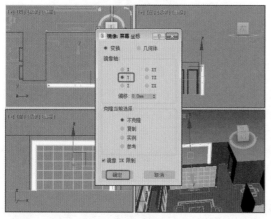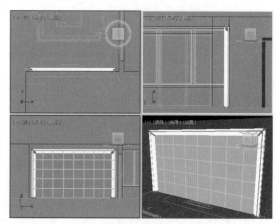

图 13-109　　　　　　　　　　　　　　图 13-110

# 13.4　天花板的制作

下面将介绍如何制作天花板，其具体操作步骤如下。

步骤 01 选择【创建】 |【图形】 |【线】工具，在【顶】视图中捕捉墙体的顶点绘制一条闭合的样条线，将其命名为【天花板】，在【前】视图中调整位置，如图 13-111 所示。

步骤 02 选择【创建】 |【图形】 |【圆】工具，取消勾选【开始新图形】复选框，在【顶】视图中绘制一个圆，将【半径】设置为 1 400，如图 13-112 所示。

步骤 03 继续选中该对象，切换至【修改】命令面板中，将当前选择集定义为【顶点】，在【顶】和【前】视图中调整顶点的位置，调整后的效果如图 13-113 所示。

步骤 04 关闭当前选择集，在修改器下拉列表中选择【挤出】修改器，在【参数】卷展栏中将【数量】设置为 60，在视图中调整该对象的位置，如图 13-114 所示。

步骤 05 选择【创建】|【图形】|【线】工具，在【左】视图中创建一个矩形，切换至【修改】命令面板中，将当前选择集定义为【顶点】，在场景中调整顶点位置，如图 13-115 所示。

**步骤 06** 选择【创建】|【图形】|【圆】工具，在【顶】视图中创建圆，切换至【修改】面板，将【半径】设置为 1 455，展开【差值】卷展栏，将【步数】设置为 16，如图 13-116 所示。

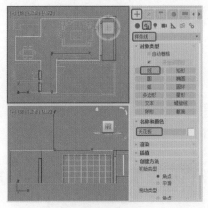

图 13-111

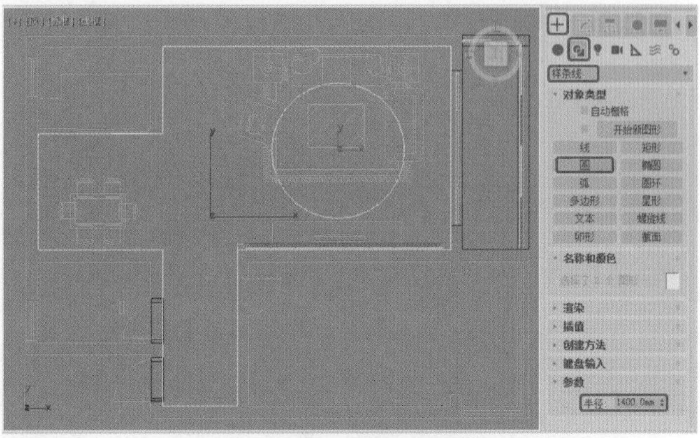

图 13-112

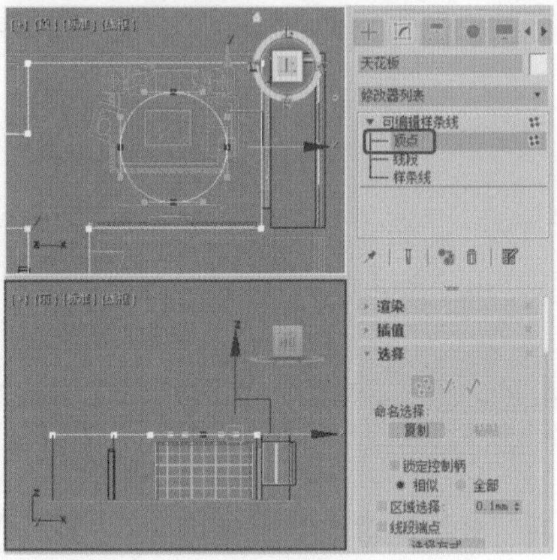

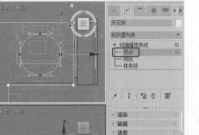

图 13-113

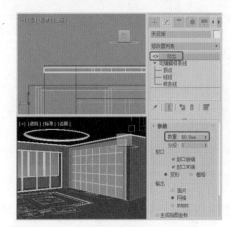

图 13-114

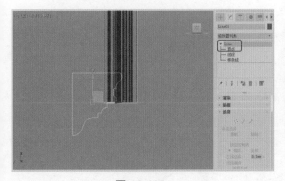

图 13-115

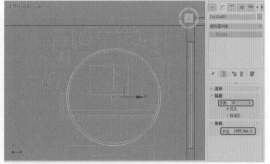

图 13-116

**步骤 07** 在修改器下拉列表中选择【倒角剖面】修改器，在【参数】卷展栏中选择【经典】单选按钮，单击【拾取剖面】按钮，在【左】视图中选择【Line01】对象，效果如图 13-117 所示。

**步骤 08** 倒角剖面后的效果如图 13-118 所示。

**步骤 09** 选择【创建】|【图形】|【矩形】工具，切换至【修改】命令面板中，在【参数】卷展栏中将【长度】和【宽度】都设置为 33，如图 13-119 所示。

**步骤10** 添加【编辑样条线】修改器，将当前选择集定义为【顶点】，按 Ctrl+A 组合键，选择所有的顶点，效果如图 13-120 所示。

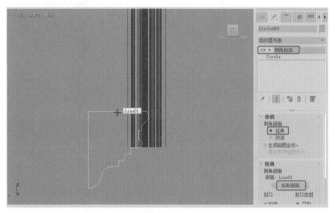

图 13-117

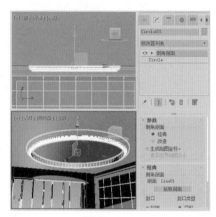

图 13-118

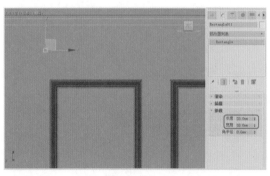

图 13-119

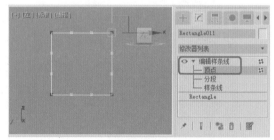

图 13-120

**步骤11** 右击，在弹出的快捷菜单中选择【角点】选项，效果如图 13-121 所示。

**步骤12** 对图形添加【编辑样条线】修改器，将当前选择集定义为【顶点】，在视图中调整顶点的位置，调整后的效果如图 13-122 所示。

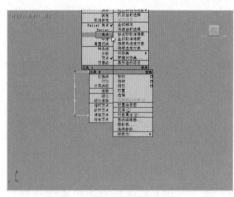

图 13-121

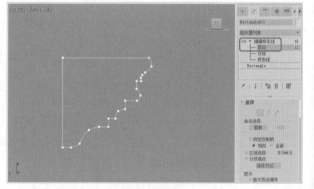

图 13-122

**步骤13** 选择【创建】 ＋ |【图形】 ⚙ |【线】工具，在【顶】视图中捕捉天花板外轮廓的顶点，绘制一条闭合的样条线，将其命名为【天花板装饰线 002】，如图 13-123 所示。

**步骤14** 选中该图形，切换至【修改】命令面板中，在修改器下拉列表中选择【倒角剖面】修改器，在【参数】卷展栏中选择【经典】单选按钮，单击【拾取剖面】按钮，在视图中拾取如图 13-124 所示的对象。

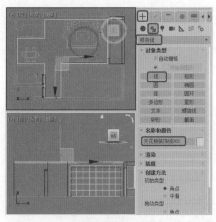

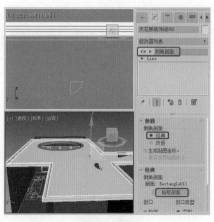

图 13-123                           图 13-124

**步骤 15** 在视图中调整【天花板装饰线 002】对象的位置，在修改器下拉列表中选择【编辑多边形】修改器，将当前选择集定义为【顶点】，在视图中调整顶点的位置，效果如图 13-125 所示。

**步骤 16** 关闭当前选择集，在视图中选择【电视装饰线】对象，将当前选择集定义为【顶点】，在【前】视图中调整顶点的位置，调整后的效果如图 13-126 所示。调整完成后，关闭当前选择集即可。

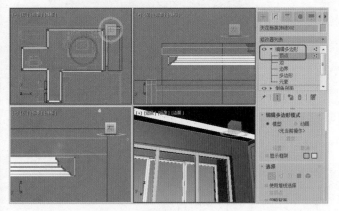
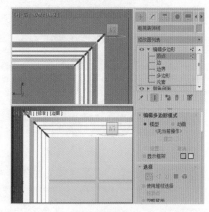

图 13-125                           图 13-126

# 13.5　踢脚线的制作

下面将介绍如何为墙体添加踢脚线，其具体操作步骤如下。

**步骤 01** 在视图中选择【墙体】对象，按 Alt+Q 组合键将其孤立显示，切换至【修改】命令面板中，将当前选择集定义为【多边形】，按 Ctrl+A 组合键选中所有多边形，如图 13-127 所示。

**步骤 02** 在【编辑几何体】卷展栏中单击【切片平面】按钮，在工具栏中右击【选择并移动】工具，在弹出的对话框中将【绝对：世界】下的【Z】设置为 100，如图 13-128 所示。

**步骤 03** 单击【切片】按钮，再次单击【切片平面】按钮，将其关闭，关闭【移动变换输入】对话框，在视图中选择如图 13-129 所示的多边形。

**步骤 04** 在【编辑多边形】卷展栏中单击【挤出】右侧的【设置】按钮 ▫，将挤出类型设置为【按多边形】，将【高度】设置为 8，如图 13-130 所示。

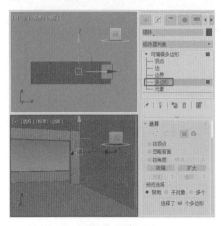

图 13-127

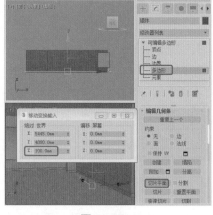

图 13-128

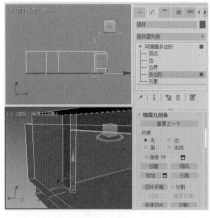

图 13-129

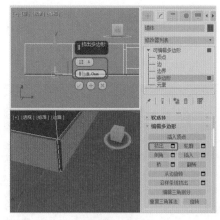

图 13-130

**步骤 05** 单击【应用并继续】按钮，在视图中对墙体所有拐角处的缺口进行挤出，效果如图 13-131 所示。

**步骤 06** 挤出完成后，在视图中查看挤出效果如图 13-132 所示。关闭当前选择集。

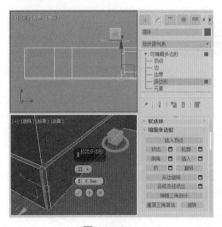

图 13-131

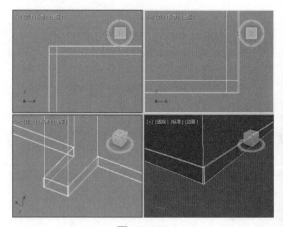

图 13-132

# 13.6 家具模型材质的制作

材质可以看成是材料和质感的结合。在渲染程序中，它是表面各可视属性的结合，这些可视属性是指表面的色彩、纹理、光滑度、透明度、反射率、折射率、发光度等。为对象添加材质的具体操作步骤如下。

**步骤 01** 按 F10 键，在弹出的对话框中选择【公用】选项卡，在【指定渲染器】卷展栏中单击【产品级】右侧的【选择渲染器】按钮 ，在弹出的对话框中选择【V-Ray Adv 3.00.08】选项，如图 13-133 所示。

**步骤 02** 单击【确定】按钮，将【渲染设置】对话框关闭，继续选中【墙体】对象，按 M 键，在弹出的对话框中选择一个材质样本球，将其命名为【白色乳胶漆】。单击【Standard】按钮，在弹出的对话框中选择【VRayMtl】选项，如图 13-134 所示。

图 13-133

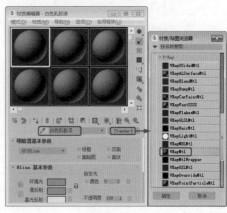

图 13-134

**步骤 03** 单击【确定】按钮，在【Basic parameters】卷展栏中将【Diffuse】选项组中的【Diffuse】颜色的 RGB 值设置为 245、245、245，将【Reflect】选项组中的【Reflect】的 RGB 值设置为 25、25、25。单击【HGlossiness】右侧的 L 按钮，将【HGlossiness】设置为 0.25，在【Options】卷展栏中取消勾选【Trace refractic】复选框，如图 13-135 所示。

**步骤 04** 单击【将材质指定给选定对象】按钮 和【视口中显示明暗处理材质】按钮 ，指定材质后的效果如图 13-136 所示。

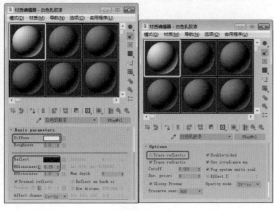

图 13-135

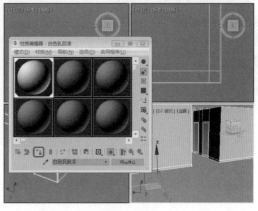

图 13-136

步骤 05 在【材质编辑器】对话框中选择【白色乳胶漆】材质球，按住鼠标将其拖动至一个新的材质样本球上，将复制后的材质命名为【地板】，在【Basic parameters】卷展栏中将【Reflect】选项组中的【HGlossiness】和【RGlossiness】都设置为 0.85，取消勾选【Fresnel reflection】复选框，如图 13-137 所示。

步骤 06 展开【Options】卷展栏，勾选【Trace reflections】复选框，将【Cutoff】设置为 0.01，如图 13-138 所示。

图 13-137

图 13-138

步骤 07 在【Maps】卷展栏中单击【Diffuse】右侧的【无贴图】按钮，在弹出的对话框中选择【位图】贴图，再在弹出的对话框中选择【地砖 .jpg】位图图像文件，如图 13-139 所示。

步骤 08 单击【打开】按钮，在【位图参数】卷展栏中勾选【裁剪 / 放置】选项组中的【应用】复选框，将【W】、【H】分别设置为 0.334、0.332，单击【转到父对象】按钮，在【Maps】卷展栏中将【Bump】右侧的【数量】设置为 20，如图 13-140 所示。

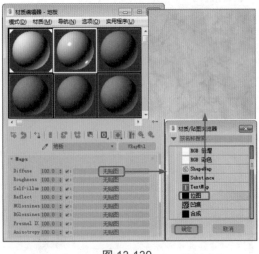

图 13-139

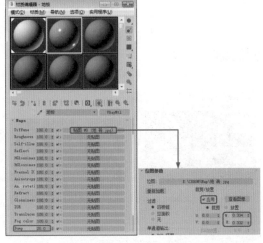

图 13-140

步骤 09 在【Maps】卷展栏中单击【Reflect】右侧的【无贴图】按钮，在弹出的对话框中选择【衰减】选项，如图 13-141 所示。

**步骤 10** 单击【确定】按钮，在【衰减参数】卷展栏中将【侧】的 RGB 值设置为 190、194、215，将【衰减类型】设置为【Fresnel】，如图 13-142 所示。

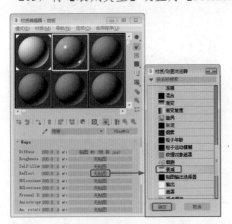

图 13-141

图 13-142

**步骤 11** 在视图中选择【墙体】对象，切换至【修改】命令面板中，将当前选择集定义为【多边形】，在视图中选择如图 13-143 所示的多边形。

**步骤 12** 在【材质编辑器】对话框中单击【将材质指定给选定对象】按钮，在修改器下拉列表中选择【UVW 贴图】修改器，在【参数】卷展栏中取消勾选【真实世界贴图大小】复选框，将【长度】、【宽度】都设置为 800，如图 13-144 所示。

**步骤 13** 将当前选择集定义为【Gizmo】，在【顶】视图中调整 Gizmo 的位置，调整后的效果如图 13-145 所示。

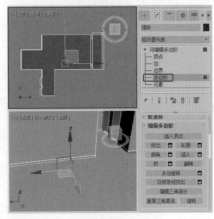

图 13-143

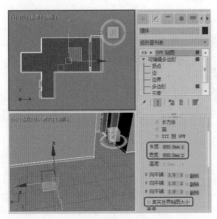

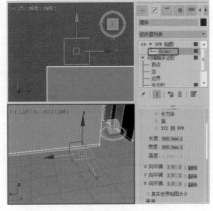

图 13-144

图 13-145

**步骤 14** 关闭当前选择集，在选中的多边形上右击，在弹出的快捷菜单中选择【转换为】|【转换为可编辑多边形】命令，如图 13-146 所示。

**步骤 15** 退出孤立模式，在视图中选中天花板、天花板装饰线等对象，在【材质编辑器】对话框中选择【白色乳胶漆】，单击【将材质指定给选定对象】按钮，效果如图 13-147 所示。

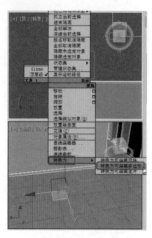
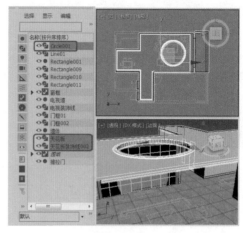

图 13-146　　　　　　　　　　　　　　　　　图 13-147

**步骤 16** 在视图中选择【电视墙】对象，按 Alt+Q 组合键将其孤立显示，在【材质编辑器】对话框中选择【地板】材质样本球，按住鼠标将其拖动至一个新的材质样本球上，将复制后的材质命名为【电视墙背景】。在【Maps】卷展栏中单击【Diffuse】右侧的材质按钮，在【位图参数】卷展栏中单击【位图】右侧的材质按钮，在弹出的对话框中选择配套资源中的 CDROM\Maps\timg.jpg 位图图像文件，单击【打开】按钮，将【坐标】卷展栏中的【模糊】参数设置为 0.5，将【裁剪 / 位置】的【W】、【H】设置为 1，如图 13-148 所示。

**步骤 17** 单击【转到父对象】按钮，在【Maps】卷展栏中将【Reflect】右侧的贴图清除，将【Bump】右侧的【数量】设置为 50，将【Diffuse】右侧的贴图拖动至【Bump】右侧的【无】按钮上，弹出【复制（实例）贴图】对话框，选择【复制】单选按钮，在【Basic parameters】卷展栏中将【Diffuse】选项组中的【Diffuse】的 RGB 值设置为 254、248、230，在【Reflect】选项组中将【Reflect】的 RGB 值设置为 0、0、0，将【HGlossiness】和【RGlossiness】都设置为 1，单击其左侧的 L 按钮，如图 13-149 所示。

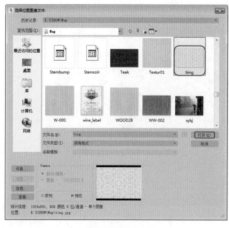

图 13-148　　　　　　　　　　　　　　　　　图 13-149

**步骤 18** 在【BRDF】卷展栏中将类型设置为【Phong】，在【Options】卷展栏中勾选【Trace reflectic】复选框，取消勾选【Fog system units scale】复选框，如图 13-150 所示。

**步骤 19** 单击【将材质指定给选定对象】按钮 🖼️，在修改器下拉列表中选择【UVW 贴图】修
改器，在【参数】卷展栏中取消勾选【真实世界贴图大小】复选框，单击【长方体】
单选按钮，将【长度】、【宽度】、【高度】都设置为 715、1 800、15，如图 13-151 所示。

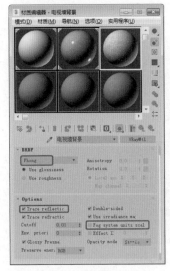

图 13-150

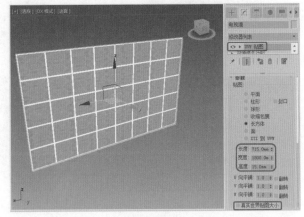

图 13-151

**步骤 20** 在选中的对象上右击，在弹出的快捷菜单中选择【转换为】|【转换为可编辑多边形】
命令，如图 13-152 所示。

**步骤 21** 再在【材质编辑器】对话框中选择【电视墙背景】材质样本球，按住鼠标将其拖动至
一个新的材质样本球上，将其命名为【镜子】，在【Maps】卷展栏中右击【Diffuse】
右侧的材质按钮，在弹出的快捷菜单中选择【清除】命令，并使用同样的方法清除
【Bump】右侧的材质，如图 13-153 所示。

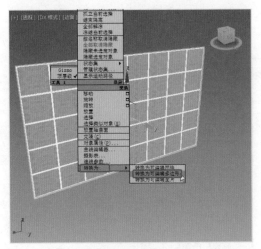

图 13-152

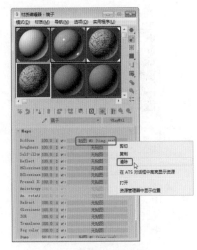

图 13-153

**步骤 22** 在【Basic parameters】卷展栏中将【Diffuse】选项组中的【Diffuse】的 RGB 值设置为
71、83、104，在【Reflect】选项组中将【Reflect】的 RGB 值设置为 255、255、255，
将【Max depth】设置为 3，在【Refract】选项组中将【Max depth】设置为 3，单击【背
景】按钮，如图 13-154 所示。

**步骤 23** 确认【电视墙】处于选中状态，将当前选择集定义为【多边形】，在视图中选择如图
13-155 所示的多边形。

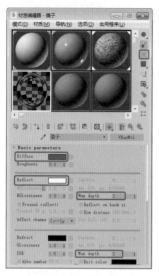

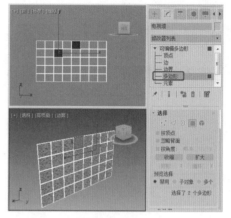

图 13-154　　　　　　　　　　　　　　　　　　图 13-155

**步骤 24** 单击【将材质指定给选定对象】按钮即可，关闭当前选择集，在【材质编辑器】对话框
中选择【镜子】材质样本球，按住鼠标将其拖动至一个新的材质样本球上，将其命名
为【烤漆玻璃】。在【Basic parameters】卷展栏中将【Diffuse】选项组中的【Diffuse】的
RGB 设置为 29、29、29，将【Reflect】选项组中的【Reflect】的 RGB 值设置为 122、
122、122，单击【HGlossiness】右侧的 L 按钮，将【HGlossiness】、【Max depth】分别设
置为 0.9、2，在【Refract】选项组中将【Max depth】设置为 5，如图 13-156 所示。

**步骤 25** 将当前选择集定义为【多边形】，在视图中选择如图 13-157 所示的多边形。

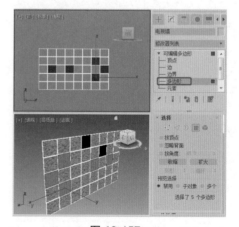

图 13-156　　　　　　　　　　　　　　　　　　图 13-157

**步骤 26** 单击【将材质指定给选定对象】按钮，关闭当前选择集，在【材质编辑器】对话框中
选择一个新的材质样本球，将其命名为【白油】，单击【Standard】按钮，在弹出的对
话框中选择【VRayMtl】选项，如图 13-158 所示。

**步骤 27** 单击【确定】按钮，在【Basic parameters】卷展栏中将【Diffuse】选项组中的【Diffuse】的 RGB 值设置为 246、246、246，在【Reflect】选项组中将【Reflect】的 RGB 值设置为 20、20、20，将【RGlossiness】设置为 0.95，如图 13-159 所示。

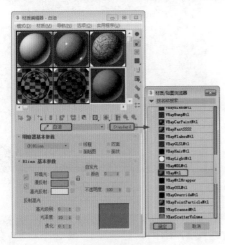

图 13-158

图 13-159

**步骤 28** 退出当前孤立模式，在视图中选择电视装饰线、推拉门、窗框对象，单击【将材质指定给选定对象】按钮，如图 13-160 所示。

**步骤 29** 使用同样的方法为门框和 Rectangle001 指定【白油】材质，指定完成后，将【材质编辑器】对话框关闭。在菜单栏中选择【文件】|【导入】|【合并】命令，如图 13-161 所示。

**步骤 30** 在弹出的对话框中选择配套资源中的 CDROM\Scenes\Cha15\ 家具 .max 素材文件，如图 13-162 所示。

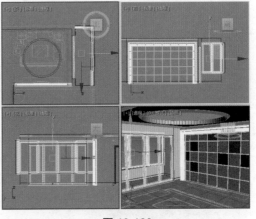

图 13-160

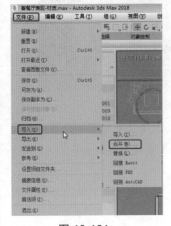

图 13-161

图 13-162

**步骤 31** 单击【打开】按钮，在弹出的对话框中单击【全部】按钮，如图 13-163 所示。

**步骤32** 单击【确定】按钮，在视图中调整导入对象的位置，调整后的效果如图 13-164 所示。

图 13-163

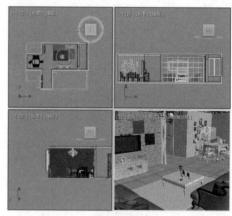

图 13-164

# 13.7　客餐厅摄影机及灯光的制作

下面将介绍如何为场景添加摄影机及灯光，其具体操作步骤如下。

**步骤01** 选择【创建】╋|【摄影机】█|【标准】|【目标】工具，在【顶】视图中创建一架摄影机，在【参数】卷展栏中将【镜头】设置为 26.38，在【剪切平面】选项组中勾选【手动剪切】复选框，将【近距剪切】、【远距剪切】分别设置为 1 200、8 800，如图 13-165 所示。

**步骤02** 激活【透视】视图，按 C 键将其转换为摄影机视图，在其他视图中调整摄影机的位置，效果如图 13-166 所示。

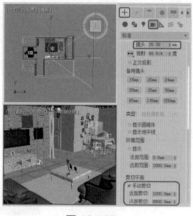

图 13-165

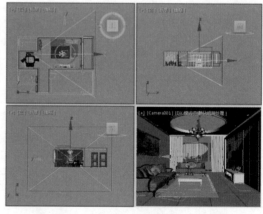

图 13-166

**步骤03** 选择【创建】╋|【摄影机】█|【标准】|【目标】工具，在【顶】视图中创建一架摄影机，在【参数】卷展栏中将【镜头】设置为 28，取消勾选【剪切平面】选项组中的【手动剪切】复选框，如图 13-167 所示。

**步骤04** 激活任意视图，按 C 键将其转换为摄影机视图，在其他视图中调整摄影机的位置，效果如图 13-168 所示。

**步骤05** 按 Shift+C 组合键，将摄影机进行隐藏，选择【创建】╋|【灯光】💡|【标准】|【目标平行光】工具，在【顶】视图中创建一盏目标平行光，如图 13-169 所示。

步骤 06　切换至【修改】🖉命令面板中，在【常规参数】卷展栏中勾选【阴影】选项组中的【启
用】复选框，取消勾选【使用全局设置】复选框，将阴影类型设置为【VRayShadow】，
在【强度 / 颜色 / 衰减】卷展栏中将【倍增】设置为 3，将阴影颜色的 RGB 值设置为
255、245、225，在【平行光参数】卷展栏中将【聚光区 / 光束】设置为 4 000，单击【矩
形】单选按钮，在【VRayShadows params】卷展栏中勾选【Area shadow】复选框，单击
【Box】单选按钮，将【U size】、【V size】、【W size】都设置为 1 000，如图 13-170 所示。

图 13-167

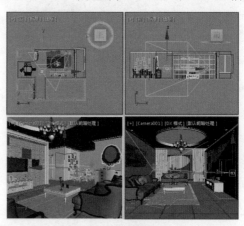

图 13-168

图 13-169

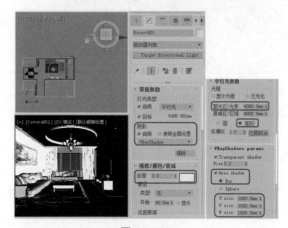

图 13-170

步骤 07　使用【选择并移动】工具在视图中调整灯光的位置，调整后的效果如图 13-171 所示。

## 提示

为了方便灯光的调整，我们首先将 Camera002 转换为【左】视图。

步骤 08　选择【创建】➕|【灯光】💡|【VRay】|【VRay Light】工具，在【左】视图中创建一
盏 VR 灯光，在【General】卷展栏中将【alf-length】、【Half-width】分别设置为 1 600、
1 100，将【tiplier】设置为 5，将【olor】的颜色值设置为 170、205、249，在【Options】
卷展栏中勾选【Invisible】复选框，如图 13-172 所示。

步骤 09　选中该灯光对象，激活【顶】视图，在工具栏中单击【镜像】按钮，在弹出的对话框
中选择【X】单选按钮，如图 13-173 所示。

**步骤 10** 单击【确定】按钮，使用【选择并移动】工具在视图中调整其位置，效果如图 13-174 所示。

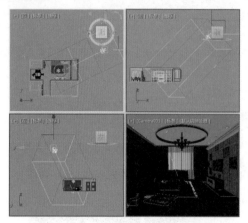

图 13-171

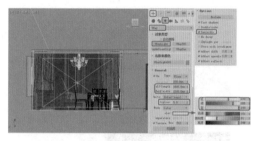

图 13-172

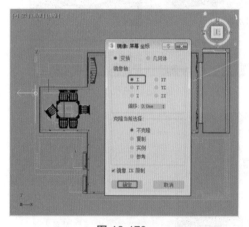

图 13-173

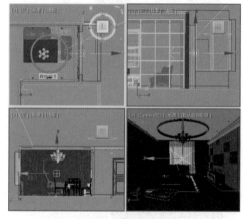

图 13-174

**步骤 11** 选择【创建】➕|【灯光】💡|【VRay】|【VRay Light】工具，在【顶】视图中创建一盏 VR 灯光，在【General】卷展栏中将【alf-length】、【Half-width】分别设置为 1 857、1 640，将【tiplier】设置为 4，将【olor】的颜色值设置为 253、245、228，如图 13-175 所示。

**步骤 12** 使用【选择并移动】工具在视图中调整该灯光的位置，调整后的效果如图 13-176 所示。

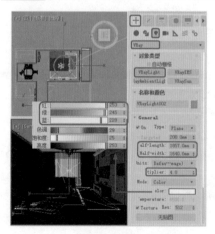

图 13-175

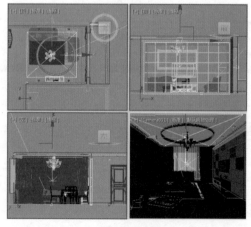

图 13-176

**步骤 13** 继续选中该灯光，在【顶】视图中按住 Shift 键沿 X 轴向左进行移动，在弹出的对话框中选择【复制】单选按钮，如图 13-177 所示。

**步骤 14** 设置完成后，单击【确定】按钮，选中复制后的灯光，切换至【修改】 命令面板中，在【General】卷展栏中将【alf-length】、【Half-width】分别设置为 1 270、1 005，并在视图中调整其位置，效果如图 13-178 所示。

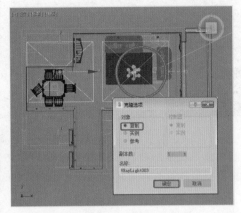
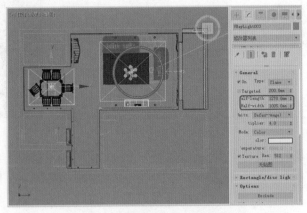

图 13-177 图 13-178

**步骤 15** 使用同样的方法对 VR 灯光进行复制，并调整其参数及位置，效果如图 13-179 所示。

**步骤 16** 选择【创建】|【灯光】|【光度学】|【自由灯光】工具，在【顶】视图中创建一盏自由灯光，切换至【修改】命令面板中，在【常规参数】卷展栏中将【目标距离】设置为 2 006，取消勾选【阴影】选项组中的【使用全局设置】复选框，将阴影类型设置为【VRay Shadow】，将【灯光分布（类型）】设置为【光度学 Web】，单击【选择光度学文件】按钮，如图 13-180 所示。

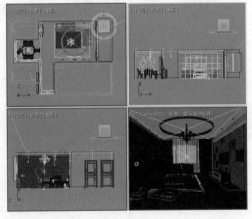

图 13-179 图 13-180

**步骤 17** 在弹出的对话框中选择配套资源中的 CDROM\Maps\TD-2.IES 光度学文件，如图 13-181 所示。

**步骤 18** 单击【打开】按钮，在【强度/颜色/衰减】卷展栏中将【过滤颜色】的 RGB 值设置为 252、233、181，在【强度】选项组中单击【cd】单选按钮，将其参数设置为 34 000，在【VRay Shadow】卷展栏中勾选【Area shadow】复选框，单击【Box】单选按钮，将【Subdivs】设置为 10，如图 13-182 所示。

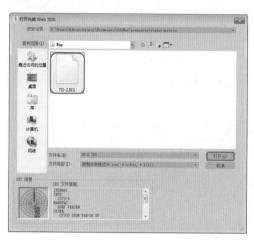

图 13-181

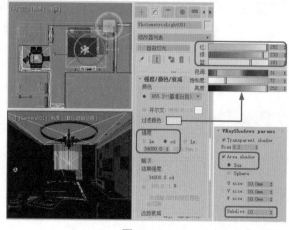

图 13-182

**步骤 19** 使用【选择并移动】工具在视图中调整该灯光的位置，调整后的效果如图 13-183 所示。

**步骤 20** 对该灯光进行复制并调整其位置及参数，将【左】视图转换为摄影机视图，如图 13-184 所示。至此，客餐厅效果就制作完成了。

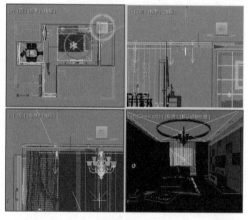

图 13-183

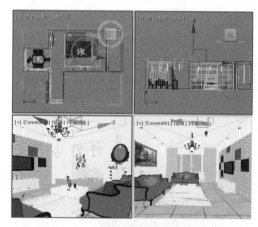

图 13-184

## 13.8　渲染输出

接下来将介绍如何将制作完成后的场景进行渲染输出，其具体操作步骤如下。

**步骤 01** 按 Shift+L 组合键将灯光进行隐藏，按 8 键，在弹出的对话框中选择【环境】选项卡，在【公用参数】卷展栏中单击【环境贴图】下的【无贴图】按钮，在弹出的对话框中选择【位图】选项，如图 13-185 所示。

**步骤 02** 单击【确定】按钮，在弹出的对话框中选择配套资源中的 CDROM\Maps\ 户外景色 .jpg 位图图像文件，如图 13-186 所示。

**步骤 03** 单击【打开】按钮，按 M 键，打开【材质编辑器】对话框，按住鼠标将环境贴图拖动到一个新的材质样本球上，在弹出的对话框中单击【实例】单选按钮，如图 13-187 所示。

**步骤 04** 单击【确定】按钮，在【坐标】卷展栏中【贴图】设置为【屏幕】，如图 13-188 所示。

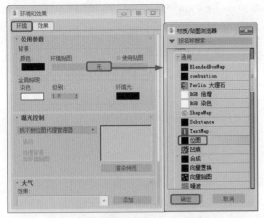

图 13-185

图 13-186

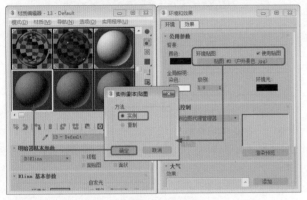

图 13-187

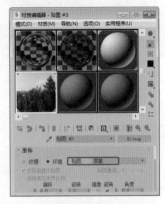

图 13-188

步骤 05 将【环境和效果】与【材质编辑器】对话框关闭，激活【Camera001】视图，在菜单栏中单击【视图】按钮，在弹出的下拉列表中选择【视口背景】|【环境背景】命令，如图 13-189 所示。

步骤 06 按 F10 键，在弹出的对话框中选择【V-Ray】选项卡，展开【Image sampler】卷展栏，将【Type】设置为【Bucket】，展开【Bucket Image sampler】卷展栏，将【Max subdivs】设置为 4，如图 13-190 所示。

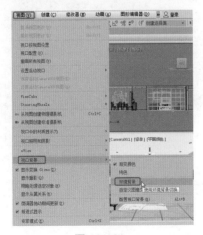

图 13-189

图 13-190

**步骤 07** 展开【Image filter】卷展栏，将【ilter】设置为 Mitchell-Netravali，如图 13-191 所示。

**步骤 08** 展开【Color mapping】卷展栏，将模式更改为【Advanced】模式，将【Type】设置为【Exponential】，设置【Gamma】设置为 1，如图 13-192 所示。

 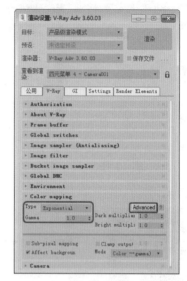

图 13-191                                   图 13-192

**步骤 09** 切换至【GI】选项卡，展开【Global illumination】卷展栏，将【Primary engine】设置为 illumination map，展开【illumination map】卷展栏，将【Current preset】设置为 Low，如图 13-193 所示。

**步骤 10** 展开【Light cache】卷展栏，将【Sample size】设置为 0.02，将【Retrace】设置为 1，如图 13-194 所示。

图 13-193                                   图 13-194

**步骤 11** 设置完成后，分别对两个摄影机视图进行渲染即可，并对完成后的场景进行保存。